Heibonsha Library

海辺

The Edge of the Sea

平凡社ライブラリー

Heibonsha Library

海辺

The Edge of the Sea

生命のふるさと

R.カーソン著
上遠恵子訳

平凡社

本書は、一九八七年九月、平河出版社より刊行されたものです。

目次

ともに引き潮の世界をたずね
ともにその美しさと神秘とを分かちあった
ドロシー・フリーマンとスタンリー・フリーマンへ

謝辞

海岸の自然と、そこにすむ海の動物についての私たちの知識は、その生涯を一つの動物のグループの研究に捧げた、多くの人々の努力によって得られたものである。私は、この本を執筆するにあたって、それらの人々に深い感謝の念を抱いている。かれらの労作によって私たちは、たくさんの生物が生きているありのままの海辺の姿を感じとることができるのである。また、個人的な相談にのってくださり、観察したことがらについて吟味し、助言と情報を快く提供してくださった方々に心からの感謝を捧げたい。名前を挙げても、とてもそれらの方々への感謝を言いつくせるものではないが、幾人かの方には名前を挙げさせていただく。国立自然博物館のスタッフの方々は、私の多くの質問に答えてくださったばかりでなく、挿し絵を描く準備の段階で、ボブ・ハインズにも貴重な助言と協力を寄せてくださった。この助力に対して、私は、R・タカー・アボット、フレデリック・M・ベイヤー、フェナー・チェイス、故オースチン・H・クラーク、ハロルド・レーダー、レオナルド・シュルツにとくに感謝したい。米国地質調査所のW・N・ブラッドレー博士は、地質学的なことがらについて親切な助言をいただき、多くの質問に解答を与えてくださり、原稿の一部に目を通してくださった。ミシガン大学のウィリアム・ランドルフ・テーラー教授は、海藻類の同定に際し、電話でただちに快く教えてくださった。ウェールズ大学で、海岸の生態系を研究されているT・A・ステフェンソン教授は、助言と激励の手紙を寄せてくださった。ハーバード大学のヘンリー・B・ビグロウ教授は、永年にわたり親切に相談にのっていただき、励ましてくださった。このことについては、いつまでも変わらぬ感謝を捧げたいと思う。この本を書く基礎となった研究の初年度と、メイン州からフロリダへ至る海岸線で行なった野外研究の一部については、グッゲンハイム財団の助成金を受けることができた。

まえがき

海辺は、寄せては返す波のようにたちもどる私たちを魅了する。そこは、私たちの遠い祖先の誕生した場所なのである。潮の干満と波が回帰するリズムと、波打ち際のさまざまな生物には、動きと変化、そして美しさがあふれている。海辺にはまた、そこに秘められた意味と重要性がもたらす、より深い魅力が存在している。

潮の引いた海辺に下りていくと、私たちは、地球と同じように年月を経た古い世界に入りこむ。——そこは太古の時代に大地と水が出合ったところであり、対立と妥協、果てしない変化が行なわれているところなのである。私たち生きとし生けるものにとって、海とそこをとりまく場所は特別な意味をもっている。浅い水の中に生命が最初に漂い、その存在を確立することができたところなのだから。繁殖し、進化し、生産し、生きもののつきることのない変化きわまる流れが、地球を占める時間と空間を貫いてそこに波打っているのだ。

海辺を知るためには、生物の目録だけでは不十分である。海辺に立つことによってのみ、ほんとうに理解することができる。私たちはそこで、陸の形を刻み、それを形づくる岩と砂でつくられた大地と海との長いリズムを感じとることができる。そして、渚に絶え間なく打ち寄せる生命の波――それは私たちの足もとに、容赦なく押し寄せてくる――を、心の目と耳で感じとるときにのみ理解を深めることができる。海辺の生物を理解するためには、空になった貝殻を拾い上げて「これはホネガイだ」とか、「あれはテンシノツバサガイだ」と言うだけでは十分ではない。真の知識は、空の貝殻にすんでいた生物のすべてに対して直観的な理解力を求めるものなのだ。すなわち、波や嵐の中で、かれらはどのようにして生き残ってきたのか、どんな敵がいたのだろうか、どうやって餌を探し、種を繁殖させてきたのか、かれらがすんでいる特定の海の世界との関係は何であったのかというようなことである。

地球上の海岸は、三つの基本的な形に分けられる。岩がごつごつとした岩礁海岸、砂浜、サンゴ礁と、それらの特徴をあわせもった海岸である。それぞれの海岸は、特徴のある動植物相をもっている。アメリカの大西洋岸は、これらの三つのタイプをはっきりした形で見ることができる、世界でも数少ない場所の一つである。私は、海岸生物の挿し絵を選ぶにあたって――すべての海に共通するように――地球上の多くの海岸にあてはまる特徴をもったものを基準にしたつもりである。

私は、生物と地球を包む本質的な調和によって海辺を解説しようと試みた。序章を書いているとき、かつて訪れた場所の数々の思い出が私を深く興奮させた。海辺がいかに美と魅力にあふれた場所であるかについて。思考と感動のいくつかを述べた。第1章では、海岸生物の形態を決定し左右するものとして本書の中に、何度もくり返し述べられている海の力――波、潮流、潮の干満、海の水までも――について、基礎的な話題を紹介した。第2章、3章、4章は、岩礁海岸、砂浜、サンゴ礁の世界それぞれについての解説である。

ボブ・ハインズの描く豊富な図版は、読者に、ページを追って現われてくる生物に親近感を抱かせ、読者自身が海岸を探検するなかで出合った生物たちをはっきりと理解するための手助けともなるだろう。海岸で見つけた生物を、分類法によってきちんと整理したい人のために、付録として、分類学上で通用している門によって動植物の代表的な例を記載した。

序章——海辺の世界

海辺は不思議に満ちた美しいところである。地球の長い歴史を通して、海辺は、絶えず変化している不安定な地域であった。波は陸地に激しくあたって砕け、潮は大地の上まで押し寄せては引いていく。海岸線の形は、一日として同じであることはなかった。潮がその永遠のリズムを刻みながら満ちそして引いていくだけでなく、海面そのものが決して一定したものではない。氷河の成長と退行、ふえつづける堆積物の重さによる深い大洋の底の変化、また大陸沿岸の地殻の変動に応じて、海面は上下するのだ。きょうは海がひたひたと陸地に押し寄せてくるかと思えば、明日はその逆になる。海と陸の接点はつねにとらえがたく、はっきりとした境界線を引くことはできない。

海辺は、潮の動きしだいで、あるときは陸となり、またあるときは海になるという二つの性格をもっている。干潮時の渚は、寒さや暑さ、風、雨、照りつける太陽にさらされ、陸の世界の苛酷な極限状態が現われる。そして満潮時、渚は一面水の世界になり、広大な海にふさわし

Bob Hines

い安定が戻ってくる。

このような変化の多い場所には、最もたくましく、かつ適応性に富む生物しか生き残れないのだが、その厳しさにもかかわらず、潮の干満のはざまに位置するこれらの地域には、さまざまな植物や動物があふれているのである。海岸という難しい環境では、生物はありとあらゆるすき間にすみつき、偉大な強靭さと生命力を発揮している。肉眼で見ることのできる生きものには、潮間帯の岩を絨毯のように覆っているものや、岩の割れ目に入りこんだり石の下にかくれたりしているもの、洞窟の湿った暗がりにひそんでいるものもいる。さらに、深い砂の中にもぐったり、管状の穴を掘ってその中にかくれて生きているものもあって、一見しただけではそこに生物がいるとは思えない。かれらはまた、硬い岩にトンネルを掘り、泥炭や粘土に穴をあけたりもする。またあるものは、海藻、流木、突堤、ロブスターのキチン質の殻などに付着して生活している。そしてごく微細な生物としては、岩の表面や波止場の杭を薄い膜のように覆うバクテリア、海面で星のようにまたたいている針の先ほどの原生動物、砂粒の間の暗い水の中を泳ぎまわるリリパット（こびと）のようなものたちがいる。

海辺は古い古い世界である。なぜならば、大地と海が存在するかぎり、つねに海辺は陸と水との出合いの場所であったからである。いまでもそこでは、絶えず生命が創造され、また容赦なく奪い去られている。私は海辺に足を踏み入れるたびに、その美しさに感動する。そして生物どうしが、また生物と環境とが、互いにからみあいつつ生命の綾《あや》を織りなしている深遠な意味を、新たに悟るのであった。

海辺について考えるとき、私は繊細な美しさをたたえたある一つの場所を、ひときわあざやかに思い起こす。そこは、洞穴の中にかくれている潮溜りで、一年中で潮位が最も下がったときにしか現われず、ほんの短時間、しかも滅多に足を踏みこむことができないところであった。そのようにしてようやく近づくことができたことから、特別の美しさを感じたのだろう。潮どきを選んで、私はその潮溜りをのぞいてみたいと思っていた。干潮は早朝のはずだった。北西の風が続き、遠くに発生している暴風の余波が邪魔をしないかぎり、水位は潮溜りへの入り口の下まで下がるだろう。夜半、激しいにわか雨が降りはじめ、屋根に無数の小石が叩きつけられているようだった。翌朝早く、空はほのかな夜明けの光に満ちていたが、太陽はまだ姿を現わさず、海と大気は静まりかえっていた。湾を越えたはるか彼方にかすむ対岸の西の空には、丸い残月がかかっていた。八月の満月は、海の世界をたずねるもののために扉を開こうとして、潮を低く引き寄せていたのだった。じっと目をこらしているとエゾマツの上を一羽のカモメが飛んでいった。その胸はまだ顔を見せない太陽の光でバラ色に染まっていた。結局のところ、この日は晴天になりそうだった。

やがて、潮溜りの入り口に近づくと、予想どおり朝の光がさしはじめた。私の立っていた険しい岩壁の下からは、苔に覆われた岩棚が海の深みに向かって突き出していた。そして、岩棚の縁に砕ける大波に揺られて、コンブ類の黒い葉は、あたかもなめし革のようになめらかに輝いていた。この突き出た岩棚は、とりもなおさずかくれて見えない洞穴とその潮溜りへの小路であったのだ。ときおり、ひときわ高い波が岩棚の縁を乗り越え、崖にぶつかっては泡立っていた。しかし、その大波がやってくる間隔には、私が岩棚に下りて、妖精のように稀にしか姿を現わさない潮溜りをかいまみるだけの余裕があった。

そこで私は、濡れたツノマタの絨毯に膝をつき、浅い潮溜りのある暗い洞穴をのぞきこんだ。洞穴の床と天井の間は、わずか一〇センチほどで、鏡のように静かな水面には、天井に生えているすべてのものが映っていた。

この澄みきった水の底は緑色のカイメンで覆われていた。天井には灰色のホヤの斑点が光り、ウミトサカの集団は、淡いあんず色をしていた。洞穴をのぞきこんだとき、こびとのような小さいヒトデが、いまにも切れそうな細い管足をたよりにぶら下がり、その影を映す水面にまで達していた。影の鮮明さから考えると、ヒトデは一匹ではなく二匹だったのかもしれない。水に映るさまざまな影と透明な潮溜りそれ自体の美しさは、やがて海水がこの洞穴を満たせば跡形もなくかき消されてしまう運命にあるはかない美しさをたたえていた。

大潮の引き潮どき、このような魔法の国を訪れるたびに、私は渚の住人たちの中で、最も繊細な美しさをもつものを探し求める。それは、植物の花ではなく動物であって、やや深い海への入り口にすんでいる。妖精の洞穴は私の期待にそむかなかった。天井からは、淡いピンク色にふちどられたクダウミヒドフがペンダントのようにぶら下がっていて、それはアネモネの花のように華奢だった。ここには、この世のものとも思われないほど洗練されたよそおいの生きものがすんでいて、かれらはまことに美しく、腕ずくの世界では生きていけないほど脆かった。しかしながら、かれらの体のどの部分も機能的に働き、茎のような部分、芽のような部分、花びらのような触手も現実の生活に適合している。潮が引いている間、かれらは海が帰ってくるのをひたすら待ちわびていることを私は知っていた。やがて水が勢いよく戻ってくると、波頭にもまれ、入りこむ潮の流れに押されて、繊細な花はいきいきと動き出し、ほっそりした茎の上で揺れ、長い触手で、生きるために必要なあらゆるものを戻ってきた水の中から探しはじめる。

海に接するあの仙境で、私の心をとらえた現実は、一時間前にあとにした陸の世界のそれとは、はるかに異なるものであった。形は違うけれども、同じように陸の世界を遠く離れたという感覚を、ジョージア州の広大な浜辺の黄昏に抱いたことがある。私は日没後そこを訪れ、だんだん引いていく潮を追いながら水際の濡れて光る砂の上を、遠く沖のほうまで歩いていった。

広々とした干潟をふり返ると、水をたたえた溝がいくつも曲がりくねりながら横切っており、潮の名残をとどめる浅い水溜りが、あちこちに点在していた。このような水際の地域は、ほんのつかのま、周期的に海から見捨てられることがあっても、結局は満ち潮によって再生されるのだ。引き潮の水際に立つと、陸に連なる浜辺は遠い彼方のものに思えた。聞こえるのは、風と海の音と鳥の鳴き声だけだった。それは、水の上を渡ってくる風の音であり、波の形をとどめた砂の表面をちょろちょろと流れる水の音であった。干潟は鳥たちで活気をおびてきて、ハジロオオシギの声は絶えず響きわたっていた。群れの中の一羽が水際に立って、ひときわ高く叫び声をあげた。するとはるか彼方の浜辺から返事が返ってきて、二羽の鳥は互いに飛び立ち、連れだって飛んでいった。

闇が迫り、名残の夕べの光を点在する潮溜りやクリークが映すと、干潟は神秘的な様相をおびてくる。鳥たちの色は見分けられなくなり、ただ暗い影になってしまった。ミユビシギは小さな幽霊のように、浜辺を忙しげに走り、ハジロオオシギのさらに黒い影がそここに浮き出していた。私は何度かかれらのすぐそばまで近づくことができたが、やがてかれらは警戒してミユビシギは走りまわり、ハジロオオシギは鳴きながら飛び立った。クロハサミアジサシは、鈍く光るメタリックなかすかな光を背にして、影絵のように波打ち際に浮かび上がり、大きな蛾のように砂の上を軽やかに舞いながら行ってしまった。ときおり、かれらは曲がりくねった入り江の水路で「水を切った」。水面にさざ波が拡がるのは、そこに小魚がいる証拠であった。

夜の浜辺は異質な世界であり、そこでは深い暗闇が散漫な昼の光をかくして、現実の自然をより鋭く描き出していた。かつて夜の海岸を調査していたとき、懐中電灯の光で小さいスナガニを驚かせたことがある。小さなカニは、波打ち際から少し離れて掘った穴にひそみ、海を見つめ、そして海を待っているようすだった。水と空気と浜辺は、夜の闇に支配されていた。それは、人類が出現する以前からの古い世界の闇であった。水と砂を渡って吹く風と、浜辺に砕ける波とが発する原始の響きのほかは、何の音も聞こえなかった。目に見える生きものは、波打ち際のあの一匹の小さなカニのほかには何もいなかった。私は、ここことは違う環境でも人ナガニを何百となく見ている。突然、私は、あるがままの姿の生物を初めて見たという妙な感動にとらわれた。つまり、かつて感じなかったことであるが、生存の本質を理解したのであった。その瞬間、時の流れは停止した。私はこの世界に属するものではなく、別の宇宙から来た傍観者のようだった。海とともにある孤独な小さなカニは、繊細でこわれやすい生命それ自体を、この無機的な世界の厳しい現実の中に、何とかして確保していこうとする信じられないような活力を象徴していた。

創造という感覚は、南部の海岸の思い出とともによみがえってくる。そこでは、海とマングローブが力を合わせて、フロリダの南西岸沖に数千にも及ぶ小島を造成している。島々は、曲がりくねった形の湾や、礁湖、狭い水路によって互いに隔てられている。私は、青空に太陽がまばゆく輝いていた冬のある日を思い出す。風はまったくなかったが、冷たく透きとおる水晶のような空気の流れが感じられた。私は外洋の波に洗われている島の一つの突端に上陸し、陰になっている湾のほうにまわりこんでいった。そこでは潮が遠くに引いて、広々とした泥の干潟がむき出しになっていた。入り江の縁には曲がりくねった枝と、光沢《つや》のある葉をもつマングローブが密生し、長い気根は地面に達してしっかりと泥をつかみ、陸地を少しずつ張り出させていく。

泥の干潟には、素晴らしい色彩をおびた軟体動物、ニッコウガイの貝殻が、ピンクのばらの花びらのように一面に散らばっていた。かれらはその近くの泥に埋まって生きていたにちがいない。最初に目に映るものといえば、灰色と錆色の羽毛に覆われた一羽の小さいサギだけで、サギの習性である、こそこそとしたためらいがちな動作で干潟を横切っていった。しかし干潟には、陸地にすむ生きもののもいたのだ。なぜかというと一筋の新しい足跡がマングローブの根の間を出たり入ったりしていたからである。それはマングローブの根にしがみついているカキを餌にしているアライグマの通った跡であった。やがて私は海鳥の、おそらくミユビシギと思われる足跡を見つけ、少したどっていったが、足跡は水のほうへ向きを変え、消えていた。あたかも、何もなかったかのようにすべて潮がかき消してしまったのである。

入り江を眺めていた私は、海辺というこの境界領域で、陸と海が絶えず入れ替わり、両方にすむ生物が互いに深いかかわりをもっていることを強く感じさせられるのだった。そして海辺には、過去の歴史と、鳥の足跡を海が流し去ったように、以前に起こった多くのことを消し去っていく絶えざる時の流れとがあった。

時の移り変わりは、木の根や枝などを棲み家としている数百の小さな巻貝——マングローブタマキビ——の中にも、静かに要約されている。かれらの祖先は海の住人で、生活のあらゆる過程は、海水という絆に固くしばりつけられていた。数千年、数百万年にわたってその絆は少しずつ断ち切られ、巻貝は水の外の生活に順応していった。そして、今日では潮から何メートルも上にすみ、ほんのたまにしか海に戻らない。そしておそらく、かれらの子孫は、それほど遠くない将来、海を思い出すようなしぐささえもしなくなるだろう。

螺旋状の殻の巻貝——かれらはほんとうに小粒だ——は餌を探して這いまわり、干潟の泥の上にぐるぐると足跡を残していた。それは、角の形をしたフトヘナタリガイであった。それを見たとき私は、オーデュボンが一世紀ほど前に見た光景を、自分も見たいというノスタルジックな思いにかられた。というのは、この小さな巻貝はかつてこの岸辺にたくさんいたフラミンゴの餌であったからだ。軽く目を閉じると、華麗な炎のような鳥の一群が入り江を紅に埋めつくし、餌をついばんでいる光景があざやかに浮かび上がった。地球の生命からいえば、かれらがそこにいたのは、つい昨日のことであった。自然界では、時間と空間とは互いにかかわりあっており、こういう魅惑的な場所を訪れる時間をもつことで触発される洞察力によってこそ、時間と空間は具体的に認識されるのである。

これらの情景と追憶を結びつける共通の一本の糸がある。それはこの地球上に出現し、進化し、ときには死に絶えてしまった生物の、種々さまざまな様相である。美しい情景のもとにかくされた意味の重要性を把握しようと、私たちは幾度もそれを解く鍵を秘めた自然界に入りこんでいく。それは、とりもなおさず海辺へたち戻ることであった。海辺は、地球上で演じられる生命のドラマが幕開けしたところであった。そして海辺は、生命の出現以来今日に至るまで、進化の力が変わることなく作用しているところであり、この世界の厳しくも壮大な現実に直面している生きものたちの様相が、はっきりと見えるところなのである。

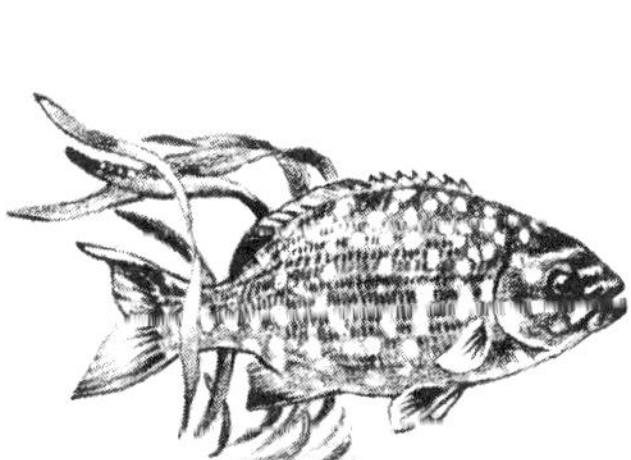

第1章——海辺の生きものたち

岩石に刻まれている生物の初期の歴史を読みとろうとしても、非常に漠然として断片的なことしかわからない。生物が最初に海辺にすみついたのはいつかを語ることはできないし、まして生命が発生した正確な時を示すことは不可能である。地球の歴史の前半期、始生代の間に沈殿した岩石は、その上の数千メートルもある堆積層の圧力や、長い間閉じこめられていた地球の深層部の強烈な熱によって、化学的にも物理的にも変化をとげている。そのような岩石は東部カナダに見られるように、数少ない地域においてのみ露出し、研究の対象にすることができる。しかし、岩石の歴史のページに、かつてははっきりと生命の記録が刻まれていたとしても、それらは遠い昔に消え去っている。

次のページをめくると——原生代として知られているその後の数億年の間に生成した岩石についても、ほとんど同じように絶望的である。多量の鉄の堆積物があるが、おそらくある種の藻類とバクテリアの力によって沈殿したものであるらしい。別の堆積物——炭酸カルシウムの

Bob Hines

不思議な球形の塊――は、炭酸カルシウムを分泌する藻類によってつくられたようである。これら太古の岩石の中に認められる化石のようなもの、あるいはかすかな痕跡は、とりあえず、カイメン、クラゲ、節足動物などであると同定されているが、より懐疑的な、あるいはより保守的な科学者たちは、これらの痕跡はむしろ無機物を起源としているとみなしている。

このような断片的な記載の後、突然ページは空白になり、歴史のすべてが消されてしまっている。数百万年にわたる先カンブリア代の歴史を物語る堆積岩は、侵蝕のためか、あるいは地球の表面の激しい変化によって、現在は深海の底になっているところへ運び去られたのであろうか。この喪失によって、生命の歴史の中に埋めることのできないギャップが存在しているのだ。

太古の岩石の中に刻まれた化石のような記録が少ないことと、沈殿した岩石のすべてが失われている事実は、太古の海と大気の化学的な性質にかかわりがあるのかもしれない。ある専門家は、先カンブリア代の海水は、カルシウムの含有量が少なかったか、あるいは生物が、貝殻や骨格をつくるカルシウムを分泌しにくいような条件であったと信じている。そうであったと

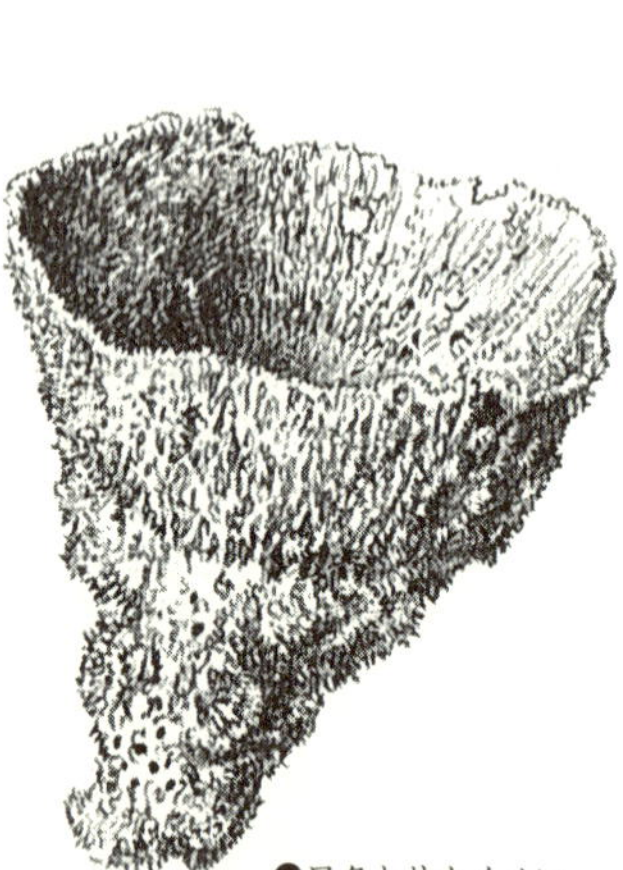

●ワタトリカイメン

すれば、そこにすむ生物の大部分は軟らかい体であり、したがって化石になりにくかったにちがいない。地質学の理論によると、大気中に大量の二酸化炭素が存在し、しかも海中の二酸化炭素含有量が相対的に少なかったことが先カンブリア代の堆積岩の風化に影響を与え、そのために岩石がくり返し侵蝕され、洗い流され、ふたたび沈殿する間に、化石が破壊されることになったにちがいない。

約五億年前のカンブリア紀の岩石には、生物の記録がふたたび刻まれはじめる。無脊椎動物(海辺の主な生物はその中に含まれる)の大部分のものがすべて種としての完全な形をとどめたまま、突如として現われてくる。カイメン、クラゲ、あらゆる種類のゴカイ類、二、三の巻貝に似た単純な軟体動物、節足動物である。藻類も豊富であるが高等植物はまだ現われていない。現在の海辺に生息している動植物の大部分の種の原形は、少なくともこのカンブリア紀にすでに出現している。そしてたしかな証拠から、五億年前に潮によって洗われていた細長い地帯の状況は、長い地球の歴史を経た現在の潮間帯のようすにかなりよく似ていたと考えられる。

私たちはまた、カンブリア紀に著しい進化をとげたこれらの無脊椎動物が、それに先立つ五億年間にもっと単純な形から——それがどんな形のものであったかは知るよしもないが——しだいに進化してきたと想像することができ

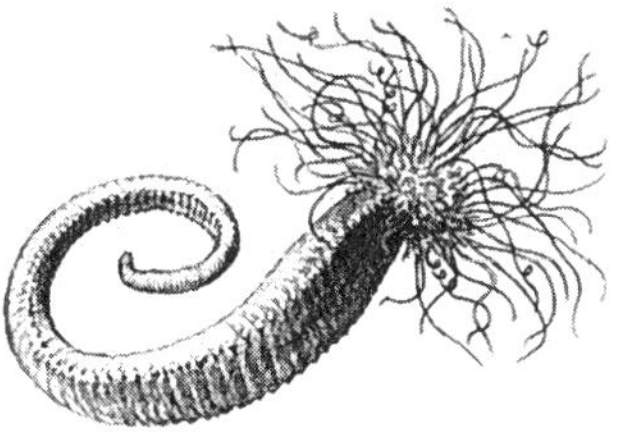

●岩の間の泥穴にすむフサゴカイ

る。現存しているある種のものの幼生は、かれらの先祖の姿に似ているのだろうが、先祖の残骸は地球が破壊してしまい残されていない。

カンブリア紀の末期から数億年にわたって海の生物は進化しつづけた。原始的なグループの細分化が起こり、新しい種が生まれた。そして、生物の形態は周囲の状況によりよく適応するように進化し、初期のころの形は消えてしまった。カンブリア紀の二、三の原始的な生物は、現在でも先祖とほとんど変わっていないが、これは例外である。条件が難しく絶えず変化している海辺は、生物が生き残れるかどうかを試される場所であり、生物は、正確にかつ完全に環境に適応するように厳しく要求される。

海辺のあらゆる生物は、過去、現在のいずれを問わず、そこに生きているという事実によって、海の激しい力や、他の生物との微妙なつながりをうまく処理してきたことを証明しているのだ。このような現実によって創造され、形づくられた生物の形態は、混ざりあい重複し、きわめて複雑化している。

潮間帯の浅い水底が、岩礁や丸石であるか、平らな砂地からできているか、それともサンゴ礁から成り立っているかということによって、海辺に見られる生物の形態が決まってくる。絶えず波に洗われている岩場にすむ生物は、岩や、波の力をかわす構造物などの硬い表面にしっかり付着できるように適応が進んでいる。その生きた証拠は色彩ゆたかな壁かけのように、いたるところで岩の表面を覆っている海藻、フジツボ、二枚貝、巻貝などである。さらに繊細なものは岩の割れ目や、大きな石の下にもぐりこんで隠れ家を見つけている。一方、砂浜では底が不安定で、砂の粒子が絶えず波に押し動かされるため、海底の表層部に安住できる生物はほとんどいないといっていい。したがって、すべての生物は砂の中にもぐって、穴や、トンネルなどの地下の部屋にすんでいる。当然のことであるが、サンゴ礁の海岸は、温暖な地域に分布し、暖流がサンゴの生育に適した気候をつくっている。生きていようと死んでいようとサンゴ礁の表面は硬いので、生物が付着することができる。そのような海岸のようすは岩石に覆われた海岸のありさまといくらか似ているが、サンゴ礁には石灰質の沈殿物が堆積しているという違いがある。サンゴ礁の海岸にすむ熱帯の動物相は、著しく変化に富み、かれらは、鉱物質の岩石や砂で生活しているものとは別個の特殊な適応をとげている。アメリカの大西洋沿岸は、これらの三つのタイプの海岸を象徴する典型的なところであり、海岸の特質にかかわる生物のさまざまな生き方が、美しくあざやかに展開されている。

地質からみた三つの基本的な形に加えて、さらにほかの要素も存在している。波にもまれて生きているものは、たとえ同種の生物であっても、静かな水の中にすむものとは違っている。潮の流れの激しい場所では、生物は高潮線から最低の低潮線までの潮間帯に層をなして生息している。しかし、潮位の差が小さいところや砂浜では、生物の生息区域は不明確で、かれらは地下にもぐっている。潮流は水温を変え、海の生物の幼生を分散させて、もう一つの世界を創造している。

アメリカ大西洋岸の物理的な状況についてふたたび触れてみよう。そこにくりひろげられる生物のようすを観察した人々は、十分な科学的根拠にもとづいて、潮の干満、波、潮流が生物を変えていく力をもっていることを明言している。北方のファンディ湾一帯の潮の干満は、世界で最も強いものの中にはいるが、その地域の岩にすむ生物は、波をまともに受けとめている。ここでは、潮の干満によってつくり出された生物相を、簡単な図式で表わすことができる。砂浜では、潮の満ち干が曖昧なので誰でも自由に波の影響を観察することができる。フロリダの南端では、激しい干満も、強い大きな波もやってこない。ここは典型的なサンゴ礁で、静かな暖かい水の中でサンゴやマングローブが思う存分に繁殖し、そのうえ西インド諸島から海流に乗ってたどりついた動物たちによって、この地域の不思議な熱帯動物相は倍加しているのである。

またこのような潮が関係する生物相の形のほかに、海水自体がつくり出した異なる形もある。それは、海水中の食物が豊かであるかどうか、あるいはそれに触れるすべての生物に、よかれあしかれ影響を与えるような強力な化学物質を含んでいるかどうか、ということにかかわりがある。ある生物とそれをとりまく条件との関係が、一つの因果律で結ばれるような海辺は存在しない。それぞれの生物は、生命という織物の複雑なデザインを織り上げている無数の糸によって、その世界につながれているのである。

激浪は、外洋にすむ生物にとってとるに足らないものだ。というのは、かれらは荒れる海を避けて深海に沈むことができるからである。海辺の動植物は、そのような逃避手段をもちあわせていない。波は海岸で砕けるとき途方もなく大きなエネルギーを放出し、ときにはほとんど信じられないほどの猛烈な打撃を与えることがある。

グレートブリテン島や他の東部大西洋の島々の吹きさらしの海岸には、大洋いっぱいに吹き渡ってくる風がつくる世界最強の荒波が押し寄せる。ときにそれは、一平方メートルあたり約六トンという力で打ちつける。アメリカの大西洋岸はむき出しではなく、そういった大きな波は受けないのだが、やはりここでも冬の嵐や夏のハリケーンの波は巨大で、破壊的な力をもっている。メイン州沿岸のモンへーガン島は嵐の通り道にあたり、遮るものが何もないので、海に向かった険しい断崖はその波をまともに受ける。暴風雨のときは、砕ける波のしぶきが、海抜三〇メートルのホワイトヘッドの頂にまで達する。かもめ岩（ガルロック）として知られる低いほうの断崖を、緑色の波が乗り越えることも珍しくない。その高さは二〇メートルもあるのだ。

波の影響が感じられるのは、海岸からかなり離れた沖合の海底である。深さ六〇メートルの水中に仕掛けたロブスターの罠の位置が動いていたり、中に石が入っていたりすることがしばしば起こる。しかし、切実な問題は、波の砕ける海岸や、そこに近接したところにあるのはいうまでもない。ほとんどの海岸では、足場を得ようとする生物の試みが完全に挫折することはない。波があたると崩れ、潮が引くとすぐ乾くようなざくざくとした粗い砂からなる浜辺では、生物は不毛になる傾向がある。一方、砂の密度の高い浜辺は、何もないように見えても、実際は深いところに豊かな動物相をしまいこんでいる。たくさんの玉石が波にもまれてぶつかりあっている浜辺は、多くの生物にとってすみにくい場所である。しかし、岩だらけの崖や岩棚からできている海岸では、波がよほどの力であたらないかぎり、豊かな動物相と植物相がくり広げられる。

フジツボは、おそらく波砕帯にすみつくことに成功した最もよい例であろう。ヨメガカサや小さなイワタマキビも、同じである。岸に打ち上げられた海藻や、干潮時に岩の上に現われる茶色のざらざらしたヒバマタ類の中には、かなり強い磯波の中でも繁茂できる種があるが、一方では、ある程度の保護を必要とする種も含まれている。少し経験をつめば、動物相と植物相を観察するだけで、その海岸がどのように波にさらされているか判定できるようになる。たとえば、潮が引いたときに、節だらけの細長い海藻が、もつれた縄の塊のようになって広い地域を覆っていれば、その海岸は適当に遮られて、荒波は滅多に訪れないことがわかる。ところが、節だらけの海藻が少ししかなく、あるいは全然見あたらず、かわりにひどくずんぐりして枝が多く、しかも平たい葉の先端が細くなったヒバマタ類に覆われた地域があると、そこは広大な海に接し、荒波の破壊的な力を受けていることがわかる。なぜなら、枝分かれしたり、強くて弾力性のある組織をもった背の低い海藻社会のメンバーは、吹きさらしの海岸を確実に象徴しており、かれらは節だらけの海藻にはとうていすむことができない海中でも、よく繁茂することができる。さらに他の海岸で、フジツボ以外にはどんな種類の生物も見あたらず、しかもかれらが、その鋭く尖った円錐体を荒波のしぶきに向けて幾重にも重なって岩にはりつき、まるで白雪と見まごうほどであったら、そこはまったく無防備で海の力を遮るものが何もないと考えてさしつかえない。

フジツボは、他のどのような生物も生きのびられないところにすむことができる一つの利点をもっている。低い円錐体が波の力をそらせるので、水は渦を巻きながら素通りしていく。しかも、円錐体の底面全体が、なみなみならぬ強度の天然のセメントで岩に付着し、それをはがすには、よく切れるナイフを使わなければならない。波砕帯の二重の危険——洗い流されることと、潰されること——は、フジツボの場合、ほとんど問題にならない。しかも、このような場所に生存するということは、次の事実を思いめぐらせば、いささか奇蹟的である。つまり、フジツボが、岩場に足がかりをえたのは、幼生の時期であって、その形と底盤は波にうまく順応できるほどに成長していなかったはずである。大きな波が荒れ狂うなかで、ひよわな幼生は波が洗う岩の上にそのすまいを選び、定着し、体の組織がおとなに変身するまでの厳しい時をなんとかして、かせがなければならなかった。その間に、セメントが押し出されて固着し、さらに軟らかい体のまわりには殻をまとうことができた。荒波の中で、これらすべてを成し遂げるのは、ヒバマタの胞子に要求される問題よりもはるかに難しいだろう。いずれにしてもフジツボが、海藻も育たないような吹きさらしの岩の上にすみつくことができることは、まぎれもない事実なのである。

ある種の生物は、フジツボのような流線形を採用し、さらに改良さえして、フジツボのように永久に岩にはりつくことをやめた。ヨメガカサはその一例で、中国の苦力《クーリー》の帽子に似た殻をかぶっている単純で原始的な巻貝である。ヨメガカサのなめらかな円錐形の殻にそって、波はなんの危害を与えることもなく流れ去っていく。それどころか、落ちてくる水に打たれれば、貝殻の下にある肉質の吸盤はいよいよしっかりと岩に押しつけられ、吸着力を強めることになる。

さらに、他の生物の中には、すべすべした円形の外形をもちながら、岩に定着するために足《そく》糸《し》を錨のように突き出すものもある。こうした仕組みは、イガイ類などによって使われており、その数は、一部の限られた場所でもほとんど天文学的な数に達する。それぞれの貝殻は、絹糸のように光る一連のしっかりした足糸で岩に固定されている。この足糸は、足部の分泌腺によって紡がれた一種の天然絹糸ともいえよう。錨の役目をする足糸は四方に伸びていき、もしある糸が切れると、それが新しいものと取り替えられるまで他の足糸が持ちこたえてくれる。しかし、大部分の足糸は、前方に突き出されている。そして嵐が荒れ狂うときは、イガイの足糸は平たい「へさき」にしまいこまれ、抵抗を少なくして、波のまにまに身をまかせる。

ウニですら、かなり強い波の中で、しっかりと錨を下ろすことができる。かれらの細い管足は、先端にそれぞれ吸盤がついていて、四方八方に突き出される。私は大潮が引いたメイン州の海岸で、露出した岩にしがみついている緑色のウニを見て驚いたことがある。緑色に光るウニの足もとで、美しいサンゴ色の海藻が岩をバラ色に覆い、岩場の下のほうは急勾配で、引き潮の波は、この斜面にぶつかり、激しくしぶきを上げながら海に引き返していった。しかし波が引いたあと、ウニは平然としていて、その場所から決して離れなかった。

長い茎のケルプは、大潮の水面のすぐ下のうす暗い海藻の林の中で揺れているが、かれらが波砕帯に生き残っていることは、おもに化学に関することがらだ。ケルプの組織は、大量のアルギン酸とその塩類とを含んでいるので、

●砂地にすむタコノマクラ

波に引っ張られたり、打ちつけられたりしても、耐えられる強さと弾性がつくられているのである。

さらにほかのものは――動物であろうと植物であろうと――自分の体を薄くはりつくようなマットに変形することで、波砕帯に侵入することができた。このような形をした多くのカイメン、ホヤ、コケムシ、藻類は、波の力に耐えることができる。しかし、ひとたび波の影響力から離れると、同じ種でもまったく異なった形態をとるであろう。うす緑色の「コロンボのひげ」と呼ばれるイソカイメンは、海に面した岩の上では、紙のように薄くなってはりついている。ところが、岩場の深い潮溜りに戻ると、この種の生物に特有な組織は、穴のボツボツあいたふくらみのある塊に変わっていく。また岩場の洞穴のウスイタボヤは、波の激しいところでは、単なる一枚のゼリー状の板のようになってさらされているが、穏やかな水の中では、星形の斑点をつけて、丸くふくらんで垂れ下がる。

多くの動物が、砂の上では穴を掘り、そこに身をかくして磯波を避ける術を知っているように、ある種のものは岩に穴をあけて難を逃れる。古代の泥炭層が露出しているカロライナの沿岸では、イシマテガイの一種が岩を穴だらけにしている。泥炭の塊の中には、繊細な模様が刻まれた殻をもつ、「天使の翼」と呼ばれる二枚貝がすんでいる。この貝は陶器のように壊れやすく見えるのだが、粘土や岩にも穴をあけることができる。コンクリートの橋脚が、小さなキヌマトイガイによって穴をあけられることがあるし、材木が他の二枚貝やフナムシなどによって同じようにされることもある。これらの生物はすべて、自ら掘り削った部屋に永久に閉じこもっておのれの自由を失う代わりに、波を避ける安全な場所を確保したのである。

大海原を川のように流れている巨大な潮流は、大部分は沖合を流れていて、潮間帯にはそれほど影響を及ぼさないと考えられている。にもかかわらず、潮流は長い距離にわたって大量の水を運ぶために、広い範囲に影響を及ぼしている。そして数千キロという旅の間、はじめの水温が少しも変わらないのである。こうして熱帯の暖かさが北へ運ばれ、北極の冷気がはるか赤道にもたらされる。おそらく潮流は、他のどのような要素にもまして、海の気候にかかわりをもっているだろう。

あらゆる種類の生物が、比較的せまい温度域、およそ摂氏〇度から九九度の間で生命を保っているという事実の中に、気候の重要性が示唆されている。地球という惑星は温度がかなり安定しているので、生物にとっては都合のよい場所である。とくに海中の温度の変化はゆるやかで、多くの動物はすみなれた水の状況に、きわめてデリケートに適応している。したがって水温に急激な変化が起こると、命にかかわることになる。海辺にすみつき、干潮時には外気にさらされる動物は、必然的にいくらか丈夫であるが、かれらにも自分たちに好ましい寒暖の閾値があり、そこからさまよい出ることは稀である。

熱帯の海にすむ大部分の動物は、北方の動物にくらべて高温への変化にとくに敏感である。おそらくかれらのすむ水温は、年間を通じて二、三度しか変わらないからであろう。ある種の熱帯のウニ、ジンガサガイ、クモヒトデなどは、浅瀬の水が摂氏約三七度になると死んでしまう。一方、北極のユウレイクラゲは非常に丈夫で、その傘の半分が氷に閉じこめられてもしっかりと生きつづけているし、数時間、固く凍ったあとでも生きかえる。カブトガニは、温度の変化に対して著しい耐性をもつ動物の例である。単一種としては生息範囲が広く、北方型のものはニューイングランドで氷づけになっても生きのびることができる。また南方の代表的なものは、フロリダやさらにメキシコ南東部のユカタンなどの熱帯の海でもよく繁殖している。

海辺にすむ動物はだいたいにおいて、温暖な海岸の季節的変化には耐えられるが、ある種のものは冬の厳しい寒さを避ける必要に迫られる。スナガニやハマトビムシは、砂の中に深い穴を掘ってその

●石灰質の管をつくるヒドロ虫類

中で冬眠すると考えられている。一年の大半を磯波の中で暮らしているスナホリガニは、冬になると沖合の海底にもぐっている。外見は花の咲いた植物のようなヒドロ虫の多くは、冬には体の中心に向かって収縮し、すべての生活組織を基部の茎の中にひっこめてしまう。他の海辺の動物は、植物界の一年生植物のように夏の終わりには死んでしまう。夏の間、海辺でよく見かけるミズクラゲは、秋の終わりの木枯しが吹くころになると全部死んでしまうが、次の世代は小さな植物のような形になって、海面の下の岩にぴったりとついて生き残る。

年間を通してすみなれた場所にいつづける海辺の生きものの大群にとって、冬がもたらす最も危険な状況は、寒さではなく氷である。海岸に氷がたくさん張る午は、波の中を移動する氷の物理的な働きだけで、フジツボやイガイ、海藻などが岩からすっかり削りとられてしまう。このようなことが起こると、生物の社会が元に戻るまでに、穏やかな冬が数年続かなければならない。

大部分の海の動物は、水温に対してはっきりした好みがあるので、北アメリカの東部沿岸水域をいくつかの生物区域に分けることができる。これらの区域内の水温は、南から北へと緯度が進むにつれてある程度の変化はあるが、大洋の潮流の状況によって強い影響を受けている。すなわち、メキシコ湾流によって北へ運ばれる暖かい熱帯の水の強い流れと、それと平行して陸地側を北から静かに流れ下る冷たいラブラドル海流とは、すれちがいながら暖かい水と冷たい水とが複雑に混ざりあっている。

フロリダ海峡を通り抜けた地点から、はるか北方のハッテラス岬まで、メキシコ湾流は大陸棚の外縁に沿って流れるが、その間、大陸棚の幅は大きく変化している。フロリダ東海岸のジュピター入り江では、大陸棚の幅は非常に狭く、岸に立つとエメラルドグリーンの浅い海の向こうで、海水が突然メキシコ湾流の群青色に変化するのを眺めることができる。このあたりに温度の関門があって、南部フロリダやキーズの熱帯動物相と、カナベラル岬からハッテラス岬に至る海域の温帯動物相とを分けているようだ。ハッテラスでは大陸棚はふたたび狭くなって、メキシコ湾流はさらに岸に近寄り、北に向かって流れる水は砂州や水にかくれた丘、谷などの錯雑した海域をぬっていく。ここにも生物地帯の境界があるが、変わりやすく決して絶対的なものではない。冬の間、ハッテラスの冷たい水温は、温帯にすむ生物が北方に移動するのをはばんでいるが、夏になると水温の防壁に目に見えない門が開かれ、温帯の生物が、はるかコッド岬まで移動していく。

ハッテラスの北方で大陸棚の幅は拡がり、メキシコ湾流ははるか沖合を流れるようになる。そして北から強力に侵入してくる冷たい水と混ざりあい、水温は急速に下がっていく。ハッテラスとコッド岬との気温の差は、大西洋をへだてたカナリア諸島と南部ノルウェーとの間（距離としては五倍もある）に見られるものとほぼ同じである。移動性の動物相にとってここは中

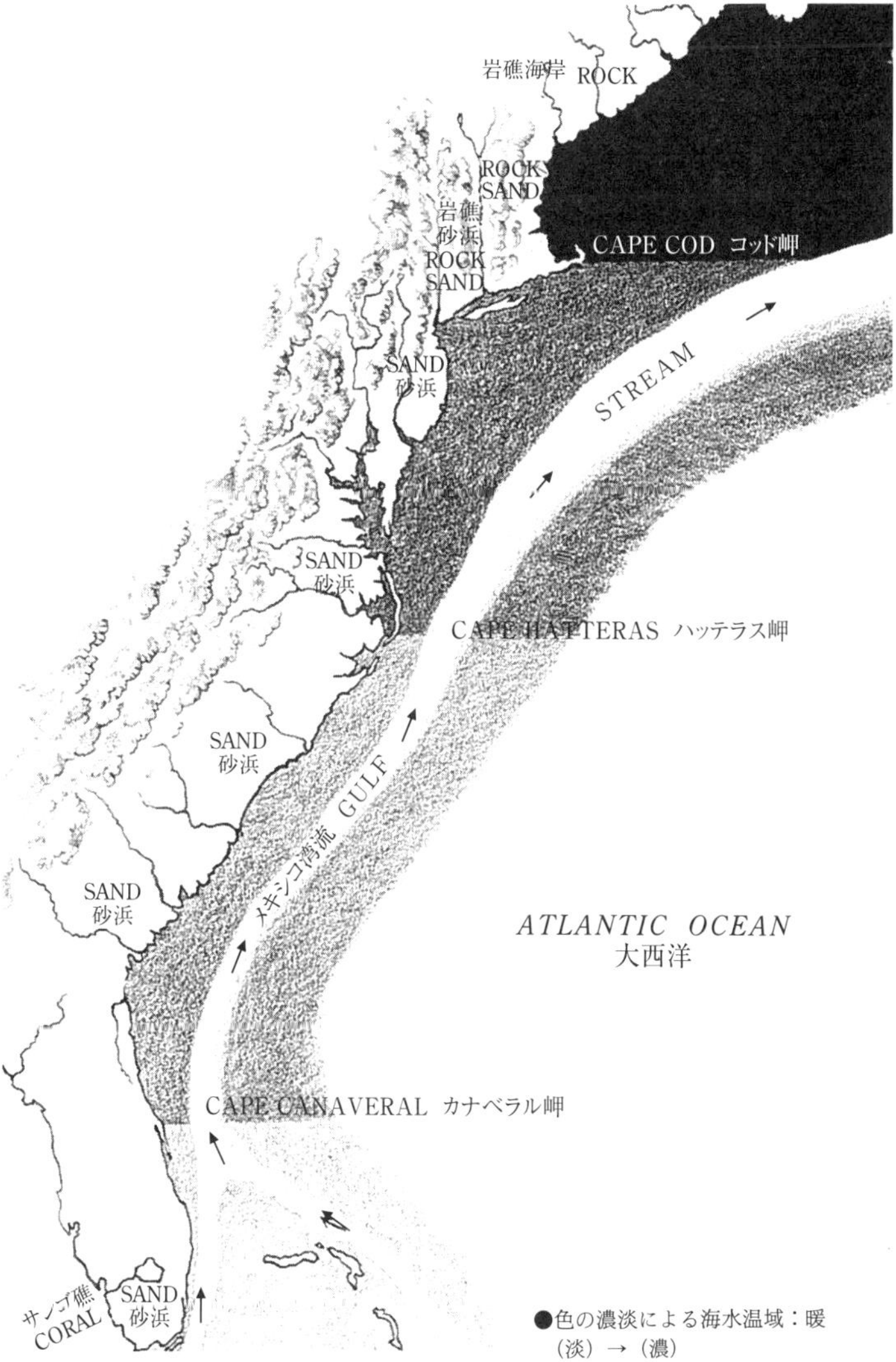

●色の濃淡による海水温域：暖（淡）→（濃）

間地帯であって、冬は冷水種が入り、夏になると温水種が入りこむ。すみついている動物相も、両者の混じりあった中間的性質をもっている。なぜなら、この地域には温度の変化に比較的鈍感な種が北と南から入りこんでくるからで、ここだけにもっぱらすみついていたものはあまりいないようだ。

コッド岬は、数千種の生物における生息区域の境界であると、動物学的には古くから認められてきた。コッド岬は、はるか沖合まで突き出しているので、南からの暖かい水の流れを遮り、北からの冷たい水をその沿岸の長いカーブの中に抱きこむのである。それはまた性質の異なる海岸への転位点でもあった。南の長い砂浜が岩石におきかえられ、しだいに沿岸の風景の大部分を占めるようになってくる。しかも、海岸ばかりでなく海底までが岩で形づくられている。つまり、この地域に見られるごつごつした地形と同じものが沖に向かって続いており、見えないだけなのである。南方の海岸にくらべて、このあたりは水温の低い深海が岸により接近し、海辺の動物に対して興味深い地域的影響を与えている。沿海はかなりの深度があるが、多数の島と鋸の歯のような海岸が一つの大きな潮間帯をつくり出し、豊かな沿岸動物相を生み出している。ここは、岬の南側の暖かい水には耐えられない種類の生物がたくさんすんでいる寒冷地帯なのである。適度に低温であることと、海岸が岩石質であることのために、海藻がびっしりと生え、干潮時の岩は色とりどりの毛布をかけたようになっている。巻貝の群れは海藻を食べ、岩のこちら側は無数のフジツボで真っ白になっているかと思えば、あちら側は無数のイガイで黒ずんでいる。

はるか彼方のラブラドル半島、南部グリーンランド、ニューファンドランド島を洗う海水の温度と、そこの動植物相の性質は亜北極性である。さらに北には、境界もまだはっきりと定められていない北極圏が横たわっている。

●マッド・クラブ

これらの基本的な地域分類は、アメリカの沿岸地帯を区分するうえで、十分な根拠をもっている。しかし、この区分がかつてコッド岬について いわれたように、南からここを迂回しようとする温水種の生物に対して、絶対的な防壁ではないということが、一九三〇年ごろには明らかになった。多くの生物が南から水の冷たい地域に侵入し、さらに北上してメイン州からカナダにまで分布して奇妙な変化が起こっている。このような新しい分布は、今世紀の初頭から始まったかに見える――今でははっきりと確認されているが――広範な気候の変化に関係があることはいうまでもない。一般的な気温の上昇は、まず北極地帯で起こり、ついで亜北極地帯、そして今では北部の各州の温暖地域で注目されている。コッド岬の北では暖かくなった海水によって、南方のさまざまな動物の成体ばかりでなく、かれらの大切な幼生までが、生き残ることができるようになった。

北への移動について最も印象的な例はワタリガニである。かつてこのカニは、コッド岬の北では知られていなかったが、ワタリガニは、ハマグリの稚貝を餌にしながら現在ではメイン州まで北上し、土地のハマグリ採りの漁師につかまえられるようになっている。今世紀初頭の動物便覧には、ワタリガニの生息区域はニュージャージー州からコッド岬までと記されている。一九〇五年にはポートランドの付近で生息が報告され、一九三〇年までには、メイン州沿岸を中ほどまで北上したハンコック郡でも捕獲されるようになった。次の一〇年間にウインター・ハーバーまで移動し、一九五一年にはルベックで見つかっている。さらに、パッサマクォデイ湾の岸づたいに拡がり、ついにノバスコシアまで渡っていった。

水温の上昇とともに、メイン州ではニシンが減ってきている。水温の上昇が唯一の原因ではないだろうが、たしかに影響は及んでいる。ニシンが少なくなるにつれて、南から他の種類の魚が入りこんできた。メンヘーデンは大型のニシンで、莫大な量が肥料、油、その他の製品に使われている。一八八〇年代には、メンヘーデンの漁場はメイン州にあったがその後姿を消し、長い間漁場は、ほとんどニュージャージー州の南部地域に限られていた。しかし、一九五〇年代に入るとメンヘーデンはメイン州の海に帰ってきて、ヴァージニア州の漁船はそれを追って北上してきた。同じニシンの一種であるマルガタニシンは、さらに北方に分布している。ハーバード大学のヘンリー・ビグロウ教授は一九二〇年代に、メキシコ湾からコッド岬の間でも同様のことが起こっていると報告し、コッド岬の付近では、どこへ行ってもニシンはほとんど見あたらなかったと報告している（プレビンスタウンで捕らえられた二尾のニシンは、ハーバード大学の比較動物学博物館に保存されている）。しかし、一九五〇年代になると、ニシンの大群がメイン州の海に現われ、水産業界では缶詰にするために試作を始めた。

そのほかの多くの個別的な報告も、同じような傾向がある。かつてはコッド岬で行きどまりになったシャコが、現在では岬をまわってメイン湾の南部にまで拡がっている。ニューヨーク州の海では、あちこちで軟らかい殻の二枚貝が夏の高温にいためつけられ、殻の硬い種にとってかわられつつある。タラ科の魚は、かつては岬の北で夏の間だけ姿を見せたのだが、今では一年を通して獲れるようになった。さらに、以前はたしかに南方にしかいなかった魚が、ニューヨーク州の沿岸まで北上し、産卵できるようになっている。以前ここでは、ひよわな稚魚は、冬の寒さで死んでしまったのである。

現在起こりつつある例外的な事象は別として、コッド岬からニューファンドランドに至る沿岸は、北方の植物と動物が生息する典型的な冷水域である。北方遠くへだたった世界が、海の統一的な力によって、北極の水や、イギリスの島々、スカンジナビアの沿岸と連結され、強固なそして魅惑的な近縁関係を生み出している。大西洋の東部には、非常に多くの種類の生物が大西洋西部と重複して生息しており、イギリス諸島近海の便覧の内容は、アメリカのニューイングランドでも、海藻については八〇パーセント、海生動物については六〇パーセントがそのまま役に立つほどである。

一方、アメリカの北方地帯は、イギリス沿岸よりも北極といっそう強く結びついている。大きなコンブ属の海藻である北極ケルプは、メイン州沿岸まで南下しているが、東部大西洋には見あたらない。北極イソギンチャクは、北大西洋の西部では、ノバスコシアに至るまで豊富に見られ、メイン州でもかなりたくさん生息しているが、東部大西洋のイギリス諸島側には見られず、ずっと北方のより冷たい海に限定されている。ミドリウニ、ヒメヒトデ、タラ、ニシンなど多くの種類の動物は、北方特有に分布する例であって、地球の頂点である北極のあたりまで拡がっている。そして北方の代表的な動物たちは、氷河や氷山から溶け出す冷たい潮流に乗って、北太平洋や北大西洋まで下ってくるのである。

北大西洋をはさむ東と西の二つの海岸の動植物相の間に、非常に強い共通点があるという事実は、この海を横断することが比較的容易であることを示唆している。メキシコ湾流は、たくさんの移動性生物をアメリカの沿岸から運び去る。しかし、対岸への距離が長いのに対し、大

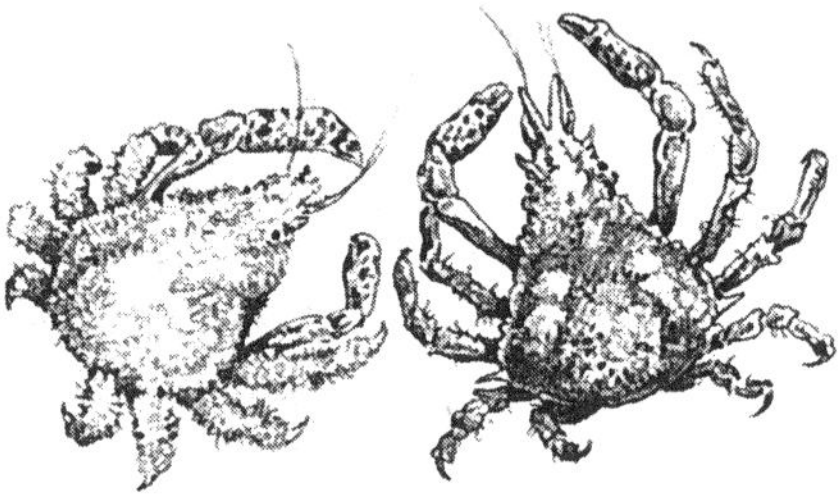

●クモガニ類

多数の生物の幼生期は短く、しかも成熟期に入ると身近に浅瀬がなければならないということから、状況は複雑化している。北大西洋には、海底の隆起や浅瀬、島などによって中間の駅が準備されており、生物たちは移動を中断して楽な駅にとまることができる。古い地質時代、この浅瀬はもっと大きかったので、長期にわたって頻繁に大西洋を横断する移動が可能であったのである。

より低緯度の海域になると、島や浅瀬がほとんどない大西洋の深海を渡らなければならない。こういうところでも幼生期や成熟期の移動がいくらか行なわれている。バーミューダ諸島は、火山活動によって海上に隆起したものであるが、メキシコ湾流によって西インド諸島から移住してきたすべての動物を受け入れた。そして、規模は小さいが、長い大西洋横断が達成されたのである。西インド諸島の多くの生物が、アフリカのものと同じであったり、あるいはよく似ているが、その渡来の困難さを考えると感動してしまう。かれらが赤道海流に乗って渡ったことは明らかで、ヒトデ、エビ、ザリガニ、軟体動物などがその中に含まれている。このように長途の移動を成し遂げたのは、成長したおとなの生物で、かれらは浮遊している木材や、漂流している海藻に乗って旅をしたのだ

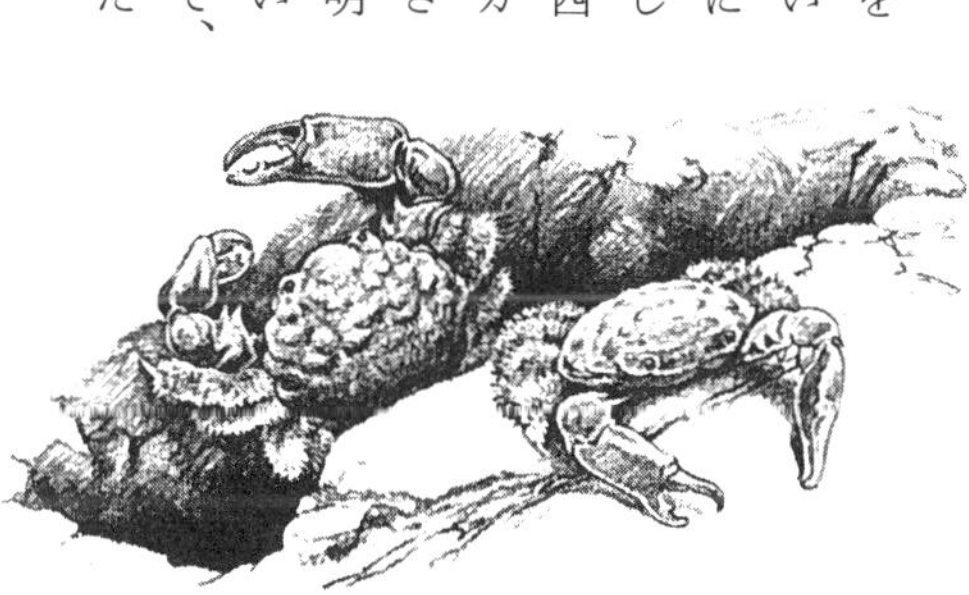

●オウギガニ類

ろうと推測される。近年になって、若干のアフリカ産軟体動物とヒトデが、同じような手段でセントヘレナ島に漂着したことが報告されている。

古生物学の記録は、大陸が形を変えつつあること、潮の流れが変化しつつあることの証拠を示している。なぜならば、古代の地球の様相は現代の多くの植物や動物の分布とは異なる状態を語っているからである。たとえば、かつて大西洋の西インド諸島海域ははるかかなたの太平洋やインド洋と海流によって直接つながっていた。その後、南北両アメリカの間に陸橋ができ上がったために、赤道海流はとんぼ返りをして東に向かい、海の生物が分散しないように隔壁がつくられたことになった。しかし、今日生存している生物の種類を通して、過去における生物の分布の状況は知ることができる。かつて私は、フロリダのテン・サウザンド群島の、とある静かな入り江で、海底一面に生えているタートル・グラス（リュウキュウスガモの一種）という水草の間に、奇妙な小さい軟体動物を発見した。かれらの体は、水草と同じく明るい緑色で、小さい薄い殻からはみ出していた。それはツノガイの一種で、それに最も近縁なものは、現在でもインド洋にすんでいる。さらに私は、カロライナの海岸で、体の黒い小さなゴカイの群落が分泌する石灰質によってつくられた岩石のように硬い管状の塊を見つけたことがある。それは、大西洋ではほとんど見られないもので、これもまた太平洋とインド洋に同種のものが存在している。

このように、生物の移動と分布の拡がりは、やむことのないかれらの共通の過程であって、地球上のあらゆる生息可能の場所に到着し、そこにすみつこうとする欲求の表われである。生物の生活パターンは、いかなる時代でも陸地の形や潮の流れによって決められるが、それは決して最終的なものでも、完結されたものでもない。

潮の動きが激しく、干満の差の大きい海岸にたたずんでいると、潮の満ち干のありさまが、日々、刻々、認識される。反復する満ち潮は、陸地に向かってその敷居を押し上げつつ前進する海の劇的な演出であり、それに対して、引き潮は見なれない世界をさらけ出す役割を果たしている。広々とした泥の干潟の、奇妙な穴や、土の盛り上がりや足跡などから、陸地とは違うかくされた生活があるという証拠をつかむことができる。あるいは、潮の引いたあと、水に濡れた海藻が一面に横たわり、多くの動物を覆って保護していることもあるだろう。より直接的には、潮の満ち干は波の声とは違ったみずからの言葉で語りかけてくる。海原のうねりから遠ざかった海岸では、さしてくる潮の音がはっきりと聞きとれる。夜のしじまの中で、波も立てず力強く寄せてくる満ち潮は、複雑な水のさざめきをつくり出す——ほとばしり、逆巻き、そして岩場の陸地の縁《へり》では、ひたひたと絶えず岩を叩く。ときには、呟きや囁きに似た低い音も聞こえるが、それらは突如として湧き上がる怒濤によってかき消されてしまう。

そのような海岸では、潮が生物の性質と行動を規定する。潮の干満は、潮間帯にすむあらゆる生物に対して、一日に二回、陸地の生活を経験させる。干潮線の近くにすむ生物が、日光と空気にさらされるのは短時間であるが、海岸の比較的高いところにすむ生物は、異なった環境におかれる時間が長く、より大きな忍耐を要求される。しかし、あらゆる潮間帯で、生物の動きは、潮のリズムに合わせて調整されている。海水に溶けこんでいる酸素で生きている海岸動物は、かわるがわる海になったり陸になったりする場所では、つねに濡れている方法を見つけなければならない。陸地から下りてきて満潮線を越えてしまった陸生動物は、満潮時に溺れないように酸素を自給することによって、自分の生命を守らなければならない。潮が引いている間、潮間帯にすむ動物の大部分は、まったくといっていいほど食物にありつくことができない。生命を維持するための本質的な行動は、水が海辺を覆っている間に営まれなければならないのだ。このように、潮のリズムは、活動と静止を交互にくり返す生物のリズムの中に反映している。

潮が満ちてくると、砂の中に深くもぐって生活している動物たちは、水面に浮かび上がり、長い呼吸管や吸水管を突き出して、自分の棲み家である穴に水を注ぎこんだり吸い上げたりする。岩にしっかりとはりついている動物は、殻を開いたり、触手を伸ばして餌を漁りはじめる。捕食性の動物や草食動物は、活発に動きまわる。潮が引いてしまうと砂の住人たちは、深い湿った層の中に引っこんでしまう。岩についている動物たちは乾燥を避けるために、ありとあらゆる手段を使う。カルシウムの棲管《せいかん》をつくっているゴカイは、その管の中に引っこみ、さらに瓶にコルク栓をするように繊維状の鰓《えら》で入り口を固く封じてしまう。フジツボはその殻を閉め、鰓のまわりに湿り気を保ち、巻貝は、殻の中に引っこんでドアのような蓋を閉じ、空気を閉め出して海の湿り気を確保する。小魚やハマトビムシは、岩や海藻の下にかくれて満ち潮が救い出してくれるのをじっと待っている。

およそ四週間の周期の月の満ち欠けにつれて、潮は月に引かれて増減し、干潮の高さも日ごとに変化する。満月のあとと新月のあとは、海に働きかけて潮の干満をつくり出す力が最も強くなる。なぜなら、満月と新月には太陽と月が地球とまったく同一線上に並び、二者の引力が一緒に働くからである。そして、大潮は、天文学上の複雑な理由によって、こうした月の位置に正確には合致せず、むしろ満月と新月の数日後に起こる。この期間中は、他のいかなるときよりも満ち潮の位置は高く、引き潮は低くなる。この現象はサクソン語の sprungen に由来する spring tide（大潮）と呼ばれている。この言葉は季節とは関係がなく、あふれるばかりの大量の水から連想される「力強く、活動的な」という意味である。断崖に押し寄せる新月の潮の動きを見れば、この言葉の妥当性に疑いを抱く人はいないだろう。月は上弦と下弦になると、太陽の引力に対して直角に引力を及ぼす。そこで二者の力は互いに妨害しあって潮の干満の動きはゆるやかになる。そのときの水位は、大潮のときほど高くもなく低くもない。そのような穏やかな潮は、neaps（小潮）と呼ばれる。この言葉は、「やっと届く」とか、「ほどほどに」を意味するスカンジナビアの古語に由来している。

北米の大西洋岸では、潮は半日に一回のリズムで動く。つまり二四時間五〇分という潮の干満の一日の間に、満潮と干潮が二回ずつあり、地方によって多少の違いはあるが、干潮と干潮の間隔は約一二時間二五分で、満潮についてもまったく同じである。

地球全体では潮の干満の差には著しいひらきがあり、合衆国の大西洋岸だけを見ても、大きな差異が認められる。フロリダのキーズあたりでは、潮の高低はわずか五〇〜六〇センチである。大西洋に面したフロリダの長い海岸では、大潮の高さは一メートルほどであるが、少し北へ寄ったジョージア州のシー・アイランドでは、それが二・五メートルもの高さにまで達する。ついでノースカロライナ州南部とニューイングランド州北部まで行くと、その動きは弱くなる。サウスカロライナ州のチャールストンでは、大潮のときで一・八メートル、ノースカロライナ州のビューフォートで一メートル、ニュージャージー州のケープ・メイで一・五メートルである。マサチューセッツ州のナンタケット島では、潮の干満はほとんどないが、そこから五〇キロメートルも離れていないケープ・コッド湾の沿岸では、大潮の高さは三、四メートルに達する。岩場の多いニューイングランドの海岸の大半は、ファンディ湾の高潮地帯に面している。コッド岬からパッサマクォディ湾まで、干満の幅はまちまちであるが、一般にはかなり大きい。プロビンスタウンで三メートル、バーハーバーで四メートル、イーストポートで六メートル、カレーで七メートルあまりである。高低差の大きな潮流と、岩石のあらわな海岸とが出合うこの地域にはたくさんの生物が群がり、生物へ及ぼす潮の力のすばらしい実演がくりひろ

●1——黒い帯状地帯　2——タマキビ地帯　3——フジツボ地帯
4——ヒバマタ地帯　5——ツノマタ地帯　6——コンブ地帯

げられている。

岩だらけのニューイングランドの海岸では、来る日も来る日も大きな潮が満ち引きしているので、海辺の岩には海面に平行に何本かの色のついた筋がはっきりと印されている。これらの帯状の場所は、それぞれ異なる生物によって構成されており、潮の高低を反映している。つまり、海水から露出している時間の長さによって、そこにすみうる生物の種類が決まってくることを物語っているのだ。最も強い種類が、上のほうの帯を形成している。地球最古の植物の一つであるラン藻は、永劫の昔、海の中に発生したものであるが、海から出て満潮線の上の岩に黒い跡を印した。その跡は、世界中のいたるところで、岩礁海岸の黒い帯として見ることができる。黒い帯状区域の下方には、陸の生活に向かって進化しつつある巻貝が、うすく岩にはりついた植物を食べたり、岩のすき間や割れ目にかくれたりしている。しかし、最もはっきり見える地域は、フジツボが形づくるものであって、かなり荒い磯波が押し寄せる開けた海岸では、満潮線のすぐ下の岩に、無数のフジツボが群がり真っ白になっている。白い帯はあちこちで断ち切られているが、そこにはイガイが濃紺の斑点となって群がっているのだ。その下のほうに、岩にはりついた海藻が茶色の野原を形成している。干潮線の近くには、丈の低いツノマタがふんわりと敷きつめられている。海藻類は彩り豊かな幅広い帯となって、潮の動きがゆるやかなときには一部しか姿を見せないが、大潮のときはいつも、その姿をあますところなく現わす。

ときには、この赤茶色のツノマタに、明るい緑色をした別の種類の海藻が髪の毛のようにもつれて、散らし模様を織りなすことがある。大潮が最も低いところまで引くと、最後の一時間に、さらに異なった世界が展開される。すべての岩は石灰を分泌する海藻で覆われて濃いバラ色をしており、大きなケルプが茶色のリボンのように、岩の上にかかって陽光に輝いている。

生物が描くこうした模様は、多少の差はあっても、世界のあらゆるところに見られる。場所による違いは、ふつう磯波の力にかかわっており、ある地帯では大きく抑えられ、またある地帯では著しく発達している。たとえば、波の荒い海岸では、フジツボが白いシーツを敷いたように岸の上に拡がるので、ヒバマタの生える場所は非常にせばめられる。磯波を避けられるところでは、ヒバマタは岩場の中央部を広く占領するばかりでなく、上のほうの岩にまで侵略して、フジツボの生育条件を損なうのである。

真の潮間帯とは、小潮の干満によって形成される区域とも考えられ、干満の周期にしたがって毎日二回、完全にかくれたり露出したりする。そこにすむものは、典型的な海岸生物で、毎日海と接触することを必要としながらも、限られた時間、陸地の状態にさらされることにも耐えることができるものである。

小潮のときの高潮線の上には、海というよりは陸に属すると考えられる一つの帯状の区域がある。そこには先駆的な種類がすんでいるが、かれらはすでに陸上生活への道に深く入りこんでおり、何時間、何日でも海を離れた生活に耐えられる。ある種のフジツボは、大潮のとき、一カ月に二、三昼夜しか海水がやってこないような満潮線の上の岩にすみついている。海は、食物と酸素を供給してくれるとともに、時期がくれば幼生を広い水面の育児室へと運んでくれる。この短い期間に、フジツボは生活に必要なあらゆる処置を講ずることができる。しかし、大潮がすっかり引いてしまうと、フジツボはまた陸の世界にとり残される。そしてかれらの唯一の保身術は、体のまわりから海の湿り気を少しでも逃さないように、殻の戸をしっかりと閉めることだけなのである。かれらが生きている間は、充実した短い活動期と冬眠に似た長い静止期間が交互にやってくる。北極の植物は、養分を貯え花を咲かせ種子をつくる過程を、二、三週間の短い夏の間に終わらせてしまわなければならないが、それと同じように、フジツボは厳しい環境条件の中で生きのびるために、徹底的に生活様式を適応させているのである。

海岸生物の二、三種のものは、大潮の高潮線を越えて砕ける波のしぶきが塩分を含んだ湿り気をやっと降らすような地帯にまで進出している。そのような先駆者の中に、タマキビに属する巻貝がいる。西インド種のある種は、数カ月間も海から離れることに耐えられる。またヨーロッパ種のイワタマキビは、生存に不可欠な生殖の営みを除いて、ほとんどすべての活動を水と無関係に続けており、大潮の波がやってきて卵を海に投げこんでくれるのを待っている。

小潮の低潮線の下に、リズミカルに揺れる海水が少しずつ減っていき大潮の低潮位に近づくときにだけ顔を出す区域がある。潮間帯のうちで、海とのつながりが最も密なのは、この部分である。そこにすんでいる生物の多くは、外洋型であるが、この地域が空気にさらされることは稀で、さらされるとしても短時間であるため、そこにすむことができる。

生物が生息する地域と潮の干満との関係ははっきりしているが、生物たちはさまざまな目立たない方法で、行動を潮のリズムに合わせてきた。その方法の一つは、水の動きを利用するという機械的なものである。たとえばカキの幼生は、潮の流れを利用して、固着するのに都合のよい場所へ移動する。成長したカキは、湾、入り江、潮の出入りする河口など、大洋の海水より塩分の少ないところにすんでいる。したがってカキの幼生にとっては、沖とは逆の方向に運ばれるのが、のぞましいのである。孵化したばかりの幼生は潮の流れに身を任せ、あるときは沖に向け、またあるときは潮のさす河口や湾の奥に向けて漂っている。多くの河口では、川の流れの圧力と水量が加わるために、引き潮のほうが満ち潮より遠くに流れていく。つまり、二週間の幼生期間を海に漂うということは、カキの稚貝が

●カキ

沖合へ何キロも運ばれていくことになる。しかし、幼生が育つにつれて、行動に際立った変化が起こってくる。潮が引く間、カキの幼生は沖へ流されるのを避けて底に沈む。そして潮が満ちてくると浮き上がって流れに乗り、成体になってからの生活に都合のいい塩分の少ない区域へと運ばれていく。

ある種の生物は、子供たちが生存に適さない場所に連れていかれる危険から守るために、産卵のリズムを調整する。潮間帯や、その付近に棲管をつくってすむゴカイの一種は、大潮の強い波の動きを避ける行動をとる。かれらは幼生を、水の動きが比較的ゆるやかな小潮をねらって、二週間ごとに海に放出する。その時期は幼生の非常に短い遊泳期にあたり、幼生はチャンスをつかんで、渚の最も具合のいい場所に移動し、そこに居をかまえるのである。

さらに、不可思議でとらえどころのない潮の働きがある。ときには、水圧の変化、静かな水と流れる水の違いに対応しているのではないかと思わせるほど、産卵と潮の動きが同調している。バーミューダ島では、ヒザラガイと呼ばれる原始的な軟体動物が、早朝、太陽が昇った直後、潮が引きはじめると産卵をする。そしてヒザラガイは、水に覆われるやいなや産卵を止めてしまう。日本のゴカイの一種は、一年中で最も潮の強力なとき、つまり一〇月と一一月の、新月と満月の大潮の前後にだけ産卵する。それは水の動きの振幅を何かわからぬ方法で感知しているためだろう。

海の動物の中でまったく異なる種に属する多くのものが、満月、新月、半月に符合するかのように、はっきりと決まったリズムに従って産卵する。しかし、これらの現象が潮の圧力の変化によるものか、月の光の変化によるものなのかは、どうしてもわからない。たとえば、ハイチのトルチュガには満月の夜、明らかにその時期にだけ産卵するウニがいる。誘因が何であるにしても、この種に属するすべての個体が、時を同じくして、いっせいに無数の生殖細胞を放出するのだ。イギリスの海岸には、一見植物のようなヒドロ虫類の一種がいるが、これは下弦の月の時期に小さなメデューリ、つまりクラゲのような幼虫を放出する。マサチューセッツ州沿岸のウッズホールでは、ハマグリに似た二枚貝が満月から新月へ向かう間に、おびただしい数の卵を産む。またナポリでは、ゴカイは上弦か下弦の間に群がって結ばれるが、新月や満月のときには決してそのようなことはない。これに近縁なゴカイがウッズホールにいるが、たとえ同じような月の状態や、さらに強力な潮の干満にさらされても、ナポリのような相互関係をまったく示さない。

これまで述べたどの例をとってみても、動物は潮の干満に対して反応するのか、それとも潮と同じように月の作用に反応するのかは、はっきりしていない。しかし、植物については状況は違っていて、生長に対する月の光の影響について、古くから、そして世界的に信じられていた事実について多くの科学的裏づけがなされている。数々の証拠によって、ケイ藻やそのほかの植物プランクトンの急速な増殖が、月の形態にかかわっていることが裏づけられている。ある川のプランクトン性藻類は、満月のときにその殖え方がピークに達する。ノースカロライナ州沿岸の褐藻類の一種は、満月のときだけ生殖細胞を放出し、異種の海藻についても同じようなことが、日本や世界の他の場所で報告されている。このような反応は、一般に細胞の原形質に対する偏光の強度の違いによって生じるものであると説明されている。

そのほか、動物の生殖と成長は、かれらの摂取する植物とある種の関連があることが報告されている。成育途上の若いニシンは、植物性プランクトン群のまわりに集まり、完全に成熟したニシンはそこを避けるようである。その他の海の動物についても、産卵中の魚、卵、幼生が植物性プランクトンの密集しているところにより多く見出されるという報告がある。ある日本の研究者は、アオサから採った抽出物を用いてカキに産卵させることができた、という注目すべき実験結果を発表している。アオサはケイ藻の生長と増殖を促進する物質を生産し、自分自身はケイ藻が繁茂している付近から採取した水によって生育を促進されている。

海水の中にいわゆる「エクトリン（外分泌物または代謝生産物）」が存在するということが、科学の最先端をいく問題の一つとなったのはごく最近のことであるが、エクトリンに関する情報は断片的でもどかしさをいなめない。しかしながら、数世紀にわたって人間の心を悩ましてきた謎のいくつかが、まもなく解かれる時期にきているようだ。この課題は、進歩しつつある知識の境界領域にあるとはいうものの、過去においては解明しえないと考えられていた問題ばかりでなく、当然のこととして受け取られていたほとんどすべての事象までが、エクトリンのような作用物質の発見という立場からあらためて検討しなおされようとしているのだ。

海の中では、時間と空間のいずれにも、不可思議な去来がある。その一つは、回遊性生物の移動である。また次々に変わった現象が一つの同じ地域で起こり、ある種の生物がたくさん現われ、いっとき全盛をきわめると死んでしまうが、次に別の種がこれにかわり、さらにその次がとってかわる。それは、あたかも野外劇の中で私たちの目の前を通り過ぎていく俳優の姿に似ている。「赤潮」の現象は古代から知られていて、今日に至るまでくり返し起こっている。これはある微生物——ダイノフラゲラータである場合が多い——が異常に増殖するために、海の色が変わる現象である。赤潮が起こると、魚や無脊椎動物の大量死という悲惨な二次的影響を伴う。また、ある種の魚がいつも行かないところにどっと移動したり、あるいは生息区域から忽然と姿を消してしまうことがある。その行動はたいへん奇妙で、何かの間違いではないかと思えるが、経済的に少なからぬ影響を与えることが多い。いわゆる「大西洋海流」がイギリスの南岸に押し寄せると、プリマス漁場内のニシンは豊漁になり、特殊な動物性プランクトンが大量に発生し、さらにある種の無脊椎動物が潮間帯で活動する。しかし、「イギリス海峡海流」がとってかわると、そこに登場してくる生物の配役は大幅に変わる。

海水とそこに含まれるすべてのものによって演じられる生物学上の役割が見出されたことで、古くからの神秘の数々が解き明かされるのも間近いことであろう。海の中では、すべてのものが単独では生きていけないことが、今や明らかとなっているからである。ある種の生物がそこにすみ、そして広範囲に影響する物質を放出したという事実によって、水自体の化学的性質や、生物の生き方に影響を与える能力が変えられるのである。このようにして、現在は過去と未来とにつながり、各々の生物は、それをとりまくすべてのものとかかわりをもっているのである。

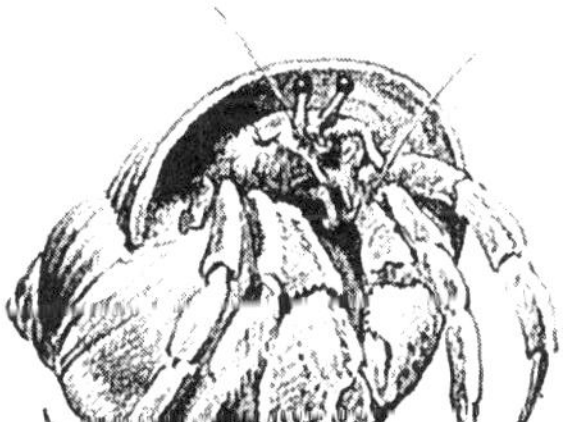

第2章——岩礁海岸

岩礁海岸では潮が満ちてくると、海面はせり上がり、陸地からヤマモモやビャクシンが枝を伸ばしているところまでいっぱいに這い上がってくる。一見したところ、海辺の水の中や海底に、あるいは水面に、生物は何もいないように思える。あちこちにセグロカモメの小さな群れがたたずんでいるだけなのだ。かれらは、満潮のときには、張り出した岩の上でじっと動かず、波と水しぶきの上で羽を休め、黄色い嘴《くちばし》を羽の下にしまいこんで、潮が満ちてくるまで、何時間もまどろんでいる。そして、潮が引くたびに姿を現わす岩にすみついているさまざまな生きものが、潮が満ちて視界から去ってしまっても、カモメには次に何が起こるかわかっていて、水はまた時間通りに引き細長い潮間帯への入り口をこしらえてくれることを知っている。

満潮になると、海岸は不穏な気配にみちてくる。大きな波が突き出した岩の頂を飛び越え、どっしりとした岩の陸地側を、細かく泡立つレースの滝のように流れ落ちる。しかし、潮が引くと、内陸部へと押し進む波の力を失った海岸はずっと平和になってくる。潮が満ちたり引い

Hines

たりする変化には、特別なドラマはない。灰色の岩の斜面がいつのまにか濡れてきて、沖のほうでは寄せてくる波のうねりが渦を巻き、かくれている岩棚の上で砕けはじめる。やがて潮にもぐっていた岩々が見えてくると、波は岩の上に濡れた輝きを残して去っていく。

黒っぽい小さな巻貝が、緑色の海藻でびっしりと覆われて滑りやすい岩の上を動きまわっている。巻貝はあちこちをこすり取りながら潮が満ちてくる前に食物を見つけようとしている。決して白いとはいえない吹き溜りの雪のような、フジツボが見えてくる。フジツボは岩と岩の割れ目に押しこまれた古い泥岩をくるみ、その鋭い殻は、イガイの貝殻やエビ採り籠、深海の海藻の硬い切れ端などの漂流物に混ざって、いたるところに散在している。

潮が少しずつ引いていくにつれて、海岸の岩の斜面には、茶色のヒバマタ類の草地が見えてくる。細い緑色の海藻が人魚の髪のようにあちこちに散らばり、太陽に照らされて乾いているところは白く縮れている。

さっきまで高い岩棚の上で羽を休めていたカモメたちは、思いつめたようにひたすら岩壁に沿って歩調を合わせて進んでくる。そして海藻のカーテンの下にカニやウニを探しはじめた。

くぼんだ場所には、小さな潮溜りや水路が残されていて、水が滴り、さらさらと流れ、ときには小さな滝になって落ちていく。さらに岩の間や下には、たくさんの洞窟があって、繊細な生物のために鏡のような水面が残されている。洞窟の中は光が遮られ、波の衝撃もなく、イソギンチャクの色とりどりの花や、ウミトサカのピンクの触手が岩の天井から垂れ下がっている。

岩場のさらに奥まった静かな潮溜りは、波が入ってきてかきまぜられることもなく平和そのものだ。カニは岩の壁を横につたい歩き、ハサミを忙しく動かしてはその感触で食物のかけらを探している。潮溜りには、微妙な色合いの緑や黄土色、ヒドロ虫類の真珠のようなピンク色がちりばめられている。ヒドロ虫類は、壊れやすい春の花園のように立っている。ツノマタのもつ青銅色の金属的なきらめき、サンゴ色の藻類のバラのような美しさが、潮溜りいっぱいにあふれている。

そして、海辺のすべてのものの上に、引き潮の匂いが漂っている。扁形動物、巻貝やクラゲ、カニのかすかな匂い、海綿動物の体内に含まれる硫黄の匂い、海藻のもつ沃化物の匂い、それに太陽が乾かした岩の上で輝いている白い霜のような塩の匂いが混ざりあっているのだ。

岩場に行くいくつかの道筋のうちで、私がいちばん好きなのは、常緑樹林の中を通り抜ける小道だ。森には独特の魅力がある。私はいつも明け方にその森の中の道を通るが、まだ空は青白く、海の向こうから霧が流れてくる。生きているトウヒやバルサムの樹々の間に、何本もの枯れ木が立っており、傾き、倒れている光景は、まるで幽霊の森のようだ。すべての木々は、生きているものも枯れているものも、緑色や銀色の硬い地衣類で覆われている。地衣類の茂みや、老人のひげのように枝からぶら下がっているものにも、濃い海の霧がからみついている。緑色の森林地帯の苔や、トナカイゴケの絨毯が地面を覆いつくしている。森の静けさは波の声を囁き声のこだまに変え、森の音はまさに声の幻である。――常緑の針葉樹から洩れ出て、空気を揺り動かすかすかな溜め息。木に寄りかかり、幹をこすりあわせている、なかば倒れかかった木々の軋むうめくような声。リスの足もとから枯れた枝が折れて落ち、地面にはね上がってたてるからからという軽やかな音。

しかしついに、小道は薄暗い深い森から外に出る。すると波の音が森の音に重なって湧き上がってくる。波が砕ける轟きがリズミカルにくり返し岩を叩きながら引いてはまた寄せてくる。

海岸線に沿って上がったり下がったりしながら、森の縁は波と空と岩からなる海の風景に、細くくっきりした境界線を描いている。海霧は岩の輪郭を柔らかにけむらせ、灰色の水と灰色の霧は、はるかな沖合をかすんだもやの世界に溶けこませている。その世界は、新しい生命の創造と活動の舞台になるにちがいない。

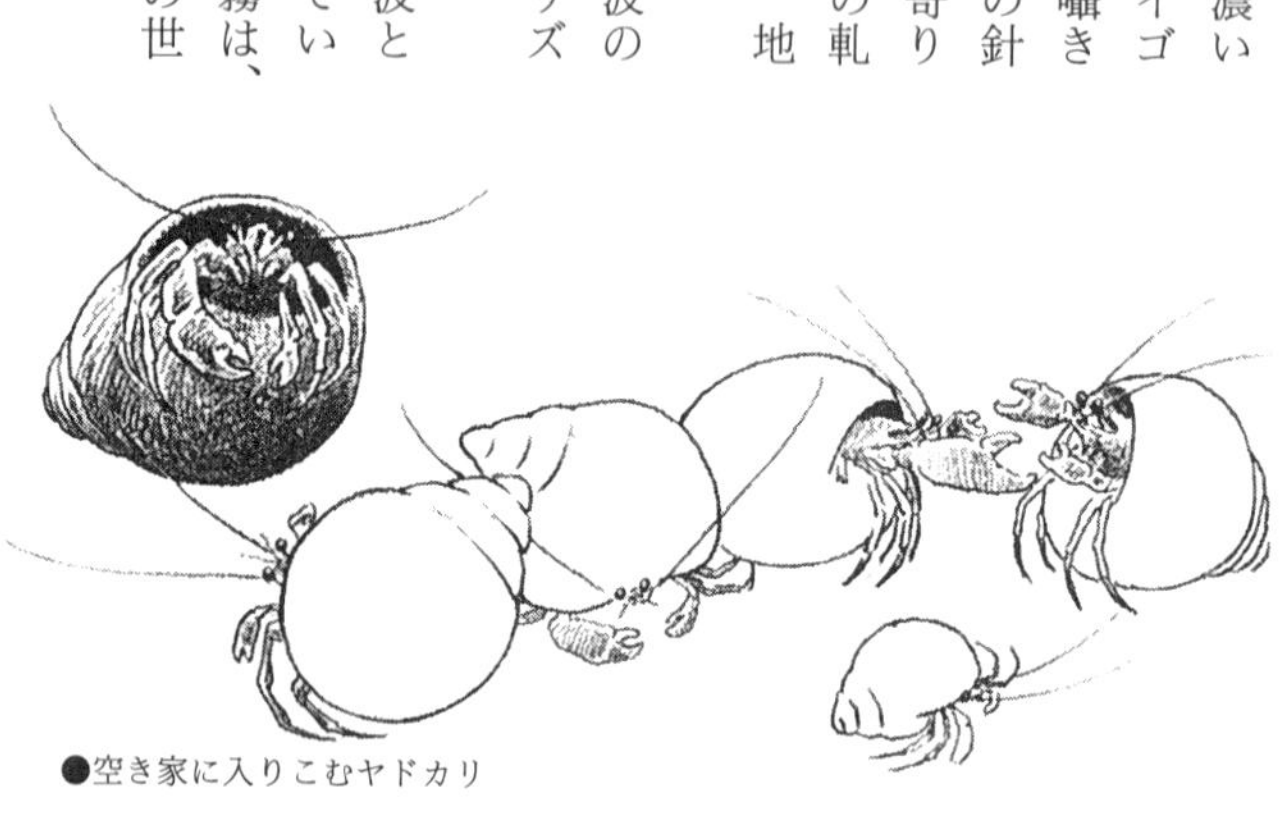

●空き家に入りこむヤドカリ

新しいという感覚は、暁の光と霧が生み出す幻想以上のものである。というのも、この海岸は事実若い海岸なのであるから。地球の歴史をはかる時間からいえば、地盤が沈下したところに海ができて谷を満たし、丘の斜面を水が上がってきたことなどは、ほんの昨日の出来事だ。そして、岩が海から隆起してこのようなごつごつした海岸ができ上がり、常緑樹林が海岸線の岩場まで下りてきたのだ。その昔、この海岸は南方の古い陸地と同じようだった。そこでは何万年もの間に、海と風と雨がつくり出した砂が砂丘を形づくり、砂浜や砂州、浅瀬をつくり上げて、海岸の性質は少しずつ変化してきた。北部の海岸でも状況は同じだ。広い砂浜に平坦な大草原が接し、その後には岩山と谷が連なり、谷は小川に削られ、さらに氷河によって深く彫りとられてきた。丘は侵蝕に抵抗する片麻岩などの結晶性の岩で形づくられ、低い土地には、砂岩、泥岩、泥灰土などのもろい岩が堆積している。

こうして風景は変わってきたのだ。ロングアイランド付近の地点から地球の軟らかい地殻は下向きに傾き、巨大な氷河の重荷をになってきた。なかには東部のメイン州や、ノバスコシアのように地球の中心に押しこめられて海面から四〇〇メートルも低くなっているところもある。北部の海岸沿いでは草原全体が水没してしまった。そのうちのいくつかの部分はその後隆起して、現在では沖の砂州になっているが、ニューイングランドやカナダ沿岸では漁場が沖へ移動してしまった。ジョージ、ブラウン、クエロウやグランドバンクなどがそれである。海上には陸の跡形もなく、現在のモンヘーガン島のように、あちこちに高く孤立した丘が残っているだけである。このあたりは遠い古代には、侵蝕から残された険しい丘が海岸の草原にそびえていたにちがいない。

山と谷が海岸をふちどっているところでは、海は丘の間を駆け上り、谷間を満たした。これが、深い湾と入りくんだ海岸線の起源で、メイン州のほとんどがこのような特徴のある海岸である。メイン州の内陸にはケネベック川、シープスコット川、ダマリスコタ川の細く長い入り江や、そのほかにも多くの川が数キロごとに刻み目をつけている。海水を含んだ川は、地質学的時間の昨日までは、草や木々の茂る景色の中に谷間を描いていたのだが、いまでは海がさしのべる腕になっている。森が迫っている岩場の海岸では、おそらく今日も同じことが起こっているだろう。沖合には、鎖のように連なる島々が、重なるように傾斜して海に突き出しているが、これは大昔の陸地の縁《へり》が半分水没しているのである。

しかし、海岸線が大きな岩脈と平行に続いているところでは、岸の入りくみ方もほとんどなくずっと平坦である。前世紀の雨が、花崗岩の丘の側面にほんの少し短い谷を刻んだだけだった。そして、海が上がってきて、長く曲がりくねった入り江のかわりに、短く幅の広い湾がつくられたのである。このような海岸は、ノバスコシアの南部で典型的に現われるが、マサチューセッツ州のアン岬でも見られる。そこでは、浸蝕に抵抗した岩の列が海岸に沿って東のほうに帯のように連なっている。このような海岸では、島は海にくっきりと浮き出ることはなく、海岸線と平行に並んでいる。

地質学的変動は、回を重ねるにつれて、より速く、突然に起こるので、風景をゆっくりと調整する時間はなくなってしまう。しかも、現在の陸地と海の関係は、かなり最近、おそらく過去一万年以内にでき上がったものだ。地球の年代記では、二、三千年という時間はないようなもので、その程度の時間では波が硬い岩に勝つことは稀である。ゆるんだ岩と古代の土を崩してきれいにしたのは巨大な氷床で、そこに深いV字型の刻みを入れるまもなく、氷河は崖を削りとったのである。

ほとんどの地域では、海岸のでこぼこが、そのまま丘の形になっている。そこには、より古い海岸や軟らかい岩を波が切り崩した小さな山や弓型の部分はない。波の影響が見られるのは、わずかな例外的な場所だけである。マウント・デザート島の南の海岸は、岩が露出してかなり強く波に打たれている。波はアネモネ洞窟をつくり出し、サンダーホールと呼ばれるところでは、高潮のときに波は小さな洞窟の屋根に叩きつけられて、雷のように音を轟かせる。

また、この島には、地球の圧力によってできた断層沿いに険しい絶壁があって、その裾を海水が洗っている。マウント・デザートの絶壁――スクーナーヘッド、グレートヘッド、オッターなど――は、海から三〇メートル以上もそそり立っている。この堂々とした絶壁の構造も、もしその地域の地質学的歴史を知らなければ、波が削った崖と間違えてしまうだろう。

ケープ・ブレトン島とニュー・ブラウンスウィックの海岸は、状況は非常に異なっているが、どちらも打ち寄せる波の浸蝕の典型的な例である。ここでは海が、石炭紀につくられたもろい岩の低地に接している。こういう海岸は波の浸蝕にほとんど抵抗することはできず、軟らかい砂岩や礫岩は、年に平均して一二〜一三センチ、場所によっては数メートルも削りとられている。海の本棚、洞窟、煙突、アーチ通りなどと名づけられるところは、この種の海岸に多く、しばしば目にすることができる。

ニューイングランド州北部の主だった海岸には、あちこちにさまざまな生い立ちをもつ砂や小石、玉石の小さな浜辺がある。あるものは、陸地が沈んで海が入ってきたとき岩の表面を覆っていたガラス状の岩石の破片であり、大きな丸石や小石の多くは、沖の深いところから海藻の付着根によってしっかりとつかまれて運ばれてきたものだ。また嵐の波は、海藻の根から小石を外して岸へと運んでくる。海藻の助けがないときでも、波はかなりの量の砂や砂利、貝殻の破片、ときには大きな丸石までも運んでしまう。こうして、ときおり見かける砂や小石の浜辺は、ほとんど内陸に入りこんだところや、入り江の奥にかかえこまれている。波にとって、入り江の浜辺にさまざまな破片を沈殿させることはできても、ふたたび運び去るのは容易なわざではない。

　トウヒ類の鋸の歯のような葉の間に見えかくれする海岸の岩や波の上に、朝もやが湧き上がり、灯台や漁船、すべての人々をすっぽりと包みこんでしまうとき、時間の感覚は薄れ、海がこの特殊な形の海岸をつくり上げたのはほんの昨日のことのように思えてくる。しかし、潮間帯の岩場にすむ動物たちは、この場所にかれら自身が登場するまでの長い歴史をもっている。おそらく、昔の海が接していたであろう砂と泥の浜辺の動物相にとってかわったにちがいない。ニューイングランド州北部の岸辺を浸す海と同じ海からやってきたものは、岩にすみつく生物の幼生だった。幼生たちは、広大な海原で溺れたり、堅い海の中の台地で休みながら漂流してきたが、どこかに集団ですみつくべく、ただやみくもに場所を探していった。もし適当な場所に行きつけなかったならば、その先は死なのだから。

　いちばんはじめにすみついた生物を誰も記録しておらず、またその生態の変遷をたどっていなかったとしても、岩を占領した先駆者について、ある程度の予測をすることはできる。侵入してきた海は、幼生とさまざまな種類の若い海岸動物を運んできたにちがいない。しかし、餌を見つけられたものだけが、新しい海岸で生き残ることができる。はじめのうち食べられるものといえば、海岸の岩を洗う潮の干満がもたらす、新鮮なプランクトンだけである。最初の永住者は、プランクトンを濾過して食べるフジツボやイガイのような軟体動物でなければならなるまい。

フジツボやイガイが要求するプランクトンの量はわずかだが、まず自分自身をぴったりと固定する堅い場所が必要である。フジツボの白い殻やイガイの黒っぽい殻のすき間には、おそらく海藻の胞子がついていたのだろう。やがて岩の上には生きた緑の膜が拡がりはじめる。すると、海藻を餌にする草食動物がすめるようになり、巻貝の小さな群れは、鋭い舌を使いながら苦労して岩をこすり取る。岩についている目に見えないほど細かい植物細胞をなめとるのだ。プランクトンを濾しとるものや海藻を食べるものが現われてから、ようやく肉食動物がすみつき生存できるようになった。肉食のムシロガイやヒトデ、多くのカニ類、ゴカイ類などは、岩場の住人としては比較的あとからきたものだ。しかし現在では、みんな潮によってつくられた帯状の場所や小さなくぼみにひそみ、波から身を守り、食物を見つけ、敵からかくれるという必要性に応じて、社会生活を営んでいる。

森の小道から抜け出た私の目の前にくりひろげられたのは、森にひらけた海岸の一つの典型的な生物相であった。トウヒの森の縁から、ケルプの黒々とした森に下りるまで、陸地の生活から海の生活に至るまでに誰もが想像するほど大きな違いがあるわけではない。さまざまな結び目をもつ小さな絆によって、古くからの二つの世界の結びつきが明らかにされている。

海に覆いかぶさるような森の地衣類の、強靭さを秘めた営みは、何百万年もかけて岩を粉々に崩している。ある種のものは、森を離れて波打ち際に露出している岩の上にまで伸びている。さらにもっと先まで伸びたものは、潮の動きによって周期的に海水に浸されて、潮間帯の岩場で不思議な手品を見せてくれる。しっとりとした朝の深い霧の中で、海に面した斜面のイワタケは、柔らかい緑色のなめし革のようだ。しかし、日中照りつける太陽のもとでは、その表皮は黒ずみ破れやすくなって、岩はあたかも薄く表皮がむけたようになる。潮のしぶきを受けて生長しながら、岩についた地衣類は、月に一度、高潮のときにしか波がやってこない離れ岩の陸地側にさえも、オレンジ色の斑点を拡げていく。また別の地衣類の鱗片は、低い岩から上に向かって生長し、灰緑色の渦を巻くような奇妙な形にはりついている。鱗片の黒い裏側には毛のような突起があって岩を構成する微粒子の中に入りこみ、酸性の分泌液を出して岩を溶かしてしまう。そしてさらに、毛のような突起は水を吸収して膨脹し、岩は細かい粒子に砕けていき、土をつくる作業が進行するのだ。

森が終わったあたりの下の岩は、白、灰色または黄土色をしているが、これは鉱物の性質による。岩は乾燥していて陸地に属するところは、わずかの昆虫や陸生動物が海までの小道として利用するほかは、不毛である。しかし、明らかに海に属する部分のすぐ上は奇妙に変色している。その部分には、縞や斑点、連続した黒い筋がくっきりとついている。この黒い区域には生命を暗示するものはまったくなく、人はここを暗いしみと呼び、岩の表面は粗いフェルトのようにざらざらしている。けれども実際には、そこにはごく小さな植物がびっしりと生えているのだ。非常に小さい地衣類や数種類の緑藻類が混ざっていることもあるが、最も多いのは、あらゆる植物の中でこれ以上単純で古いものはないといわれるラン藻類である。乾燥から身を守るために、細い鞘《さや》に入っているものもあり、長時間、太陽や外気にさらされても耐えられるようになっている。どの種類もとても小さいので、単細胞植物のように目に見えないほどだ。かれらのゼラチン状の鞘と波のしぶきで、海の世界へ通じる入り口は氷のように滑りやすくなっている。

海岸の黒い帯状区域は、単調で生命のない様相に加えてさらに、不可解でとらえどころがなく無限に興味をそそられるところだ。岩が海と出合うところはどこでも、微小な植物が黒い碑文を刻んでいる。そのメッセージを読み取ることはほとんど不可能に近いが、それは潮の干満と海の普遍性にかかわるいくつかの道筋を示しているように見える。潮間帯ではいくつもの要素が入れ替わっているが、この黒いしみはそこここにある。ヒバマタ類、フジツボ、巻貝、それにイガイが、周囲の自然が変化するにつれて潮間帯に現われては消えていく。しかしいつの場合でも、微小植物の黒い碑文はそこに描かれている。ここメイン州の海岸で、黒いしみを見ながら、南のキーラーゴ島のサンゴ礁の縁を、どうやって同様に黒く染めたのかを思い起こした。どうやってオーガスティンのコキナ〔貝殻・サンゴを含む石灰堆積物〕の平坦な岩盤に筋をつけたのか、またボーフォート海のコンクリートの防波堤に足跡を残したのか――。南アフリカからノルウェーまで、アリューシャン列島からオーストラリアまで、世界中どこでも、海と陸が出合うときのこのしるしは同じなのである。

あるとき私は、最初に陸地に押し進んでいった海の動物を、黒い区域の薄い膜の下に探しはじめた。高い岩の割れ目や重なりの中に、最も小さいタマキビの仲間を見つけた。なかにはほんの子供の巻貝もいて、はっきり見るためにはルーペを使わなければならないほど小さかった。そして、岩のくぼみや割れ目の中に群がっている何百というイワタマキビは、一・五センチぐらいになればもう大人のサイズなのだということがわかってきた。もしもこの小さいタマキビが海岸動物として普通の習性をもつものなら、かれらはどこか遠く離れた集団の中で育ち、海中で生活する期間を終えてから、幼生としてここに漂着してきたと考えるところだ。ところが、このタマキビ（*Littorina saxatilis*）は、海に子供を送りこむことはなく胎生で、卵は一つ一つ卵嚢に包まれ、発生段階は母親とともに過ごすのである。卵嚢の中には、未成熟の貝が成長して卵のカプセルを破り、母体から飛び出すまでの養分が入っている。しかも、けし粒ほどの大きさからコーヒー豆の大きさになるまで、小さな生命を完全に保護している。小さな貝はたやすく海に流されてしまうので、岩の割れ目や空になったフジツボの殻に、かなりの数の貝がひそんでいるのをしばしば見かける。

●イワタマキビ（上）とヨーロッパタマキビ（下）

しかしながら、ほとんどのタマキビがすむ場所には、二週間に一度の大潮のときにしか海水はやってこない。海水のこない間は、砕け散る波のしぶきだけから水分を得るのである。岩のすき間はそうした波しぶきでいつも湿っているので、タマキビはほとんどの時間を岩の上で過ごす。岩の上に、つるつると滑りやすい膜をはりつけている微小な植物が、タマキビの餌である。タマキビは、仲間のあらゆる巻貝と同様に菜食主義だ。かれらは何列もの鋭い石灰質の歯をもっていて、岩を粉々にして食べてしまう。この歯舌という特殊な器官は、咽喉の平らな部分にある切れ目のないベルトかリボンのようなもので、ほどいてみると時計のぜんまいのように、きっちりと巻いてあり、動物の種類によって一定の長さをもっている。歯舌自体は昆虫の翅や、エビの殻に含まれているキチン質を含み、数百の列をなして歯が並んでいる（ふつうのタマキビでは、歯の総数は約三五〇〇である）。岩をこすりとるためにある程度使われた歯は抜け落ちて、次から次へと新しい歯があとから送り出されてくる。

そして、岩の上もまた擦り減ってくる。何十年も何百年もの間、タマキビの大集団が岩をこすりとり、粉々にして食べてきたのだから……。それは明らかに侵蝕効果を現わし、岩や表面を削りとり、少しずつ、ほんとうにわずかずつ潮溜りを深くしてきた。カリフォルニアの生物学者が、こうした潮溜りを一六年間にわたって観察しているが、その間に潮溜りの底は、タマキビによって一センチ掘り下げられたということだ。雨、氷、洪水といった、地球の侵蝕をすすめる大きな力も、おおよそこの程度の単位で作用しているのである。

タマキビは潮間帯の岩の牧場の草を食みながら、潮が戻ってくるのを待ち、やがて定着していく。その瞬間を待ちつつ、進化の現在の段階を確実なものにし、陸に向かって動いているのだ。現在、陸にすむカタツムリも、すべて遠い古代に海からやってきたものだ。かれらの祖先は、ある時期、海岸線を横断するという過渡期を経てきたのである。タマキビはいまその中間地点にいる。ニューイングランドの海岸で見られる三種のタマキビの形態と習性を見ると、海の生物が陸地の居住者に変わっていく明らかな進化の段階がわかるだろう。スムーズ・ペリウインクル（*Littorina obtusata*）と呼ばれるタマキビは、まだ海底にいて、大気中に身をさらすことは、ごく短時間しか耐えられない。潮が引いて水面が低くなると、湿った海草の中にかくれてしまう。ヨーロッパタマキビ（*Littorina littorea*）は、高潮のときにのみ水没するところにすんでいることが多いのだが、海の中に卵をかくすので、陸上生活の準備はまだできていない。イワタマキビ（*Littorina saxatilis*）は、海に縛りつける多くの鎖を断ち切って、いまやほぼ陸上動物になっている。胎生になったことによって、生殖のための海から独立し、一歩前進したのである。かれらは、大潮になって海面が自分たちを覆ってしまっても生活できる。低潮帯にすむ近縁のタマキビ類と違って、鰓《えら》をもっているからである。鰓には多くの血管が通い、空気中から酸素をとりいれる肺のような機能を果たしている。実際には、長時間水中にいることは致命的なことであり、進化の現段階においては、三一日間にわたって乾いた空気にさらされても耐えられるということである。

イワタマキビは、フランスの学者によって研究され、潮のリズムがかれらの生活パターンに深い影響を与えていることが発見されている。イワタマキビは、水が交互に上がったり下がったりする中で、いつまで露出が続くのかを「覚えている」というのである。イワタマキビは、二週間ごとに大潮がかれらのすむ岩を訪れるときが、最も活動的であるが、水がなくなるにつれて動きは鈍くなり、体の組織はある一定の乾燥に耐えられる。大潮が戻ってくると、サイクルは逆転する。研究室に持ちこんだ場合でも、かれらは何カ月間も、自分が生まれた海岸の潮の干満を反映する行動を示した。

ニューイングランド州の海岸では、高潮帯で目立つ生物のほとんどはフジツボで、騒がしい波打ち際を除けば、どんなところにでもすんでいる。ヒバマタ類は、このあたりでは波の働きによって発育不全になっていて、フジツボとは競合しない。またフジツボはタマキビよりは高い場所を占めているので、同じ場所をとも

●スムーズ・ペリウィンクル

に占有できるものは、イガイだけである。

潮が引いているときの、フジツボに覆われた岩は、何百万もの小さな尖った円錐状の彫刻がほどこされている庭園の石のようだ。動くものは何一つなく、生物の気配すらない。貝のものと似ている石のような殻は、石灰質で、中に動物をかくしている。円錐形の尖った周殻は、きっちりした六枚の殻板からなる。殻口は四枚の殻板で、潮が引いたときは乾燥から身を守るために閉じ、潮が満ちてくると左右に開いて餌を取り入れる。満ち潮の最初のさざ波が、岩の領域に生命をもたらす。くるぶしの深さまで水に入り近くでよく観察すれば、水に沈んだ岩のいたるところで小さな影が揺らいでいるのが見られるだろう。一つ一つの円錐形の上では中央に細く開いた殻口から、羽根飾りが規則正しく出たり引っこんだりしている。フジツボはリズミカルな動きで、戻ってきた海水中のケイ藻類やごく微小な生物をかき集めているのである。

それぞれの殻の中の動物は小さなピンク色をしたエビのようなもので、頭を下にしてこの部屋の基礎にしっかりとくっついていて、離すことはできない。外に姿を現わすものは付属器官だけで、枝分かれした細い棒のようなものと剛毛とが一対になったものが六対ある。それらが一緒に動くと、たいへん機能的な網になるのだ。

フジツボは、節足動物に属する甲殻類として知られている。この仲間には、ロブスター、カニ、ハマトビムシ、ブライン・シュリンプ、ミジンコなどが含まれるが、フジツボは、近縁種

●フジツボ

のどれとも違い、一生固定された動かない生活をしている。いつ、どのようにしてこのような生活方法を身につけたのかは、動物学における謎の一つである。進化の途中の姿は、霧に包まれた過去のどこかへ消えてしまっている。同じような生活習慣――固定された場所で海が運んでくる餌を待つ――をうかがわせるものがいくつか、端脚類（たとえばアゴナガヨコエビ）や他の甲殻類で見つかっている。小さな回転する水かきや、天然の絹のような繊維と海藻の繊維からつくられている卵嚢などがそれにあたる。そのうえ、あちこちを動きまわる自由が残されているにもかかわらず、ほとんどの時間を殻の中で費やし、食物を潮の流れから取りこんでいる。太平洋沿岸の数種の端脚類は、シーポーク（海の豚肉）と呼ばれるホヤの群れの中にひそみ、家主のねばねばした半透明の体をえぐって自分の部屋にしてしまう。こうして掘った穴に横たわり、体の上を流れる海水を取りこんで餌をとっている。

フジツボがどのようにして現在の姿になったかということは

ともかく、かれらの幼生は、明らかに先祖が甲殻類であることを示している。それにもかかわらず昔の動物学者は、フジツボの硬い殻を見て、貝類の仲間に分類してしまった。両親（フジツボは雌雄同体である）の殻の内側で発生した卵は、やがて海中で孵化し、牛乳を流したような白い幼生の群れになる（イギリスの動物学者ヒラリー・ムーアは、マン島においてフジツボを研究した際に、七〇〇〜八〇〇メートルの沖から、何百万もの幼生が発生したことを報告している）。イワフジツボの幼生は約三カ月間で、数回の脱皮と変態を行なう。まず最初は、「ノープリウス」と呼ばれる泳ぎまわる小さなもので、ほかの甲殻類の幼生と区別できない。ノープリウス幼生は体についている脂肪の大きな球から養分を得、その球は餌の補給ばかりでなく、かれらを水面近くに漂わせる浮き袋の役目も果たしている。脂肪の球が、だんだん小さくなるにつれて、幼生はより深いところへ向けて泳ぎはじめる。最後には細くなって、一対の殻と一対の泳脚、そして一対の吸盤のついた触角をもつようになる。この「キプリス」幼生は、甲殻類の他の種であるカイムシ類の成体に非常によく似ている。そして最後には重力に従い、光を避けるという本能に動かされて海底に沈み、成体になる準備をするのである。

どのくらいの数の子供のフジツボが海岸に乗り上げ、波によって無事に着地させられるのか、また、きれいで硬い定着場所を探しているうちに、どれほどのものが落ちこぼれてしまうのか、誰もわからない。フジツボの幼生は偶然のなりゆきで定着するのではなく、慎重に探してから

●フジツボの幼生。ノープリウス(左上)とキプリス(右下)

はじめて着地を実行する。研究室内での観察によると、幼生は海底を一時間も「歩き」まわるということだ。触角のねばっこい先端を硬いところにつけて自らを引っぱりながら、可能性のありそうな場所をあちこちと試し、よりすぐってから最終決定をくだすのだ。自然界においては、おそらく何日もの間、潮の流れの中を漂流し、底につくと調査をし、それからまた次の場所へと漂流していくのであろう。

幼生が要求している表面とは、どんな条件なのだろうか？　おそらくざらざらした岩の表面で、なめらかなものよりもぴったりとくっつきやすいところだろう。そして微小植物の薄い膜がはりついているところは避ける。ときにはヒドロ虫や大きな海藻などは、かれらを寄せつけないかもしれない。フジツボが集団で存在する一つの理由として、不思議な化学的誘引力が働いていることが考えられる。それは成体のフジツボから放出されて集団への道をつけている誘導物質である。ともかく、すばやく最終的な決断をして、若いフジツボは選んだ場所に自分自身を接着してしまうのだ。フジツボの幼生の組織は、チョウの幼虫の変態にくらべると、完全に徹底的に再構成される。そして、ほとんど角のない塊であった幼生に不完全な殻が現われ、頭部と付属器官が内部につくられる。さらに一二時間ほどの間にまわりを囲むすべての殻板が形づくられ、殻は完全な円錐形となる。

こうしてでき上がった石灰質のカップの中で成長するにつれて、フジツボは二つの問題に直面する。一つは、キチン質の殻に包まれた甲殻類の常として、体が大きくなるためには自分でその殻を定期的に脱ぎ捨てなければならない、ということである。難しいことのようだが、フジツボがこの離れ業を見事に成し遂げているのを、私は毎夏しばしば目にしたものだ。海岸から汲み上げてきたどの海水の中にも、白い半透明の斑点が漂い、それはまるで小さな小さな妖精が脱ぎ捨てた薄い紗《しゃ》の衣のようである。顕微鏡でのぞくと、構造の一つ一つが細かいところまで、はっきりと見える。明らかに、フジツボは古い殻からの脱皮を、信じがたいほど正確に首尾よくやりおおせるのだ。小さなスライドグラスの上で、付属器官の節を数えることも、節の根元から成長し鞘から滑り出してくるように見える剛毛の数を判別することさえできる。

二番目の問題は、成長した体に合うように、硬い円錐形の殻を大きくすることである。いったいどのようにしてこういうことができるのか、はっきりとしたことはわからないが、おそらく、ある種の化学的な分泌液が殻の内側の層を溶かし、新しい組織を外側に加えているのだと考えられている。

外敵に襲われて生命を終えてしまうことさえなければ、低潮帯のイワフジツボはおよそ三年間、生きつづける。より高い場所では五年くらい生きているといわれている。イワフジツボは、夏の太陽の熱で岩が乾燥しても、その高温に耐えることができる。冬の寒さそのものは、かれらにそれほど害は与えないが、ざらざらとした氷は岩をすっかり削りとってしまう。波が強く叩きつけるのはフジツボにとって日常茶飯事で、海はフジツボの敵ではないのである。

魚に襲われたり、ゴカイや巻貝の略奪にもあい、またそのほかの自然界の原因でフジツボの生涯は閉じられるが、殻は岩についたまま取り残される。空家になったフジツボの殻は、海岸の多くの小さな生きものにとって格好の隠れ家となる。タマキビの子供は、ほとんどその傍らで生活しており、小さな潮溜りの虫たちも、満ちてくる潮につかまらないように急いでフジツボの隠れ家に逃げこんでしまう。また、海岸のもう少し深いところや大きな潮溜りの中では、空になった殻を、若いイソギンチャクやゴカイ類、フジツボの二世までもが棲み家にしている。

こういう海岸でのフジツボの主な外敵は、明るい色彩をしている肉食の巻貝、イボニシである。イボニシはイガイや、ときにはタマキビをも餌食にするが、見たところ、何よりもフジツボが好きなようだ。きっと食べやすいからなのだろう。すべての巻貝と同様に、イボニシも歯舌をもっている。これは、タマキビのように岩を粉々にするためではなく、硬い殻の獲物に穴をあけるために使われる。そしてあけた穴から歯舌を押しこみ、柔らかい中身を食べつくすのだ。しかし、イボニシがフジツボをむさぼり食うには、肉づきのよい足で円錐体を包みこみ、蓋をこじあけるだけでよい。また、麻酔効果のあるプルプリンと呼ばれる物質も分泌する。古代では、地中海にいる巻貝の仲間の分泌物は、「ティリアンパープル」という染料の原料であった。その色素は臭素の有機化合物で、空気に触れると紫色の着色物質に変化する。

激しい波がどんなに追いやっても、イボニシは広い海岸のいたるところに現われて、フジツボやイガイのいる場所に這い上がっていく。実際、大食漢のかれらにかかると、海辺にすむ生物のバランスは崩れてしまうことがある。たとえば、ある地域では、たくさんいたフジツボをイボニシが徹底的に食べつくしたので、代わりにイガイがその空いた生態学的地位を占めるようになった。フジツボをそれ以上見つけられなくなったイボニシは、イガイに手を伸ばしていった。はじめのうちは、新しい獲物の食べ方を知らないので不器用だった。数日間は、空っぽの殻に穴をあけたり、空の殻の中に入りこんで内側から穴をあけるというような失敗を続けていた。しかし、やがてかれらは新しい食べ方を工夫して、かなりの数のイガイを食べてしまったので、イガイの集団は徐々に縮ま

●ムラサキイガイを食べているイボニシ

ってきた。すると、ふたたび岩の上にフジツボが新たにすみつき、そしてついにイボニシは、ふたたびフジツボのところに戻ってきたのであった。

海岸の中間地帯からずっと低潮線に至るまで、イボニシは岩棚から垂れ下がった海藻のカーテンの下か、ツノマタの群生しているなかや、平らで滑りやすいダルスという紅藻類の間にすんでいる。かれらは、突き出した岩の下にしがみついているか、深い割れ目の中に群れているのだが、そこには塩を含んだ水が海藻やイガイから滴り落ちてくるし、水が細くちょろちょろと岩の上から流れてくる。このような場所ではどこでも幾組ものイボニシが集まっていて、麦わら色のカプセルに入った卵を産みつけている。カプセルの大きさは小麦の粒ぐらいで、羊皮紙のように強靭である。そして卵は一個ずつ岩の上に底をつけて立っているが、かなりびっしりと集まっているのでモザイク模様のように見える。

イボニシは、卵のカプセルを一個つくるのにおよそ一時間かかるが、一〇個以上を仕上げるのに、稀には二四時間以上もかかるときがある。一シーズンに二四五個ものカプセルをつくることもある。一個のカプセルには一〇〇〇個ぐらいの卵が入っているが、これらの多くは無精卵で、胚を育てるための食料として使われるのである。成熟すると、大人のイボニシから分泌されるのと同じ化学物質プルプリンによって着色され、カプセルは紫色になる。約四カ月で胚の生活は終わり、一五から二〇の若いイボニシがカプセルから生まれてくる。たとえ卵のカプセルがそこに産みつけられ成長していたとしても、新しく孵化した若いイボニシを、成熟した巻貝のすむ地域で見つけることは、稀にしかない。波が若い巻貝を低潮帯かもっと下のほうへ運んでしまうのだ。おそらく多くのものは、海に洗い流されて消えてしまうのだろうが、生き残ったものは、ずっと低いところの海中で見つかるのだ。かれらはとても小さく——長さ約一・五ミリ——で、ウズマキゴカイを餌にしている。たしかに、ゴカイ類の棲管は、どんなに小さいフジツボの殻よりも穴をあけやすいからだろう。イボニシは、およそ六ミリから一センチの大きさになるまで、高い場所に移住してフジツボを食べるようにはならないのである。

海岸の中間地帯に下りていくと、ヨメガカサが多くなる。かれらは岩板の表面にも散らばっているが、浅い潮溜りの中で無数に生活している。ヨメガカサの殻は、指の爪ほどの大きさの単純な平たい円錐形で、薄茶色とねずみ色とブルーの地味なまだら模様がついている。かれらは最も古い原始的な巻貝の一種であるが、その原始的な単純さは見せかけにすぎない。ヨメガカサは、海岸の複雑な世界に完璧な正確さで適応している。一般に私たちは、巻貝はぐるぐると巻いた殻をもっていると思うのだが、ヨメガカサの殻は平たい。タマキビは、ぐるぐる巻きの殻なので、岩の割れ目や海藻の下にしっかりとかくれていないと波に巻きこまれてしまう。しかしヨメガカサの場合、波はその殻を単に岩に押しつけるだけで水はゆるやかな輪郭の上を滑っていくので、波にさらわれることはない。強い波であればあるほど、しっかりと岩に押し

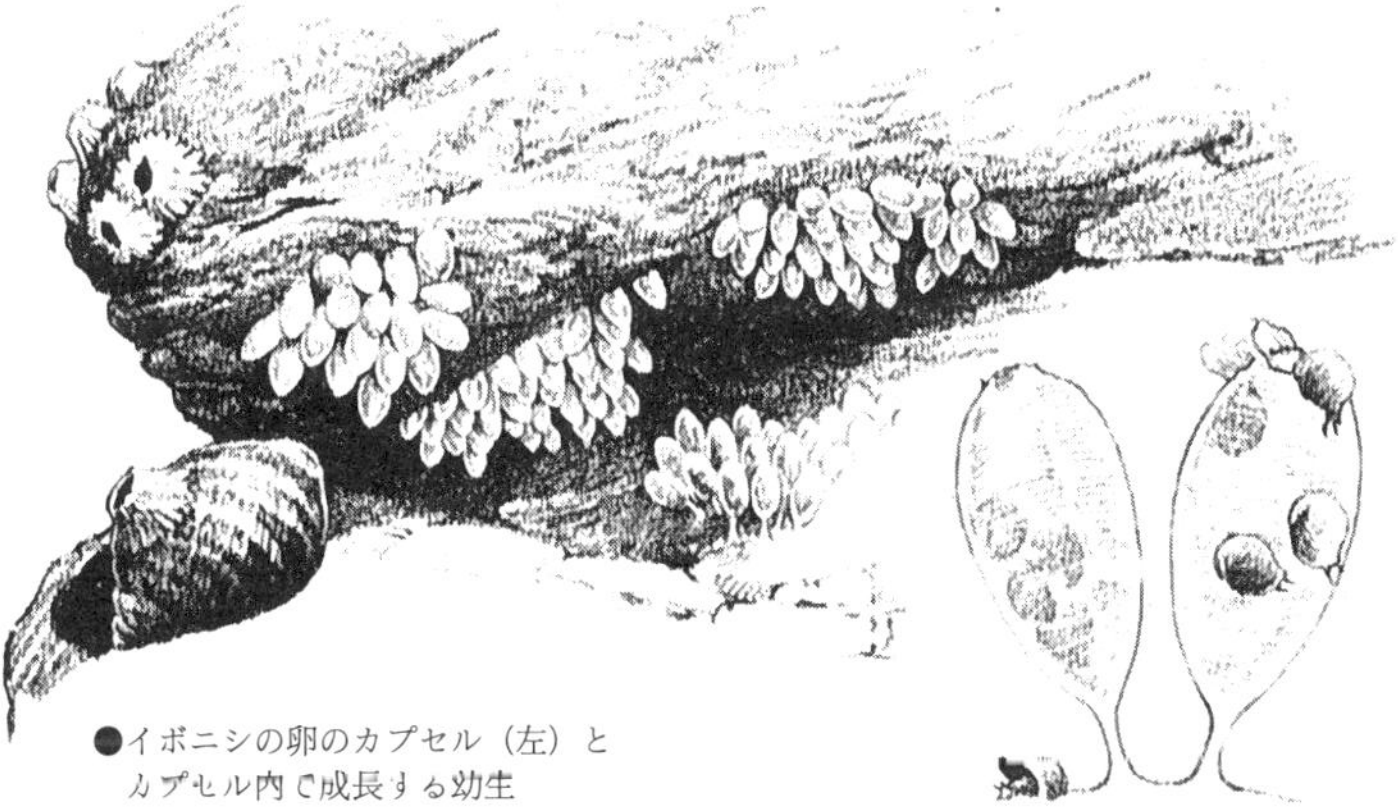

●イボニシの卵のカプセル（左）とカプセル内で成長する幼生

つけられる。多くの巻貝には、外敵から身を守り、内部の水分を失わないための蓋があるが、ヨメガカサは幼生のときにもっているだけで、やがてそれも捨て去ってしまう。岩に殻をぴったりとくっつけているので蓋は必要ではなくなっていて、水分は殻の内側にぐるりとついている小さな溝に確保しておくことができる。潮が満ちてくるまでの間、自分自身の小さな海に鰓を浸しているのである。

アリストテレスが、ヨメガカサは、岩の上の棲み家を離れて餌を食べに出かけると報告して以来、ヨメガカサの自然史に関する事実はさまざまに記録されてきた。昔の学者たちが仮定するある種の帰巣本能については、広く討論がなされてきた。個々のヨメガカサは「家」を持っていて、いつも元の場所に戻るというのである。いくつかのタイプの岩には、色が変わったり、へこんだりした跡が見分けられるが、それは殻の形にぴったり合っている。満潮になると、この「家」からヨメガカサは餌をとりに出歩き、歯舌をなめるように動かして小さな海藻を食べる。一時間か二時間の食事のあと、ヨメガカサは正確に同じ道を戻ってきて元の場所に落ち着き、干潮の間じっと待つのである。

一九世紀の多くの自然科学者は、近代の科学者が鳥の帰巣能力の生理的な基盤を探ろうとするように、ヨメガカサの帰巣本能が属するであろう感覚器官の実体を、実験によって発見しようとした。しかし、この試みは不成功に終わった。こうした研究の多くは、普通に見られるイギリスのカサガイを使って行なわれたが、誰も帰巣本能がどのように働くのか説明することはできなかった。しかし、帰巣本能が正確きわまりなく働いていることに疑いの念を抱く者はなかった。

ここ数年、アメリカの学者たちが統計学的方法を使って観察したところ、何人かは太平洋岸のヨメガカサはそれほどうまく「帰巣」しないと結論づけた（ニューイングランド産のものについては、正確な実験が行なわれていない）。一方、カリフォルニアにおける最近の研究は、帰巣理論を支持するものだった。W・G・ヒューワット博士は、ヨメガカサと巣に番号をつけておいたが、かなり多くのものが同じ番号のところへ帰ってきた。博士は満潮のたびにすべてのヨメガカサが巣を離れ、二時間半ほど歩きまわって元に戻ることも発見した。かれらが遠足に出かける方向は、満潮ごとに異なるが、かならず元の場所に帰るのである。そこでヒューワット博士は、それぞれの帰り道にそれを横切る深い溝を掘っておいた。ヨメガカサは溝の縁で立ち止まり、しばしの間この難局に直面していたが、次の満潮時には溝を迂回して家に帰っていった。さらに別のヨメガカサを家から二〇センチほど離れた場所に置き、殻の縁にやすりをかけてなめらかにしておいた。そしてそこから放すと家に戻り、元の岩の上にぴったりとやすりをかけられた殻を合わせたのである。次の日、五〇センチ離されたヨメガカサは家に帰ることはできず、四日目には新しい家を決め、一一日目には姿が見えなくなってしまった。

ヨメガカサと海辺の他の動物との関係は単純である。かれらはもっぱら滑りやすい膜で岩を覆っている小さな海藻や大きな海藻の外側の細胞を常食にしていて、いずれにしても歯舌が威力を発揮する。ヨメガカサは岩を倦むことなく粉々にするので、胃の中からは細かい石の粒が見つかる。歯舌は、酷使されて減ってくると次の歯が後から押し出されて生えかわる。岩に着地して生長を始めようとしている海中に浮遊する海藻の胞子にとって、ヨメガカサは敵であ

●ヨメガカサ

る。ヨメガカサは岩についた無数の海藻を、すっかりきれいになめつくしてしまうからだ。しかし、こうして岩をきれいにすることで、ヨメガカサはフジツボの幼生を岩につきやすくさせ、かれらに協力しているのだ。実際、ヨメガカサの家から四方にのびている道に、若いフジツボの星形の殻が散在していることがある。

この謎の多い単純な小さい巻貝は繁殖行動においても正確な姿を現わしてくれない。たしかに雌のヨメガカサは、多くのふつうの巻貝のようには卵を保護するカプセルをつくらず、卵を直接海にゆだねてしまう。より単純な海洋生物のほとんどがこのような原始的な行動様式をとる。卵の受精が胎内で行なわれるのか、海中に浮遊している間なのかは、はっきりしていない。幼生は、しばらくの間水面を漂流したり泳いだりしながら、生き残ったものは、岩の表面に着地し、幼生から成体に変態する。おそらく生まれたときのヨメガカサはすべて雄で、やがて雌に変わるのであろう――軟体動物としては、それほど珍しいことではないが。

この海辺では、動物の生活と同様に、海藻も荒波の沈黙の物語を語りかけてくる。岬の内湾や入り江では、褐藻のヒバマタは高さが二メートルにもなるが、ここのひらけた海岸では二〇センチのものでも大きいほうだ。生長のよくないまばらな植物の間では、海藻は、波が強くたたきつける生活に有利な条件を備えた岩の上のほうへと侵入していく。岩の中間部、潮間帯の下のほうには何種類もの硬い海藻がかなり豊富に生えている。より静かな海岸の海藻とは非常に異なるので、これらは波の激しい海岸の象徴となっている。海に傾斜したそこここの岩は、独特の植物、不思議な海藻アマノリに覆われてきらきらと輝いている。属名は *porphyra* という、「紫色の染料」という意味である。紅藻類に属しているが、色はさまざまで、メイン州の海岸で最もよく見られるものは、紫がかった茶色をしている。それは、茶色の透明なビニールのレインコートの切れ端にそっくりだ。葉は薄く、海のレタスといわれるアオサに似ているが、組織は二層になっていて、つぶれたゴム風船のように二層がぴったりとはりついている。アマノリは、「風船」の柄のところで、編み紐状のもので岩にしっかりとついている。その紐には、特別な名前「へその緒」という名前がついている。ときには、フジツボに付着していることもあるが、硬い岩の表面に直接はりついているものと違ってほとんど生長することはない。潮が引くと、暑い太陽の日ざしの下でアマノリは乾き、破れやすい紙のようになってしまうが、潮が満ちてくると弾力のある本来の姿に戻る。この弾力が、繊細に見えながらも、波の寄せたり引いたりする動きを何事もないように受け入れてしまう所以である。

より低いところには、シーポテト（海のじゃがいも）と呼ばれる奇妙な褐藻ネバリモが現われる。不細工な球形に生長し、表面は割れ目が入り葉片に分かれている。肉厚で琥珀色をした茎は直径一〜二センチにもなる。通常は、ツノマタや他の海藻の葉について生長し、岩に直接つくことは滅多にない。

低い岩や、浅い潮溜りの縁には、海藻がごちゃごちゃにもつれている。そこでは紅藻類が褐藻類にとってかわり、上のほうに生えている。ツノマタと一緒に紅藻類の筋が潮溜りの壁についているが、薄く鈍い赤色の葉には深い切れ込みがあって、どこか手のひらに似ている。小さな若い葉は潮溜りの縁にふぞろいについているので、海藻はぼろきれのように見える。波に引かれて紅藻類は岩の下でもつれ、紙のように薄い葉が積み重なっている。たくさんの小さなヒトデやウニ、軟体動物は、ツノマタの深い茂みにいるときと同様に、紅藻類の間でもともに生活している。

紅藻類は、海藻の中でも古くから、人や家畜の食物として人間に利用されてきた。海藻について書かれている古い書物によれば、スコットランドでは「ダルス（紅藻類）を食べてキルディンジーの泉の水を飲めば、ペスト以外のいかなる病気にもかからない」と言い伝えられてきたという。グレートブリテンでは、家畜は紅藻類を好み、羊は潮位の低いときは、浅瀬の海にまで探しにいくほどだ。スコットランド、アイルランド、アイスランドでは、紅藻類をさまざまな方法で食べたり、乾燥させて嚙み煙草のようにしている。一般にこのような食物を無視しているアメリカにおいてさえ、いくつかの海岸の町では、なまの紅藻類や干したものを買うことができる。

●アマノリの一種（左）とネバリモ（右）

最も低い潮溜りにいくとコンブの類が姿を現わす。これには、オールウィード（櫓のような海藻）、悪魔のエプロン、海の髪の毛、ケルプなどと、さまざまな呼び名がある。コンブは、褐藻類に属し、深い海や極地帯の海の薄暗いところに繁茂する。馬のしっぽのようなケルプは、他の褐藻類とともに潮間帯の下に生えているが、低潮線のすぐ上にある深い潮溜りにも入ってくる。広く平たい皮のような葉が、ほぐれて長いリボンのようになり、表面はなめらかでつやのある濃い茶色をしている。

深い潮溜りの水は氷のように冷たく、ゆらゆらと揺れる黒っぽい植物で満たされている。潮溜りをのぞくと暗い森を見ているような気持ちになる。海藻の葉の繁みはヤシの葉のように見え、しっかりとしたケルプの茎は奇妙なことにヤシの幹のように見えてくる。指をこの茎に沿って下ろし、付着根の上をつかんでケルプを引き上げてみると、その根に握られた一つの小宇宙を見ることができるだろう。

コンブの付着根は、森の木々の根にいくらか似ていて、かれらの上で鳴り響く偉大な海のリズムの複雑さに合わせるように、伸び、枝分かれし、さらに細かく分かれている。根は、イガイやホヤのよ

うに、プランクトンを濾しとる安定した装置になってい
る。小さなヒトデやウニが、アーチ状になっている付着
根の柱の下に集まっている。肉食のゴカイ類は夜どおし
がつがつと餌を漁り、深いくぼみや暗く湿った洞穴の中
で、もつれてこぶになっている海藻の中に自分の体を巻
きこんでいる。付着根の上に拡がっているカイメンのマ
ットは、黙々と休みなく潮溜りの水を吸いこむ役目を果
たしている。あるときは、コケムシの一種の幼生がここ
にやってきて着地し、その小さな殻をつくり、次から次
へと海藻の細い根の周りにくっついて、うっすらと霜が
降りたようにしてしまった。

しかし、このにぎやかなさまざまな集団の上で、ケル
プの茶色のリボンは何事もなかったように水の中に漂っていた。植物は自分の生
活をし、生長し、ちぎれた組織を修復し、そして時期がくれば生殖細胞の雲を水
の中に送り出す。付着根の中にすむ動物たちにとって、ケルプが生きていること
は、すなわち自分たちが生き残れることなのである。ケルプがしっかりと立って

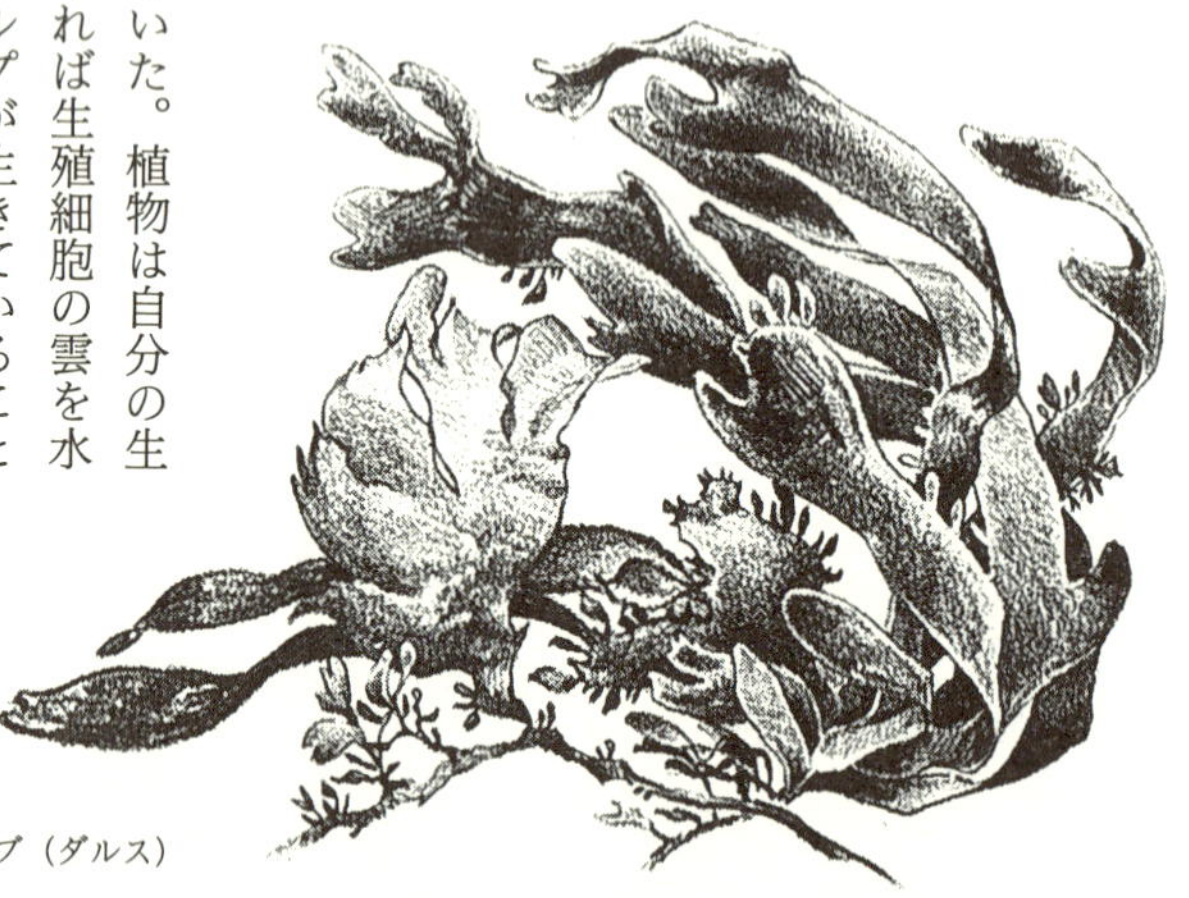

●コンブ（ダルス）

●ホヤの一種

いる間はその小さな世界も安全だが、もし嵐の大波にケルプが引きはがされて連れ去られてしまったなら、みな撒き散らされておおかたは餓死してしまう。

潮溜りのケルプの付着根にすみついている動物の中で、ほとんどいつも見られるのはクモヒトデである。かれらは、ほんとうに壊れやすい棘皮《きょくひ》動物で、「ブリトル・スター（砕けやすい星）」という英名はまことにふさわしい。そっと触れただけでも一本や二本の腕がちぎれてしまうことになりかねない。刺激に対するこの反応は、波の荒い世界で生活する動物にとって、至極便利である。なぜならば、もし一本の腕が転がってきた岩の下敷きになってしまっても、その腕を切り捨て、新しい腕を再生することができるからである。クモヒトデのよく動く腕は、移動のときだけでなく、小さなゴカイ類や微小な海の生物をつかまえるときもすばやく動いて口に運ぶ。

フサツキウロコムシも付着根の社会の一員である。かれらの体は、背中に装備された二列に並んだうろこによって保護されている。この大きなうろこの下は普通の節足動物と同じで、それぞれの節からは房になった金色の剛毛が横につき出ている。研究の初期には、鎧かぶとの中身は、まったく関係のないヒザラガイではないかと思われていたことがあった。フサツキウロ

●大型褐藻類ケルプ

コムシの仲間のいくつかは、隣人とおもしろい関係を結んでいる。イギリスのある種は、つねに穴にすむ動物と共生し、ときどきその相手を変える。若いときは、クモヒトデの穴で生活しているが、それはおそらく食物を盗むためであろう。成長するにつれて、ナマコの穴やもっと大きな暗紫色のフサゴカイ類の管の中に引っ越していく。

付着根の小宇宙にしばしば現われる動物は大きなホウオウガイの仲間で、硬い殻をもち、長さは一二〜一三センチにもなる。ホウオウガイは深い潮溜りか、沖合の海にすみ、小さなムラサキイガイのすむ浅い地域では決して見つからない。岩の上や割れ目でのみ、比較的しっかりとくっついているのが見つかることもある。またときには、強い足糸を使うイガイの典型的な方法で小石や貝殻の破片を集め、隠れ家の小さな巣や穴を作っている。

コンブの付着根で生活している小さな普通のキヌマトイガイは、岩の穴掘り屋である。あるイギ

●ケルプの付着根

リスの作家は、この貝の赤い給水管のために「赤鼻」と呼んでいる。通常は、石灰石や粘土、コンクリートなどをえぐった穴にすんでいる。ニューイングランドの岩は穴をあけるには硬すぎるので、この海岸のキヌマトイガイは、サンゴ藻類の外皮やケルプの付着根のすき間にすんでいる。イギリスの海岸では、岩に穴をあけることにかけては、ドリルよりもすごい力があるといわれている。そのうえ、かれらは他の穴掘り屋が使うような化学分泌物に頼ることもなく、頑強な貝殻でくり返しくり返し、ひたすら機械的にすることによって完璧な仕事を成し遂げる。

ケルプのなめらかな滑りやすい葉は、その付着根にくらべれば種類も数も少ないものの、ほかにも生きものの集団を支えている。大型のコンブの平らな葉の上では、岩の上や岩棚の下と同様、金色の星をちりばめたウスイタボヤがきらきら光るマットを拡げている。暗緑色をしたゼラチン状の葉に散在する小さな金色の星が、ホヤの存在をおしえてくれる。一つの星型は三〜一二個のウスイタボヤの個虫からなっていて、中心から放射状に拡がっている。多くの集団が、つながって星をちりばめたマットをつくり上げようとするので、マットの長さは一五〜二〇センチにもなることがある。

外見の美しさの下には、驚くほど複雑な組織と機能が働いている。それぞれの星の上には、水のごくかすかな動きがある。小さな流れが、それぞれの星に集中して流れこみ、小さく開いた口に吸いこまれている。そして、外側に向けて強い流れが集団の中央から噴き出していく。吸いこまれた流れは、餌になる生物と酸素をもたらし、噴き出す流れは内部で行なわれた新陳代謝の老廃物を運び去るのである。

一見したところ、ウスイタボヤの集団には、星をかざったカイメンという以上の複雑さはないようだった。しかし、実際には、個々のウスイタボヤのつくる群体はかなり組織化されていて、その構造は、モルグラとかユウレイボヤと呼ばれる単体ホヤ類とほとんど同じものだ。ホヤ類は波止場の岸壁にたくさん見られるが、ウスイタボヤの大きさは二ミリか四ミリぐらいしかない。

ウスイタボヤの完全な集団の一つは、おそらく何百もの星型の群れ（おそらく千個あるいはそれ以上の個体であろう）で構成されているが、たった一個の受精卵から発生してきたのかもしれない。親の集団では、卵は初夏に形成され、受精し発生を開始するのは、まだ両親の組織の中に残っている間のことだ（一個のウスイタボヤは卵子と精子の両方をつくるが、同じ時期に成熟することはないので、確実に交雑受精ができる。精子は海水に運ばれ、水の流れとともに引きこまれる）。やがて両親は、オタマジャクシのように泳ぐしっぽをもった細長い小さな小さな幼生を放出する。一時間か二時間、幼生は水に漂い泳ぎながら、岩の縁や海藻に着地し、自分の体をしっかりと縛りつける。しっぽの組織はすぐに吸収されてしまい、泳ぐ能力は完全に失われてしまう。二日後には、心臓がホヤ類独特のリズムで動きはじめる。——まず最初は一方向に血液を送り出すと、少し間をおいてこんどは逆方向に血液を流すというものである。二週間近くたつと、この小さな個虫は完全に体をつくり上げ、発芽して母体から分かれていく別の個虫の新組織をつくりはじめる。そして次に、それらがまた別の新個虫を発芽する。それぞれの新しい個虫は、水を吸いこむために独立した口をもっているが、そのどれもが中央の排水口につながっている。口をとり囲む個虫の数が過剰になると、いくつかの新しい芽がゼラチン状のマットの上に押し出されて、そこで新しい星型をつくりはじめる。この方法で星型集団は拡がっていく。

●ウスイタボヤ

潮間帯には、ときどき深海性の褐藻類であるアナメが侵入してくることがある。これは代表的な褐藻類で、北極付近やグリーンランドからコッド岬にまで下ってくる冷たい水の中で繁茂する。ツノマタや大型のケルプの間に見られることもあるが、外見は著しく違っている。広い葉には、数えきれないほどの小さな穴があいている。葉が若いうちは、円錐形の小さい乳頭状の突起であったものが、やがて壊れて葉を貫通する穴になるのである。

いちばん下の潮溜りの縁を越えると、岩壁は深い海へと険しく傾斜していくが、そこには別のコンブが生えている。チガイソとも、「翼のようなケルプ」ともいわれるもので、イギリスでは、ミューリンとも呼ばれている海藻だ。波形のひだのついた流れるような長い葉は、水の動きにつれてなびき、また起き上がる。成熟した生殖細胞を入れたたくさんの羽状のものが葉の根元についているが、それは、葉が激しい波にもまれて揺れ動いても、葉の先端よりこの場所が安全だからである（ヒバマタは、海岸の比較的高いところに生えていて、猛烈な波を受ける心配が少ないので、葉の先端に生殖細胞を形成する）。チガイソは、他の海藻にくらべると、ほとんどつねに波に強く打たれている状態におかれている。足もとをしっかりと確保して岩の先端に立つと、黒っぽいリボンのような海藻が、水の中でなびき、引っ張られ、翻弄され、強く打ちたたかれているのが見える。大きくて古くなったものは、ボロボロに引き裂かれ、葉の縁は割れ、主脈の先のほうはちぎれてなくなっている。このように海藻は波に体をゆだねることによって、付着根が失われるのを防いでいる。葉柄は、かなり強い引っぱる力にも耐えることができるが、それでも苛酷な嵐は多くの海藻を引き剝がしていく。

●チガイソ

●アナメの一種

さらに深く海中に入っていくと、ところどころに暗い神秘的なケルプの森が見えてくる。嵐のあとの海岸には、ときに巨大なケルプが打ち上げられていることがある。それらは硬く強い茎をもっていて、茎からは長いリボンのような葉が拡がっている。「海のもつれた毛」とか「砂糖ケルプ」と呼ばれるコンブの一種（*Laminaria saccharina*）の茎は、一、二メートルにも及び、比較的狭い葉（幅一五～四五センチ）を支えている。葉は外に拡がり、海面に向かって一〇メートルの長さにもなって漂っている。葉の縁には大きなフリルがついていて、乾くと、さらさらした白い物質（マニトール）が葉の上に析出する。長い茎をもつコンブの一種である *Laminaria longicruris* は、小さな木の幹かと見まごう根をもっていて、長さは二～四メートルになる。葉は幅一メートル、長さ六メートルぐらいになるが、茎よりも短いこともある。

砂糖ケルプと長い茎のコンブが生えている場所は、大西洋の片割れである太平洋の広大な海底ジャングルである。そこでは、ケルプが巨大な森林のように立っていて、海底から水面まで五〇メートルにも達している。

すべての岩礁海岸では、コンブの生育地帯がちょうど低い水面の下にあるので、海の中では最も知られていない地域の一つになっている。ここに一年間を通してどんな生物が生活しているのか、ほとんどわかっていない。冬になると潮間帯から姿を消す何種類かが、単にこの地域まで下りてきているのかどうかさえもわからないのだ。そのうえ、ある地域では、水温の変化によっておそらく死に絶えたのであろうと考えられている数種類の生物が、コンブ地帯の中に下りていっているかもしれない。この地域は、ほとんどつねに荒波が砕けているので、探索することは非常に難しい。しかしながらスコットランド西海岸のこのような地域で、イギリスの生物学者J・A・キッチングと潜水服をつけたダイバーとによって探索が行なわれた。チガイソと大型のケルプによって埋めつくされている地帯に、ダイバーは四メートルほどの深さのところから大型コンブの森へと入っていった。垂直な茎からは、巨大な葉が拡がり、かれらの頭上を覆っていた。水面には太陽が明るく輝いているのに、ダイバーは、暗闇の中を手探りで進んでいった。大潮のときの低潮線より六メートルから一二メートルほどの深いところで、森はひらけ、ダイバーは海藻の間を苦もなく歩けるようになった。そこでは光が強くなり、霧がかかったような水を通して傾斜した海底が遠くに拡がり、あたかも大きな「公園」を望むようであった。コンブの付着根と茎との間には、陸の森の下生えのように、さまざまな紅藻類がびっしりと生えている。そして、陸上では小さな齧歯類やその他の小さな生物が巣をつくり森の木々の間を走りまわっているように、さまざまな動物たちが巨大な海藻の付着根の間にすみついているのである。

穏やかな海では、外海に面した海岸のように強い波を受けることもなく海藻が海岸を支配している。潮の干満の条件が許すわずかな空間にもしっかりと生えて、旺盛な繁殖力をもって他の海岸生物を適応させている。

しかしながら、海岸が開けていようと奥まっていようと、同じ生命の絆は潮間帯に拡がっている。生物の相対的な進化の結果は、潮間帯を大きく二つのタイプに分けている。

湾や入り江の海岸では、高潮線の上はどこでもあまり変化はないが、微細植物が岩を黒ずませ、地衣類が陸地から下りてきて海に近づこうとしている。大潮の高潮線の下では、先駆者であるフジツボがところどころに白い縞の足跡をつけて、その地帯を占領した証拠を残している。かれらは開けた海岸を支配しているのだ。上のほうの岩ではタマキビが岩をかじっている。しかし、奥まった海岸は、すべてが月の満ち欠けで起こる潮の動きによって支配され、波の動きと潮の流れに敏感に揺れなびく海底森林で占められている。森の木は巨大な海藻で、ヒバマタあるいはツノマタとして知られているが、形は頑丈なゴム状である。ここではあらゆる生物が、それぞれの隠れ家の中で生活している。そして、その隠れ家は、乾いた空気や雨、押し寄せる波や潮の流れから身を守らなければならない小動物にとっては、非常に快適なので、こうした海岸の生物は信じられないほど豊富である。

満潮になると、水面の下でヒバマタが直立し、海から預かった他の生命とともに伸び上がり揺れ動いている。そして、満潮の岸辺にいると、海藻の先端は上がってきた水面に暗い影の斑点を撒き散らして、自分の存在を主張している。水に浮かんでいる葉の下では、小鳥が森の木々の間を飛びかうように、小さな魚が海藻の間をすいすいと泳ぎまわっている。また、巻貝が葉をつたって這いまわり、カニは揺れ動く海藻の枝から枝へとわたり歩いている。それは、ルイス・キャロル風の幻想的な海のジャングルだ。一日に二回下へ下へとたわんでいき、数時間も倒れたままでいるが、結局はまた起き上がるのだ。こんなジャングルがあるだろうか？まさに、ヒバマタのジャングルはそのとおりの姿なのである。なだらかな岩から潮が引くとき、海は潮溜りに小型の海を残していく。ヒバマタは水を含んで重くなったゴムのような葉を何枚も重ねて、平らに横たわっている。険しい岩の表面からは、海藻が重いカーテンのように、海の湿気を含んで垂れ下がっている。その水分で、ヒバマタの下にいる生物は決して乾燥しないように保護されているのである。

昼間、太陽の光はヒバマタのジャングルに遮られ、海底には光と影が金色の斑点となってちらちらしているだけである。夜、月の光は森の上に銀色の天井のように拡がり、潮の流れによ

ってきらめき、砕け散らされる。その下では、海藻の暗い葉影が落ち着かなげに揺れている。

　しかし、この海中森林を過ぎていく時の流れは、光と影の交代よりも干満のリズムによって刻まれる。そこにすむ生物の生き方は、水があるかないかによって決まる。夜の帳《とばり》がおりようと、朝がこようと、かれらの世界に変化をもたらすのは潮の動きだ。

　潮が引くにつれて、海藻の先端は支えを失い、水面に横になって漂いはじめる。海藻は濃い影を落とし、森の床は深い暗闇にとざされる。覆

●ヒバマタ類（褐藻類）の林

っていた水がゆっくりと引いてしまっても、海藻はまだ動いている。しかし、波が寄せるたびに岩のほうへ追いやられ、海藻がついに岩の上に身を横たえると、あらゆる生命の動きは休止する。

日ざかり、陸のジャングルにしばしの静寂の時が訪れると、狩りをする動物たちは巣の中にまどろみ、力の弱いものや動きの鈍いものは太陽の光から逃れて身をかくす。海岸では、潮が引いて凪がくるのを待つ間がちょうどその時間である。

フジツボは、網をたたみ一対の扉を閉めて乾いた空気を避け、海の湿気を内にかかえこむ。イガイやハマグリは、給水管を引っこめて殻を閉じる。先刻の満ち潮に乗って森に入りこんできていたヒトデがあちこちに逃げおくれて残され、その曲がりくねった腕でイガイを締めつけている。たくさんの細い管足の先には吸盤がついていて、殻をしめつけるのである。嵐でなぎ倒された木々の間を歩くように苦労して横たわっている海藻の葉をかきわけてみると、そこにはわずかにカニが動いていて、泥の中にかくれているハマグリをつかまえようと小さな穴を掘っている。それから歩脚の先でハマグリを押さえつけ、強いハサミで殻を粉々にする。

干潟の上のほうから二、三の獲物をねらう動物や、腐肉を食べる動物がやってくる。潮溜りにいる小さな灰色がかった昆虫のハマトビムシが岸の上のほうから餌を探すように下りてきて、岩の上をせわしなく走りまわっている。かれらは、殻の開いたイガイや死んだ魚、カモメが置いていった食べ残しのカニの切れ端を探して食べている。カラスは、岸から岸へと海藻の上を歩きまわってずぶ濡れになりながら岩をつつき、海藻の中にかくされたタマキビを探している。見つけ出すと、片方の脚の強い爪でタマキビの殻を握り、その間に嘴を差し込んで器用に中身を引き出して食べてしまう。

潮がさしてくるときの最初のひと波は静かだ。高潮線まで六時間かけて上がっていく間、はじめのうちはゆっくりしている。最初の二時間は潮間帯の四分の一までしか潮はやってこない。しかし、それからが速くなる。次の二時間で潮の流れは強くなり、はじめの二時間にくらべて潮位は二倍になる。やがてふたたび波は弱まって、高潮線までゆっくりと近づいてくる。ヒバマタは、潮間帯の中ほどを覆っているが、そこは裸に近い上のほうの海岸よりも強く波の衝撃を受ける。しかし、ヒバマタのクッション効果は非常に大きいので、それにしがみついたり、海藻に覆われた岩の上で生活する動物は、さらに高い岩にいるものよりも、また波の引いていく強い力にさらされる下の地帯のものよりも、ずっと波の影響は少ないのである。

暗闇は陸のジャングルに生命をもたらす。しかし、海藻のジャングルの夜は、潮が満ちてくるときだ。水は海藻の下を流れ出て、あらゆる森の住人が干潮時の静けさを破って動きはじめる。

外海からきた波がジャングルの足もとに寄せてくるにつれ、フジツボの象牙色の円錐の上にふたたび影の斑点がきらめき、ほとんど目に見えない網を拡げながら、潮が運んでくる餌を取りこんでいる。ハマグリとイガイの殻が、またわずかに開き、かれらの餌である甲殻類やあらゆる微小な球形の海の野菜が、渦を巻きながら複雑な吸引機構に流れこむ。

ゴカイ類が泥の中から現われ、別の餌場に泳いでいく。もしそこにたどりつかなければ、潮流とともにやってくる魚から逃げなければならない。満潮時には海藻の森も、腹を空かせた捕食者たちのいる海の一部となってしまうからだ。

海藻の森の間をぬって、出たり入ったり忙しく動いているエビは、小さな甲殻類や稚魚、微小なゴカイ類を探しているが、その動きがまた魚にねらわれる。ヒトデはより低い海岸のコケムシ類の大草原から上がってきて、海藻の森の床で成長しているイガイを食べている。カラスやカモメは、干潟から追い出される。小さな灰色のビロードをまとった昆虫が海岸に上がってきて、潮が引くのを待つ間、安全な岩の割れ目を見つけてそこにきらきら光る空気の覆いをして身をひそめる。

潮間帯の森を形づくっている海藻は、地球の最も古い植物のいくつかの子孫だ。深いところの巨大なケルプとともに褐藻類に属しているが、その仲間には、葉緑素が他の色素によってかくされている。褐藻類のギリシア語に由来する学名 *phaeophyceae* は、「薄黒い、影のような植物」の意味だ。ある説によれば、褐藻類は初期の段階に発生した種類であるとされる。地球がまだ重い雲に包まれていて、太陽光線は弱々しくかすかにさしていたころのことだ。今日でさえ、褐藻類は薄暗い、陽のささない場所の植物で、深海の斜面で薄暗いジャングルを形成するジャイアントケルプや、岩棚の下の暗がりから長いリボンを波間になびかせているコンブ類などがその仲間である。北方の海岸では、潮間帯に生長していてしばしば雲や霧につつまれるヒバマタが同じようなものだ。それらが稀に太陽の光が降り注ぐ熱帯地方に侵入してくるのは、深い水の下で保護されているからなのである。

褐藻類は、海岸に入植した最初の海の植物だった。強い波に洗われた古代の海岸線で、交互に起こる水没と露出に適応することを学び、できるだけ陸地付近にやってきたが実際には潮間帯なしには生活できない。

近代のヒバマタの一種でヨーロッパの海岸に分布するエゾイシゲの仲間は、干潟のかなり上のほうの波打ち際で生活している。場所によっては、海と接触するのは波しぶきがかかって濡れるときだけのこともある。太陽と空気は葉を黒ずませ、乾燥させてしまうので、

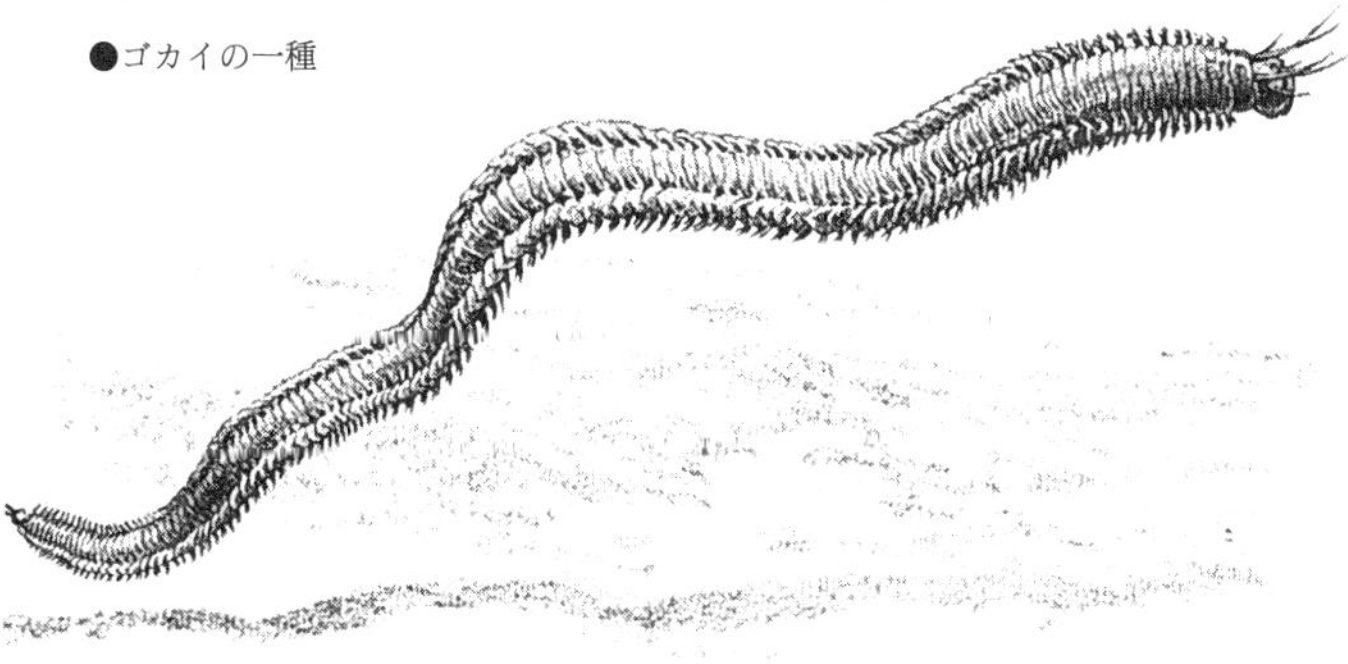

●ゴカイの一種

完全に死んでしまったようになるが、海が帰ってきて水に濡れるといつもの色になり、組織も元通りになる。エゾイシゲの仲間は、アメリカの大西洋岸には生えていないが、その近縁種であるヒバマタの仲間のスパイラル・ラック（*Fucus spiralis*）は、かなり外海まで分布している。これは小さな種類で、短く頑強な葉の端はふくらんでざらざらしている。最も大量に育つのは小潮の高潮線の上になるところで、ヒバマタの中でもこの種は、海岸の水面に近いところから露出した岩棚に生えている。一生のうち、ほぼ四分の三を水の外で過ごすこの海藻は、海岸の上のほうに明るい茶褐色の斑点となって海への入り口の目印になっている。

こうした植物は、潮間帯の森のふちどりでもある。森はヒバマタの仲間の二種、ノッテド・ラック（*Ascophyllum nodosum*）とブラダー・ラック（*Fucus vesiculosis*）だけでほとんど占められている。両方とも波の力に敏感に反応し、ノッテド・ラックは強い波から守られている海岸にしか繁茂できないが、そうした場所では支配的な海藻である。岬にいだかれた湾や潮が入ってくる河川では、波と潮のうねりが外海からの距離によって抑えられている。ノッテド・ラックは人の背丈よりも高く伸びるが、その葉はわらのように細い。大波の長いうねりがかくされている水面では、そのしなやかな繊維は強く引っ張られることはない。中心の幹や葉の上の気胞は、植物から発生する酸素やその他の気体を含んでいる。潮が満ちて海藻が水中に沈んだときには、これらの気体が浮きのような役目を果たす。ブラダー・ラックはさらに大きな弾力性をもっていて、そのために中程度の強さの波の引く力にも耐えることができる。丈はノッテド・ラックよりかなり短いので、水中に立ち上がるためには浮き袋の助けが必要だ。この種のものは浮き袋が対になっていて、それぞれの対は丈夫な中心の茎の両側に一個ずつついている。しかし、ブラダー・ラックは波にかなり強く打たれる場所に進出するだろうし、潮間帯の低い位置でも繁茂するだろう。季節がくると、この海藻の枝の先端は丸くふくらみ心臓のような形になり、そこから増殖細胞が放出される。〔ラックは漂着海藻〕

漂着海藻には根がないが、その代わり円盤形の組織を平らに拡げて岩に付着している。そのようすは、あたかもそれぞれの海藻の根元の岩が少し溶けてそのまま固まってしまっているかのようだ。岩との結びつきはとても固く、強い嵐の海か氷でこすられることでもなければ、はぎ取ることはできない。海藻は、陸上の植物のように土壌から養分を吸い上げる根を必要としない。かれら

●スパイラル・ラック

はつねに海中にあって、生活に必要なあらゆる養分が溶けこんでいる水とともに生活しているからなのだ。しかも陸上の植物が太陽光線に向かって伸びるための硬くて、支えとなる幹や根も必要としない。海藻はただ水に体をゆだねさえすればよい。そのために構造は単純で、付着根からは一本の枝分かれした葉が伸びているだけで、根や幹や葉に分かれることはない。

潮が引いて幾重にも折り重なって海藻の森が倒れているのを見ると、海藻は岩の表面に一分のすき間もなく密生しているにちがいないと思ってしまう。しかし実際には森が満潮時に起き上がって息を吹き返すと、かなり広い間隔をおいて生えていることがわかる。潮間帯に岩がどこまでも連なり、潮が満ちそして引いていくメイン州の海岸では、ノッテド・ラックがその黒っぽい覆いを小潮の潮間帯に拡げている。それぞれの海藻の付着根は岩の上に拡がり、ときには直径三〇センチにもなる。海藻の立っているこうした場所の中央から、葉がくり返し枝分かれして、上のほうの枝は何メートルも離れたところに拡がっている。

ずっと下の、葉状体の根元は、波の往来に沿って揺れ動いている。岩にはあざやかな色彩が染めつけられているが、それは海藻の働きによって深紅やエメラルドに色分けされている。海藻は何千と集まってもまだかなり小さいので岩の一部のように見えるが、その表面には思いもかけぬ宝石がたくさんかくれているのだ。緑色の斑点は緑藻類の一種である。一つ一つの海藻はとても小さいので倍率の高いレンズを通さなければ姿を見ることができない。つまり青々と拡がる牧場の中では牧草の一本一本を見失うように、ひとかたまりの緑の斑点の中にとけこんでいるのである。緑色の間に点々と情熱的な深紅の斑点があり、やはり岩という鉱物の床から離れることなく生えている。これは紅藻類の一種がつくった斑点で、岩の上に薄くぴったりとはりついて石灰質を分泌している。

あざやかな色彩を背景として、フジツボはくっきりと際立っている。そして森の中を液体ガスのように流れてくるきれいな水の中で、蔓《つる》のようなまん脚が出たり入ったりしている。まん脚は拡がっては縮み、また拡がって、流入する海水から人間の目には見えない微小細胞の動物を取りこんでいる。小さな波が渦を巻いている離れ石の下では、イガイが錨のように横たわっていて、自分の体をきらきらする糸状のもので固定している。イガイの二枚の青い殻は少し開き、そのすき間には薄茶色の体と縞模様のついた縁がのぞいている。

海藻の森も場所によってはあまり開けていないところもある。ヒバマタの茂みが、主にツノマタの平らな葉でできている短い芝生や下生えの間に立っている。下生えは、ときにはトルコ製タオルのような手触りの、他の植物であることもある。また海の森には、熱帯ジャングルの木々に着生するランのような紅藻類のイトグサの房がある。その房はノッテド・ラックの巣の上に生えている。イトグサは岩に付着する能力を失ったか、あるいはもともともっていなかったようだ。見事に房になった赤黒い塊は宿主の海藻の葉にしがみついて、水中に持ち上げられるのだ。

岩の間やごろごろする離れ石の下には、砂でも泥でもないものが堆積している。そこには、海水で砕かれた海の生物の残骸の微小なかけらが含まれている。二枚貝の殻やウニの針、巻貝の蓋などだ。ハマグリはこうした軟らかい海底に、吸水管の先端がちょうど出るように穴を掘り下げてすんでいる。ハマグリのまわりの泥には糸のように細い深紅のヒモムシが生活している。この小さなハンターは、微小なゴカイ類やその他の獲物を探しまわっている。ここではゴカイ類も、その優美できれいな虹色のために、「海の妖精」というラテン名を与えられている。ゴカイ類は活発な捕食者で、夜は隠れ家から離れて多毛類や甲殻類などの餌を探す。月明かりの中に、膨大な卵を産むある種のゴカイの大群が水面に集まってくる。かれらを見ていると奇妙な言い伝えを連想させられる。ニューイングランドでは、いわゆるハマグリゴカイと呼ばれているゴカイ科ネイレス属の一種が、しばし空になったハマグリの殻を隠れ家にしている。漁師はこれを見なれていて、雄のハマグリだと信じているということだ。

海藻の中で生活している親指の爪ぐらいの大きさのカニが、その縄張りに餌を採りに下りてくる。かれらはワタリガニの幼生で、成体はこの海岸では低潮線よりも下にすんでいる。ただし、脱皮をするときには海藻の隠れ家に入ってくる。若いカニは泥の穴を掘り進み、自分と同じぐらいの大きさのハマグリを探し出す。

ハマグリ、カニ、ゴカイ類は互いに近い関係をもって生活している動物社会の一員だ。カニとゴカイは、積極的な捕食者で肉食である。ハマグリやイガイ、フジツボなどはプランクトンを餌にしており、かれらの餌は潮の干満のたびに運ばれてくるので、定住生活をすることができる。自然の不変の法則によって、プランクトンを餌にする仲間の数はかれらを捕食するものよりも多い。ハマグリや他のより大きい種類に加えて、海藻の隠れ家は何千ものの小さな生きものをかくしている。かれらはみな、潮の満ちてくるたびにさまざまな作戦でプランクトンを濾して取り入れようと忙しい。たとえば、ウズマキゴカイと呼ばれる小さな羽根飾りのついたゴカイがいる。はじめて見たときは誰もゴカイではなく巻貝だと思うだろう。なぜならば、そのゴカイは管をもっており、なにか化学的な離れ業を習得して、自分の体を石灰質の殻や管の中にかくしているからなのだ。その管は針の頭ほどの大きさだが、平らに曲がりくねっていてチョークのように白く、きっちり螺旋形に巻いていて、陸のカタツムリを思わせるぐらいしっかりし

●ハマグリを食べるワタリガニ

た形をしている。ゴカイは一生をその管の中で生活し、管は海藻か岩に付着している。そしてときどき頭を突き出し、餌となる動物を鰓冠《さいかん》の細い繊維をとおして濾し取るのである。このような繊細で優雅なごく薄い鰓冠は、餌をひっかける罠になるばかりか呼吸のための鰓の役割も果たす。鰓冠の間には、脚付きグラスのような構造があって、ゴカイが管の中に引っこむときにはこれが蓋を、罠の入り口に巧みにはめこむのである。

ゴカイ類が、おそらく何万年もかけて潮間帯で生活することを身につけてきたという事実は、一つには周囲の海藻の世界とともにあるという条件と、もう一方では地球、月、そして太陽の動きが組み合わされた、潮の満ち干という広大なリズムとに微妙に適応してきた証拠である。

螺旋形に巻いた管の最も奥にはセロファンのようなもので包まれたビーズの小さな鎖がある。一つの鎖は約二〇個のビーズでできている。ビーズは発生しつつある卵なのだ。胚が幼生になると、セロファンの薄い膜は破れて海中に放り出される。胚

●ウズマキゴカイの棲管

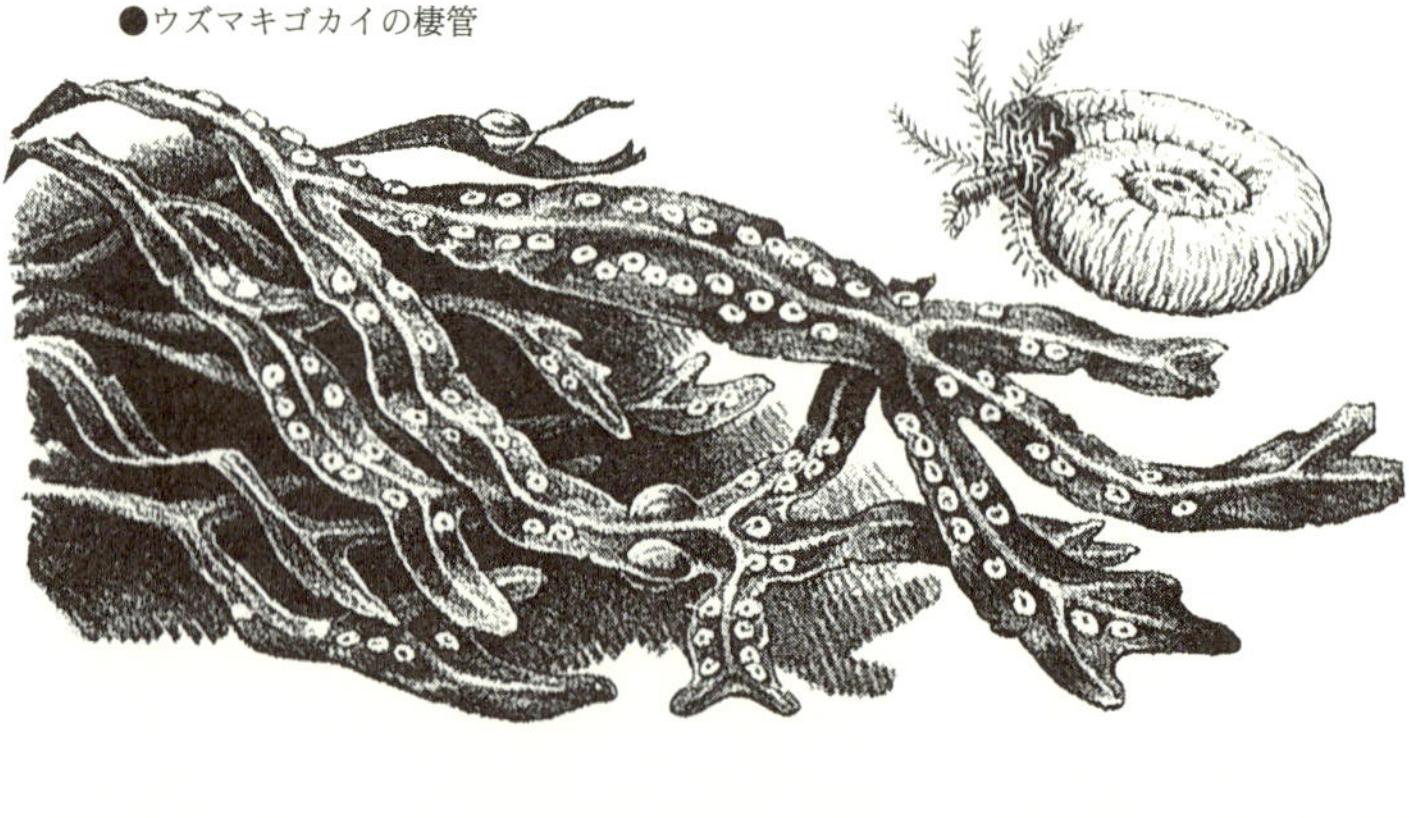

の段階を親のウズマキゴカイの管の中で保護することによって、敵から守り、幼いゴカイに定住する準備ができたときにはじめて潮間帯に安全に放出するのである。活発に泳ぐ期間は短く、ほとんど一時間ぐらいだが、その時間内には、満潮か干潮かどちらかがかならず含まれている。幼生は明るい赤い目をした、肥った小さな生きもので、おそらくその目は定着場所を探すのを助けているのだろう。しかし定着後はすぐに退化してしまう。

私は実験室内の顕微鏡で、幼生が小さな剛毛を振り回しながら忙しく泳いでいるのを観察したことがある。ときにはペトリ皿のガラスに頭をぶつけながらも下にもぐろうとする。なぜ、どのようにしてゴカイ類の幼生は、かれらの祖先が選んだのと同じような場所に定着するのだろうか。明らかにかれらは何回も試したのちに、ざらざらしたところよりもより好ましい平らな面に定着するが、それはすでに他の仲間が選んで定着しているところに、かれらを導くという群生の強い本能の表われである。こうした習性が、比較的限定された狭い世界においてもゴカイ類の存続を助けている。そこには親しみやすい隣近所があるだけでなく、宇宙の力の反応もある。二週間ごとに半月になると、卵の一群は受精し、巣穴の中で発生を開始する。すると同時に、すでに二週間前から準備されていた幼生が海中に放出される。この月の満ち欠けと正確にタイミングを合わせることによって、幼生の放出は常に小潮のときになり、水は満ちても引いても大きくは動かないばかりか、かなり小さな生物にとっても海藻地帯に残るチャンスができるのだ。

　タマキビ類の巻貝は、満潮時には海藻の上のほうの枝で生活しているが、潮が引くと海藻の下にかくれる。なめらかな球形は、オレンジ色や黄色、オリーブ色をしており、先端の平らな殻は海藻の実のように見える。おそらくそれが保護色になっているのだろう。スムーズ・ペリウィンクルはイワタマキビと違い、まだ海の生物だ。塩気のある水分を必要とし、干潮時には水分を含んで垂れ下がった海藻の葉から水を得ている。かれらは海藻の外皮細胞をこすり取ることによって生活しており、他の類縁種のように岩まで下りて表面の薄膜を餌にすることはほとんどない。スムーズ・ペリウィンクルの産卵の習性さえも海藻がつくったもののようだ。卵を海に放出することはなく、幼生が海の中を漂流する期間もない。一生のあらゆる段階を海藻の間で過ごし、他の場所にすんだこともない。

　巻貝の初期の段階において奇妙なことがある。夏の干潮時にかれらを探しに海藻の森へ下りていったときのことだ。長い紐のように倒れた海藻の上を、しるしがないかと探していると、ときどき透明な粘り強いゼリーのような物質の塊が葉についているのが見つかった。平均して長さ五ミリ、幅一センチで、そ

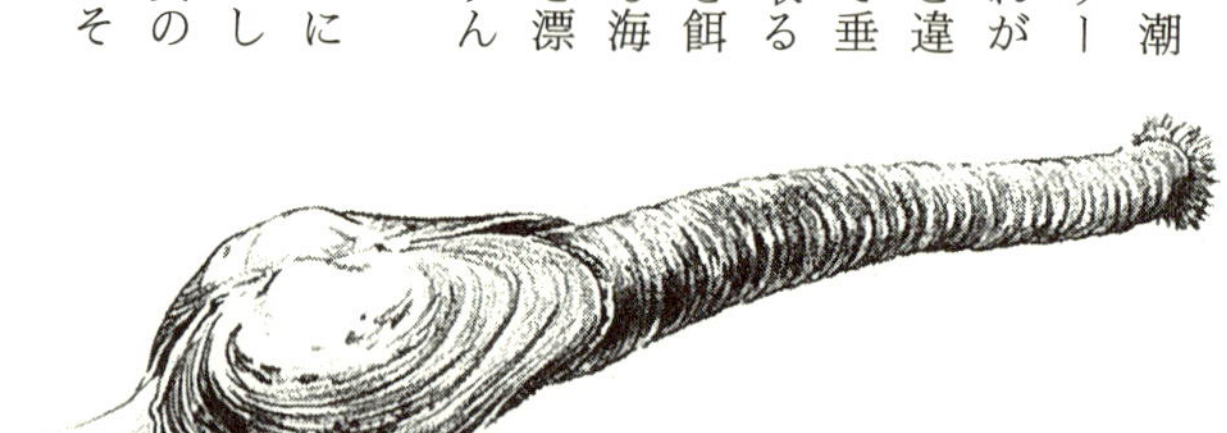

●オオノガイの一種

れぞれの塊には泡に包まれた卵があり、何ダースもがゼリー状の塊の中に閉じこめられていた。こうした卵塊の一つを顕微鏡で見ると、それぞれの卵の薄膜の中で発生した胚が入っていた。それは明らかに軟体動物の胚だが、どんな種がその中で発生しかけているのかいえないぐらい、軟体動物の胚は似かよっている。生息場所である冷たい水の中では、卵が孵化するまでに約一カ月かかるが、研究室の温かい水の中では発生段階の残りの数日は数時間に短縮された。何日かたつとそれぞれの球には小さなタマキビの幼生が入っていることがわかった。幼生の殻は完全にでき上がっていて、飛び出して岩の上の生活を始める準備が十分に整っている。海藻が潮の流れに揺れ動くにつれ、ときには嵐が海岸に強く打ちつける波を送ってくるなかで、どのようにしてかれらがその場所に定着できるのかとても不思議だった。夏も終わりに近づいて、部分的だが少なくとも答えといえるものを見つけた。海藻についている多くの気胞が、小さな穴を開けていてあたかも何か動物に嚙まれたか、刺されたように見えることに気がついた。こうした気胞のいくつかを注意深く切り開いてみると、安全な緑の壁の部屋があり、中にスムーズ・ペリウィンクルの幼生が一つの気胞の隠れ家を、二〜六個の幼生が共有して入っていた。ここは嵐や外敵に対しても安全な隠れ家だった。

小潮の低潮線付近に下りると、ヒドロ虫類のクラバの一種が、そのビロードのような斑点をノッテド・ラックとブラダー・ラックの葉状体の上にちりばめている。海藻から立ち上がっているようすは小さな草のようだ。管状の動物の一つ一つの房は、繊細な花が咲き乱れているように見える。うすいピンクからバラ色に変化する花びらのような触手にふちどられ、森の花がそよ風に吹かれるように水の流れに揺れている。しかし、ゆらゆらとした動き方は水中の餌に届くという目的にかなった動きなのだ。この方法で、ヒドロ虫類は小さなジャングルの生きものを漁っている。触手には刺のある細胞が散在しており、毒矢のようにいけにえを撃つことができる。絶え間ない動きの中で、触手が小さな甲殻類やゴカイ類、あるいは何か海の生きものの幼生に触れると、たくさんの矢が飛び出してきて獲物を麻痺させてしまう。そして獲物を触手でつかんで口に運ぶのである。

打ち上げられた海藻の上につくられた、こうした集団の一つ一つは、漂流用の細い繊毛を捨てて定着した小さな幼生からできている。幼生は自分で付着し、微小植物のように伸びはじめる。触手の冠は自由に動く先端にある。やがて根か、地面を這う枝のように見える管の根元が新しい管を発芽させながら海藻の上を這いはじめる。新しい管は口と触手ができると完成する。そのように、這いまわる幼生を産み落としたたった一つの卵から、おびただしい数の個虫からなる集団ができていくことになる。

植物のようなヒドロ虫類は、ある時期に繁殖しなければならない。しかし、一風変わった事情があって、自ら新しい幼生に成長する胚細胞を生み出すことができない。なぜならば、ヒドロ虫類は無性生殖である発芽によってしか繁殖できないからだ。そのようにしてヒドロ虫が属する大きな腔腸動物の仲間の多くが、くり返し奇妙な世代交代をしているのである。どの動物が生み出す子孫も、親自身には似ていないが、それぞれは祖父母の世代に似ている。まず個々のクラバ（ヒドロ虫類の一種）の触手の真下に新しい世代の芽ができる。これがヒドロ虫類の集団間に起こる世代交代だ。その芽はキイチゴのような形の房になって突き出てくる。そうしたイチゴの房の中に小さな鈴のような形をしたクラゲ芽という生殖体ができて、親から落ちて泳ぎ去る。その姿はまるで小型のクラゲである。クラバは、しかしながらそのクラゲ芽を離さずに体につけておく。ピンクの芽は雄のクラゲ芽で紫色のものは雌だ。成熟するとそれぞれが海に卵や精子を放出する。受精すると卵は分割を開始し、その発生の間に幼生の小さな原形質の糸ができる。この幼生はいつのまにか未知の水中に泳ぎ出て、いくらか離れた集団の中で見つかる。

真夏の数日間、満潮が丸い乳白色のミズクラゲを運んでくる。かれらの多くは弱っており、その一生を終えようとしている。その組織は最も弱い波にも簡単に引き裂かれてしまい、波が海藻の上に運び上げて引いていくと、しわになったセロファンのようにそこに置き去りにされてしまう。そして次の波が来るまで生きていることはまずない。

ミズクラゲは毎年やってくるが、ほんの少しのときもあれば、膨大な数のこともある。海岸に向かって吹き寄せられながら、かれらのひっそりとした接近は海鳥の叫びによる先ぶれさえもない。クラゲの体はほとんどが水なので、海鳥は餌としてクラゲにはまったく興味がないからだ。

夏の間かなりの期間、かれらは沖を漂っており、水中に白くきらめいている。ときには二つの潮流が合流する流れに沿って何百も集まり、そこではほかのものには見えない海の境界線に沿ってカーブを描いている。しかし秋に向かい生涯の終わりが近づくと、ミズクラゲは潮の流れに逆らうことはない。そしてほとんど満潮のたびに海岸に打ち上げられてくる。この季節に成体は幼生を抱えていて、幼生は円盤の表面につかまって垂れ下がっている。幼生は小さな洋梨のような形をしており、最終的には親から振り落とされる（あるいは親が海岸に打ち上げられることによって離れる）。かれらは浅い水の中を泳ぎ、ときには群れになっていることもある。最終的に、かれらは海底を探索し、泳ぐときに先端になるほうの側から一つずつが付着する。小さな植物のような成長をして三ミリ程度の丈で長い触手をもち、奇妙でデリケートなミズクラゲの幼生は、冬の嵐にも生き残る。やがて、体の周囲がくびれはじめ、コーヒーカップ

●ヒドロ虫の一種（クラバ科）

の受け皿を積み重ねたようなものになる。春になると受け皿は一つ、また一つと離れて泳ぎ去る。それぞれの小さなクラゲは、こうして世代交代を果たすのである。コッド岬の北では、七月までに幼生の直径は一〇〜二〇センチほどに十分成長する。こうして成熟したクラゲは、卵細胞と精子細胞を七月下旬から八月までにつくり、八月から九月のうちに幼生を放出しはじめ、幼生はやがて固着時代に入る。一〇月末までに、この季節に親のクラゲはすべて嵐によって潰されるが、子孫は生き残り、低潮線近くの岩や沖の海底付近に付着している。

ミズクラゲは海岸のシンボルであって、四、五キロ沖ではめったに漂っていることがない。大型のユウレイクラゲだけは明るく輝く外海の深みから緑色の水の浅い海に連なる湾や港に周期的に侵入してくる。

一五〇キロも沖の釣り場では、おびただしい量のクラゲがゆったりと泳ぎながら水面を漂っているのを見ることがある。ときにはその触手は一五メートル以上もなびいている。触手は、それがなびく道筋のほとんどすべての生きものにとって、また人間にとっても危険を意味する。それほどその毒針は強烈だ。しかし若いタラやハドック（大型のタラの一種）、ときには他の魚類が、この大型クラゲを保護者としてくっついていることがある。かれらは隠れ場のない海の中で、この大きな生物に保護されながら旅をしている。それにどういうわけか、触手についているイラクサのような刺にも無事なのだ。

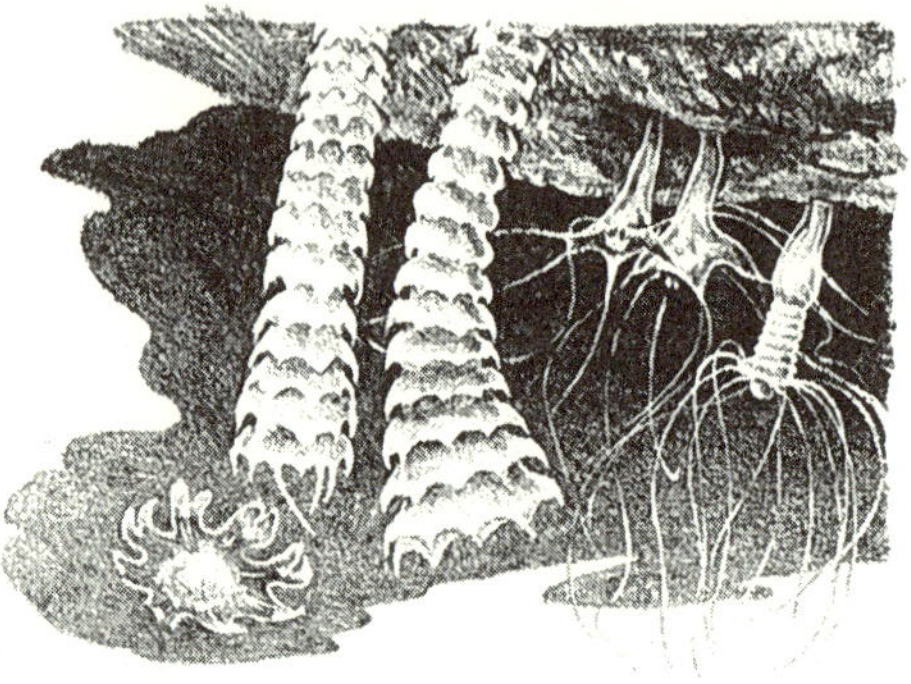

●ミズクラゲの冬型，若いクラゲを出芽している

ミズクラゲと同様に、ユウレイクラゲは夏の海でしか見られない。秋の嵐が彼らに生命の終末、すなわち死をもたらすからだ。ユウレイクラゲの子孫は、越冬する植物のような世代で、ミズクラゲの生活史と細部にわたって一致している。六〇メートルに満たない（ふつうはもっと浅い）深さの海底で、小さな一センチほどの生命のかけらが、巨大なユウレイクラゲの遺産として姿を現わす。かれらは、もっと体の大きな夏の世代には耐えられないような寒さや嵐の中でも生き残ることができるのだ。春の暖かさが冬の海の氷のような冷たさを追い払いはじめると、かれらは小さな円盤の芽を放出する。そして発生という説明しがたい魔法によって、たった一シーズンの間にクラゲの成体にまで成長するのである。

潮が海藻の下に引くにつれ、海岸の波はイガイの集団の上を洗う。ここでは潮間帯のより低い部分で、岩の上の青黒い殻が生きたマットとなって岩を覆っている。そのマットはとても緻密で織り目の構成がきちんとしているので、これが岩ではなく、生きている動物なのだとわかることはまずない。場所によっては、想像を絶する数の殻が集まっても長さが五ミリにも達しない。他の場所ではその五、六倍もの大きさになることもある。

いずれにしてもかれらはかなりぎっしり詰めこまれているので、どのようにしてそのうちの一つが海水から餌を取り入れるのに十分なほど殻を開くのかを見るのはなかなか難しい。三センチどころか一ミリのすき間もなく岩面を埋めつくしている生物が生き残っているのも、この岩礁の上に足場を得ることができたからだといえる。

込みあった集団の中で、個々のイガイの存在はそのたくまない業績の証拠だ。若いイガイの目的は、生きることへの意欲を小さな透きとおった幼生の中で具体的に表現することだが、いったん海に漂うと、定着するための場所を見つけるか、さもなければ死ぬかのどちらかしかないのだ。

漂流は、天文学的な規模で起こる。アメリカの大西洋沿岸では、イガイの産卵シーズンは四月から九月までにわたっている。ある特定の時期に産卵の波を引き起こすものが何なのかわかっていないが、二、三種類のイガイが産

●キタユウレイクラゲ

卵のときに水中に化学物質を放出することと、この地域の成熟個体すべてがその物質に反応していることは確からしい。それによって卵が放出され、海中で受精する。雌のイガイはほとんど止まることのない流れの中で、短い小さな棒状の卵塊を連続して放出する。何百、何千、何万という細胞のそれぞれが、イガイの成体になる可能性を秘めている。一個の雌は一回の産卵で二五万個以上もの卵を放出する。静かな海では卵はゆっくりと漂って海底にたどりつくが、ふつうの波の状態か、速い流れの中では、すぐに海にさらわれてしまう。

卵の放出と同時に、雄のイガイが放出した精子によって水が濁ってくる。おびただしい精子の数は想像を絶する。一個の卵に何ダースもの精子細胞が入り口を探して押しあい、ひとかたまりになるが、一個の卵と受精するのはたった一個の精子だ。最初の精子が入ると瞬間的に卵の外側の膜には物理的な変化が起き、二度とふたたび精子がそこに入りこむことを許さない。

雄と雌の細胞核が結合すると、受精卵の分割はすばやく進行する。潮の干満の間隔と同じぐらいの時間のうちに、卵は小さな細胞の玉になっている。水中をきらきら光る細い毛で動きながら、約二四時間で奇妙な先の尖った形になるが、それはあらゆる軟体動物や環形動物の幼生で普通に見られるものだ。数日たつと扁平で長くなり、ベラムと呼ばれる薄膜をふるわせてすばやく泳ぐ。薄膜は岩などの硬い表面を這っていき、他の物体に触れると感じる。こうした海中での旅は、単独で行なわれているのではない。イガイのマットの一平方メートルの上に一七万もの幼生が泳いでいるだろう。

まず幼生の薄い殻が形づくられるが、すぐに、イガイの成体のような二枚の殻に変わる。このときまでにベラムは分解し、外套膜や足、その他、成体にある器官が形成されはじめているのである。

小さな殻をかぶったこの生物は、初夏から海岸の海藻の間で驚くほどの数がまとまって生活している。海藻を取り上げて顕微鏡で見ると、海藻のどんな小さな切れ端にもそれらが這いまわっており、足と呼ばれる長い管状の器官を使って世界を探検している。象の鼻に妙に似ているその足を、子供のイガイは、通り道にあるすべてのものを調べ上げるために使うのである。また平らな岩や急傾斜の岩の上、海藻の間を這いまわるために、あるいは静かな水面を歩くためにも使う。しかしながらすぐに、足にはもう一つ新しい機能がついてくる。それは強靭な絹のような糸を紡ぐのを助ける働きで、その糸は錨のようにイガイをつなぎ止め、波にさらわれないようにしっかりと支えるのである。

低潮帯にイガイの群れが現存しているということは、まさにこの生命の営みの鎖を何百万回も数えきれないほど連綿とつなぎ、壊さ

●ミズクラゲ

れずに生き残ってきたことの証拠だ。しかし、岩の上の生き残っているイガイのためには、海中に落ちて悲惨な最期を遂げる何百万もの幼生の存在もなければならない。そのシステムは、破壊力が生物を創り出す力よりも大きくなるといった破局さえなければ、微妙なバランスを保っている。そして、海岸のイガイは人間の生涯の長さを超え、現世の地質年代を超えても全体としてつねに同じぐらいの数が生き残っていくだろう。

こうした低潮帯の多くで、イガイはスギノリという紅藻類の一種と親密な共同生活をしている。この海藻は、丈が低く、藪のようになり、軟骨のような手触りである。スギノリとイガイは、丈夫なマットを形成して離れられなくなっている。非常に小さなイガイは海藻のそばで成長し、おびただしい数が、岩についている海藻の根元にかくされている。海藻の茎と、いくつにも分岐している枝の双方にイガイの生命が躍動している。しかしその生命はとても小さいので顕微鏡を使わなければ人間の目にはよく見えない。

巻貝のうちでも、明るい帯をしめ刻みの深い殻をもったいくつかの種は、葉の上を這いまわり肉眼では見えない微小な植物を食べている。海藻の根元の多くは、コケムシ類の一種であるフサコケムシで厚く覆われている。そのあらゆる部分から小さな触角のある居住者の頭が突き出している。他のコケムシ類のクチヤワコケムシも、紅藻類の折れた茎や切り株にかぶせるややや粗雑なマットを織り上げている。かれらが成長するとき出す物質で、こうした茎を鉛筆のように太くしているのである。粗い毛や剛毛がマットから突き出しているので、いろいろな外来者はそれにひっかかってしまう。しかし一方で、アミメコケムシのように何百もの小さい密集した部屋でできているものもある。私が顕微鏡で見ている間にも、次から次へと肥った小さな生物がおそるおそる姿を現わして傘のように薄い膜の触手を拡げる。糸のようなゴカイ類が、コケムシ類の上を這い、粗大な切り株を通り抜けるへビのように剛毛の間をすり抜ける。小さな単眼の甲殻類は、ルビーのような光る目をもっていて、絶えず、しかしどちらかといえば不器用に集団の上を走りまわり、居住者の邪魔をしているように見える。しかし実際には、居住者は、まごまごしている甲殻類が接触したのを感知すると、すぐにその触手で包みこんで部屋の中に引きずりこんでしまう。

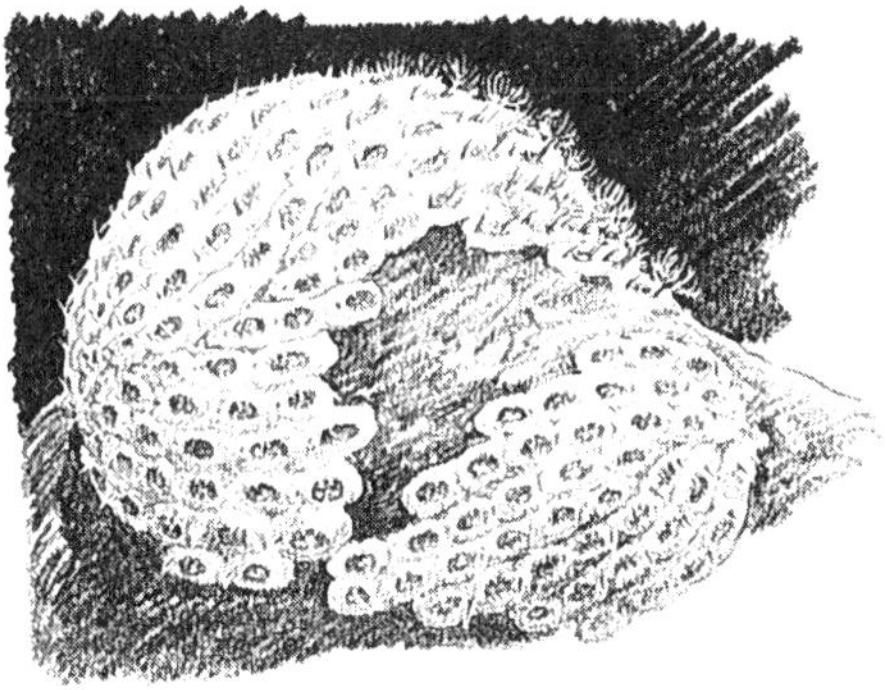

●アミメコケムシ

紅藻類のジャングルの上のほうの枝には、トビムシとして知られる端脚目の甲殻類が入っている巣や管がたくさんついている。これらの小さな甲殻類は、あざやかなえんじ色の大きな斑点がついたクリーム色のシャツを着ており、その山羊のような顔には、二つの目と二組の角のような触角がついている。巣は絶え間なく使うために、鳥の巣のようにしっかりと巧妙につくられている。というのも、これらのトビムシは泳ぎが苦手で、ふつうは巣を離れたがらないようなのである。かれらは、こぢんまりした小さな鞘の中に横たわっていて、しばしば頭と体の上部を突き出している。水の流れはかれらの海藻の家を通過して、小さな植物の切れ端を運んでくる。かくして生活の問題は解決する。

一年の大半を、トビムシは一個の巣の中で単独で生活する。初夏に雄は雌を訪ね（雌は雄よりもはるかに多い）、巣の中で交尾しているのが見られる。幼生が成長するにつれて、母親はその腹部の付属器官によってつくられた育児嚢の中で幼生の世話をする。幼生を運ぶときには、しばしば母親は完全に巣から出て小袋の中に力強く波を送りこむ。

卵は胚を生み出し、胚は幼生になるが、体が十分に発達して海藻につくことができるようになるまでは母親が面倒を見ている。海藻の中に落ち着いて、植物の繊維で自分の巣を紡ぎ、体には絹のような糸で神秘的な装いをして餌をとりながら自分を守ることができるようになるまで、ということなのだ。

母親は、子供たちが独立して生活する準備ができるにつれて、もどかしそうに子別れをしようとする。ハサミと触手を使い、子供たちを縁に押しつけて外に追い出そうと押したり突いたりする。子供のほうは居心地のよい子供部屋の壁や入り口に、鉤のついた剛毛のあるハサミでしがみつく。結局押し出されると、近くでぐずぐずしているが、母親が何気なく出てくると跳びはねて彼女の体にくっつき、母親がいらだつまでは、いつもの安全な巣の中にもう一度入りこむ。

育児室を出たばかりの子供でも、自分の巣をつくり、成長に合わせて巣を大きくすることができる。しかし子供たちは、大人ほど長くは巣の中にとどまっていない。そして、より自由に海藻の上を這いまわっている。大きなトビムシの巣の周囲にはいくつかの小さな巣が見られるのが普通である。おそらく子供たちは母親の巣から追い出されたあとも、まだそのそばにとどまっていたのだろう。

引き潮になると、水は海藻とイガイの下に流れ落ち、ツノマタの赤茶色の芝生に覆われた幅広い帯状のところに入ってくる。ツノマタが空気中にさらされる時間はほんの短時間ではあるが、海の退却はすばやい。ツノマタは、たったいま波に触れたばかりであることを物語る新鮮な輝きと湿気を保っている。おそらく私たちがこの地域を訪れることができるのは、このわずかな手品のような潮の変わり目の瞬間だけだろう。岩の縁で砕ける波が泡立ち波しぶきになって、さまざまな水音の伴奏の中をふたたび海へと帰っていく低潮帯では、いつも私たちが侵入者であるような気持ちになってしまう。

ツノマタの芝生では生物は層になっていて、一つの生物が他の生物の上に、一つの生活が他の生活の上や下、はたまたその生活とともにある。それは、ツノマタは丈が低く、枝が多く、複雑に入り組んでいるので、そこにすむ生物にとっては、叩きつける波へのクッションになっているからなのである。また、干潮時のわずかな時間にも、ツノマタは海の水分をその中に保っていられるからだ。私が海岸を訪れた後、夜になって高潮の激しい波がこのツノマタが生えている岩棚に叩きつけている音が聞こえていた。私はヒトデの幼生やウニ、クモヒトデ、管の中で生活するトビムシ類、ウミウシ類その他の小さくデリケートな生きものたちのことが心配だった。しかし、もしもかれらの世界に安全な場所があるとしたら、それはまさにこの潮間帯の海藻のジャングルでしかないということも知っている。ここでは波も無事に砕けるだろう。

ツノマタはかなりびっしりと生えているので、詳しく調べなければ、何がその下にあるのかわからない。種の数からいっても個体数からいっても、おびただしい数の生命がそこにはある。それは想像できないほどの規模だ。ツノマタには根がほとんどなく、コケムシ類のマットの一つすら完全に包みこんではいない。マットは白いレース編みのアミメコケムシか、あるいはガラスのように砕けやすいウスコケムシの外皮だ。こうした外皮のほとんどは顕微鏡でなければ見えないような細胞や小部屋がモザイク状に整然と並んでおり、表面には繊細な彫刻が施されている。それぞれの小部屋は微小な触手のある生物の家で、控えめに見積もっても三〇〇〇〜四〇〇〇の生物が、たった一本のツノマタの茎の上にすんでいる。岩の表面の三〇センチ四方の上にはおそらくこうした茎が三〇〇から四〇〇本はあるだろう。つまり、およそ一〇〇万ものコケムシ類に生活空間を提供していることになる。メイン州の海岸には、ちょっと見ただけの範囲に、この一種類の動物だけでも一兆に達する数がいるにちがいない。

しかしそこにはさらにもう一つの意味がある。もしもアミメコケムシの数が豊富ならば、かれらが餌にする生物も無限に多くなければならない。コケムシ類の群体は効率のよい罠やフィルターをもっており、餌になる小さな動物を海水から取り入れる。次々と部屋の扉が開いて、その一つ一つから渦巻き状の花びらのような繊維が突き出される。瞬間的に群体の表面全体が、風にそよぐ花のように揺れる触手の冠でにぎわう。次の瞬間、それらの全部が安全な部屋にすばやく閉じこもり、群体はふたたび彫刻を施した石の歩道になってしまう。しかし「花」が岩の上に揺れている間、多くの海の生物にとって、一本一本の

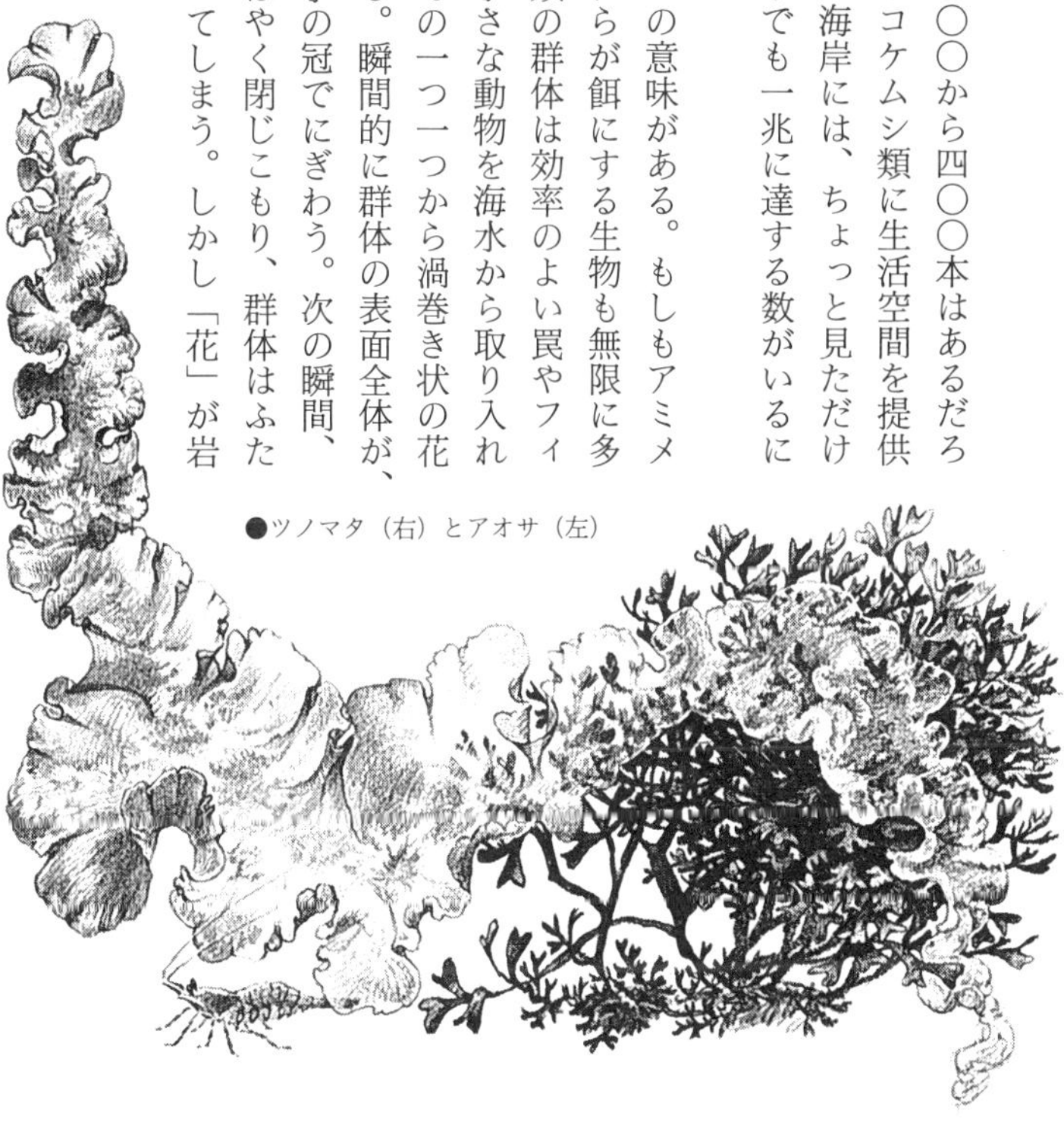
●ツノマタ（右）とアオサ（左）

「花」は死を意味する。というのも、この花はまたたくまに球形や卵形、三日月状の原生動物や、もっと小さい海藻類を中に引きずりこむからだ。おそらく最も小さい甲殻類、ゴカイ類、あるいは軟体動物やヒトデの幼生が、このツノマタのジャングルの中に目には見えないが星の数ほども存在しているのだろう。

より大きな動物としては、それほどおびただしい数ではないが、印象的なものがたくさんいる。ウニは大きな緑色のオナモミのように見えるが、ツノマタ類の奥深くにいることが多く、その球形の体は管足についているたくさんの吸盤で岩にしっかり固定されている。ほとんどの潮間帯の動物は、特定の場所、すなわちツノマタ地帯の上であるとか、真ん中や下方というような具合にすみ分けているが、いたるところにいるタマキビは変わった方法で潮間帯の条件には影響されることはない。ここでは潮が引くと、タマキビの殻は海藻の表面に顔を出し葉から重そうにぶら下がり、触れるとすぐに落ちるようにできている。

さらにここにはヒトデの幼体が何百もいるが、北部の海岸ではツノマタ類の牧草地帯はヒトデの主な育児室の一つになっているようだ。かれらは、いろいろな植物のベールの中にかくれているが、五、六ミリから一センチほどの大きさだ。若いヒトデには、色のついた模様があるが、成熟すると消えてしまう。管足動物や棘皮動物などの、刺のある奇妙な外皮の動物は、全体の寸法が大きく、きれいで均整のとれた姿と構造をしている。

植物の茎の間の岩床の上には、若いヒトデが横たわっている。白く、幻想的な斑点は、大きさもその微妙な美しさも、まるでひとひらの雪のようだ。かれらは明らかに真新しく、つい最近幼生から大人の姿に変態したばかりだということを宣言している。

おそらく泳ぎまわっていたヒトデの幼生はそのプランクトンの時代を終えて、この岩の上にしっかりと定着し、しばらくの間定住動物になったのだろう。ついでかれらの体は、吹きガラスのようになり、そこから細い角が突き出してくる。角や突起は泳ぐための繊毛で覆われて、なかには幼生が海底に定着する場所を探すために使う吸盤がついているものもある。短期間だが定着するという危険な時期に、幼生の組織は再編成されて繭の中のさなぎのように完全なものになる。初期の角は消え、そこから五つに放射して大人の体がつくられる。私たちが発見するのは、こうして新しくできたヒトデが、その管足を十分に使いこなして岩の上を這っている姿だ。運悪くひっくり返されても、元通りになることができるばかりか、この形はおそらく小さな餌となる動物を見つけてむさぼり食うにはふさわしい姿なのだとさえ思われるのである。

北部のヒトデは、どの潮溜りにも、あるいは潮間帯から外れた水気の多いツノマタ類の中にも、岩が覆いかぶさり冷たい水が滴るようなところにもすんでいる。最も潮が引いたしばしの間、このような星が海藻の上にさ

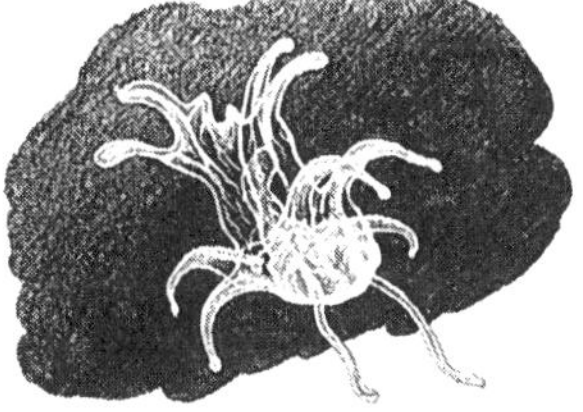

●ヒトデの幼生が泳いでいるところ。

まざまな色――ピンク、青、紫、桃色、ベージュ――を撒き散らしており、たくさんの花のようだ。あちこちで灰色やオレンジ色のヒトデが腕を立て、その白い斑点模様が際立っている。その腕は丸く、北のほうに行くほど腕はより硬くなり、上側には丸い石のような板がある。板の表面は北方の種類は薄い黄色であるが、普通は明るいオレンジ色だ。このヒトデはコッド岬の南ではどこにでも見られるが、北のほうへ行くと個体数もかなり少なくなっている。三番目の種は低潮帯の岩にすんでいる鮮血色のヒメヒトデで、この種類は海岸にすんでいるだけでなく、大陸棚の縁に近い、暗い海底にもすんでいる。この種はいつも冷たい水中に生息する動物で、コッド岬の南ではすみやすい温度を求めて沖に行かなければならない。しかし、こうした分散は人が考えるように幼生の段階で行なわれているのではない。つまり他のヒトデと違い、この種類の若いヒトデは泳ぐことはできないので、その代わり、母親は卵を抱き、ついで腕を曲げてつくった袋の中で子供を育て、子供たちが小さなヒトデに十分成長するまで保護しているからである。

イチョウガニは弾力性のあるツノマタのクッションを隠れ場所にして、潮が満ちてくる夜を待っている。私は海藻で覆われた岩棚が岩壁から突き出しているところを思い起こすが、そこは深い淵の上に張り出していて、潮の流れの中でコンブ類が渦を巻いていた。波は岩棚の真下で砕けたかと思うとまた戻ってくるが、ガラスのようなうねりはどれもが岩を穏やかに洗い、

●アステリアスヒトデ（左）
とヒメヒトデ（右）

そして引いていった。ツノマタは水を含んだスポンジのようになる。絨毯の深いわた毛をたどって下を見ると、明るいバラ色が目に入った。最初、飾りたてたサンゴ藻の一種の茂みだと思い手にとって見たが、葉を探ると大きなカニが突然動き出したのでびっくりしてしまった。しかしカニはすぐにまた何かを待っているようにじっと動かなくなった。そのあとツノマタの中の深いところを探すと、すぐに五、六匹のカニを見つけた。短い干潮の間をツノマタの中で待ちつづけることによって、カモメの目から逃れて身の安全を確保しているのだった。

　こうした北のカニの受動的な行動は、カモメから逃れるという必要性に迫られたものであるにちがいない。おそらくカモメが最も執拗な敵なのだろう。昼間、カモメはつねにカニを探しているのだから。もしも海藻の中に深くかくれられないときは、張り出した岩がつくる深いくぼみに無理やりに入りこむ。そこ

は安全で、うす暗く冷たいが、かれらは触角を静かに揺らしながら海が帰ってくるのを待っている。しかし、暗くなると大きなカニが海岸を支配する。ある晩の干潮時に、私は低潮帯に下りていって、その日の朝つかまえた大きなヒトデを海に戻したことがある。ヒトデは八月には潮の最も低いところにすんでいるので、そこに返してやらなければならなかった。私は滑りやすい海藻の上を懐中電灯で道を照らしながら下りていった。

そこは不気味な世界だった。日中には親しみやすい目印になる海藻のカーテンのかかった岩棚や離れ岩が、想像しているよりもずっと大きく見慣れない様相をおびて現われる。突き出した岩の塊はどれも影をくっきりと投げかけていた。私は、懐中電灯の光で照らし出されたカニが、いたるところで慌てて逃げまどう姿を目にした。かれらは海藻をまとった岩を独占してすんでいた。岩の形のグロテスクさは強調され、あるときは親しみやすかった場所を妖魔の世界に変えてしまったようだ。

場所によっては、ツノマタは岩の上だけでなく、その下の層のホウ

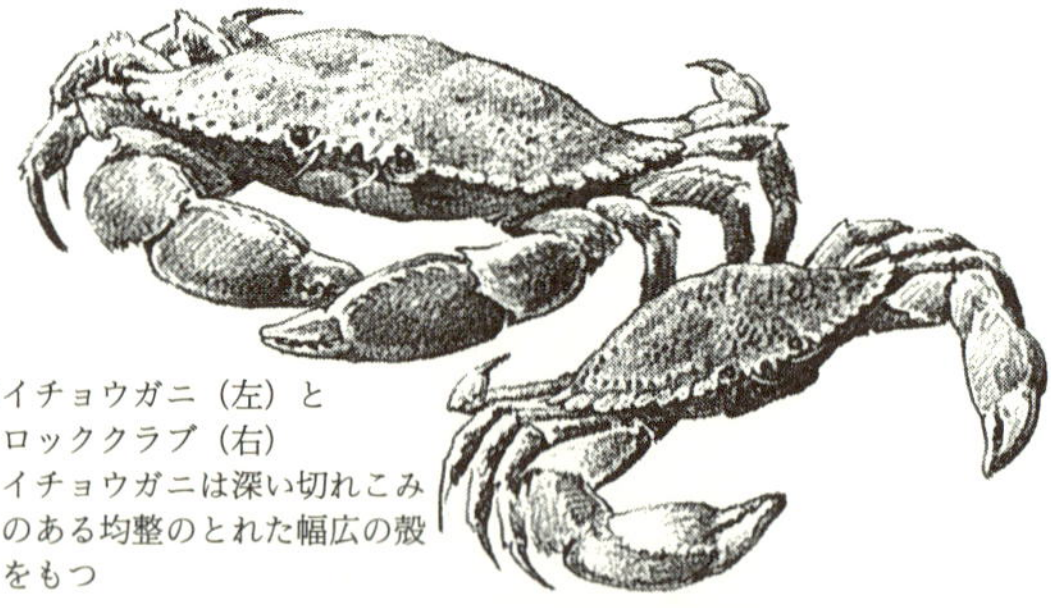

●イチョウガニ（左）とロッククラブ（右）
イチョウガニは深い切れこみのある均整のとれた幅広の殻をもつ

オウガイの社会にも生えている。ホウオウガイは大きな軟体動物で、重いふくらみのある殻をもち、黄色い粗い剛毛が、表皮から自然発生した邪魔物のように生えている。ホウオウガイは波に洗われる岩の上では、軟体動物とその動きのほかは何もないような岩場の動物社会の下のほうにすんでいる。イガイはその殻を、ほどくことができないほどもつれた金色の足糸で、岩に縛りつけている。糸は長く細い足の中の腺でつくられる奇妙なミルク状の分泌物を〝紡いで〟できている。分泌物は海水に触れると凝固する。その糸は、強靱さと耐久性、柔軟性、それに弾力性をも備えあわせており、寄せてくる波の攻撃に対してだけでなく、途方もなく大きな波が逆巻くときの引力に抵抗するために自分の位置を確保できるように、あらゆる方向に拡がっている。

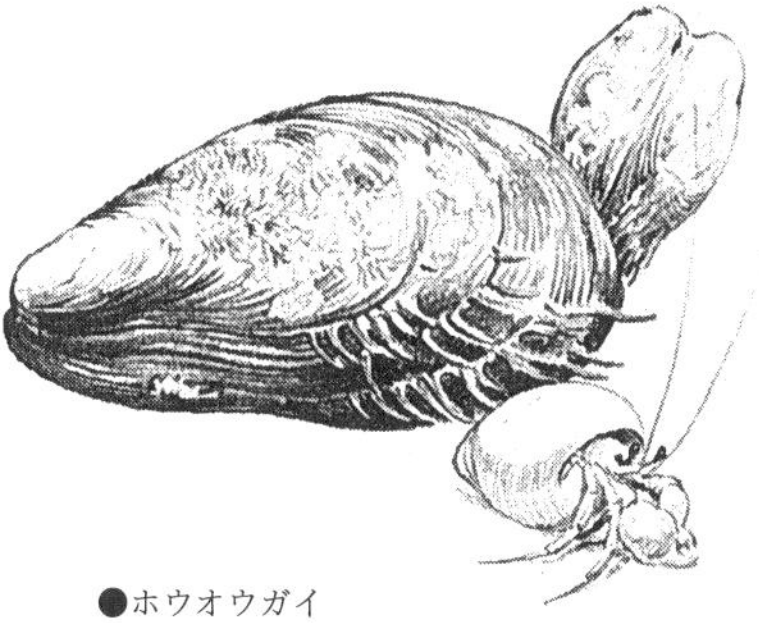

●ホウオウガイ

一年を通して、イガイはここで成長する。微量の泥状の岩石の屑が、殻の下や足糸の錨の周囲にも積もり、イガイのほかの動物にも生活場所を提供している。ゴカイ類、甲殻類、棘皮動物、それにおびただしい軟体動物を含むさまざまな底生生物の類が、次の世代を担うイガイの子供と同様、ここに生活している。イガイの子供はとても小さく透明なので、新しくできた殻を通して未熟な体の形が透けて見える。

ある種の生物は、ほとんどつねにホウオウガイの間で生活している。

クモヒトデ類は、長く細い腕をヘビのように動かして滑るように進みながら、その細い体をイガイの足糸の間や殻の下に少しずつ押しこんでいく。フサツキウロコムシ（ゴカイの仲間）も、いつもここにすんでいる。そして、この不思議な動物社会をさらに下のほうへ下りていくと、フサツキウロコムシやクモヒトデの下にはヒトデが、ヒトデの下にはウニが、ウニの下にはナマコ類が生活している。

ここにすんでいる棘皮動物のうち、それぞれの種で十分成長しきった個体はわずかしかない。一面に拡がるホウオウガイは、若くて成長途中の生物にとっては隠れ家になるようだが、実際に成長したヒトデやウニは、ほとんどこの場所に適応できない。低潮帯に海水のない間、ナマコ類は自分の体を長さ三センチにも満たない小さなフットボールのような卵形にちぢめてしまう。水が戻ってくると、一二〜一三センチの長さに十分体を伸ばして対になった触角を拡げる。ナマコ類は細かい岩の屑を食べるので、軟らかい触角で周囲の泥のようになっている岩のかけらの中を探っている。触角は定期的に引っこんで、子供が指をしゃぶるように口元をぬぐってはまた引き出される。

イガイの層の下のツノマタの中の深いポケットには、細い小さな魚のイソギンポの仲間やウナギが、同じ種の仲間たちと体を丸めて、たっぷりと水を含んだ隠れ家で潮の戻るのを待っている。侵入者に邪魔されると、水の中で暴れまわり体をくねらせて逃げていく。

●イソカイメンとクモヒトデ（左下）

大きなイガイがまばらに成育しているところ——ここはイガイの町の郊外にあたる——のツノマタの絨毯もやや薄くなっているが、まだ岩が露出するほどではない。緑色のイソカイメンは、比較的高いところにある岩棚や、潮溜りの隠れ家にいる。ここでは海に直接面していることができるらしい。かれらは淡い緑色の柔らかく厚いマットをつくり、この種独特な突起とくぼみが点在している。そしてあちこちに、別の色の斑点が薄いツノマタの間に見える。それはくすんだバラ色や、きらきらする赤味をおびた茶色のサテン地のようで、その下側に何かがいることを暗示している。

一年間のほとんどの大潮のとき、潮はツノマタ類の茂みの中まで引くが、それより低くはならず、ふたたび陸地に向かって戻ってくる。しかし、月によっては、月と太陽と地球の位置の変化によって大潮も振幅を増す。そして、そのときの潮は、あたかも陸地に向かってより高く打ち寄せるためであるかのように、海のはるか沖合にまで引いてしまう。いつも九月の潮は大きく動き、狩猟月〔中秋の名月の次の満月〕が満ちてくるにつれて、日一日と上げ潮はみかげ石のなめらかな縁を越えて砕け、レースでふちどりされたさざ波はヤマモモの根すれすれまで上がってくる。太陽と月は一緒になってその波を海へと引き戻すのだ。四月の月が黒い輪郭を照らし出して以来、姿を見せなかった岩棚から波が流れ落ちていく。そしてエナメルのような海底には――サンゴ藻のバラ色、ウニの緑色がちりばめられ、琥珀色に輝くコンブが姿を現わす。

このような大潮のときには、私は海の世界の入り口まで下りていくが、海の世界は陸地の生物の一年のサイクルをめったに認めようとしない。私は暗い洞窟を知っているが、そこでは小さな海の花、イソギンチャクが咲いていて、ソフト・コーラルの集団は、水が引いていったしばらくの間をじっと耐えている。こうした洞窟の中や、岩の深いすき間などの湿った暗がりの中が、イソギンチャクの世界になっているのを私は発見した。それは、茶色に輝く円筒形の体の上に拡げたクリーム色の触手の冠をかぶっている生物だ。かれらは小さな潮溜りのくぼみや低潮線の真下の海底にいて、美しいキクの花が咲いているように見える。

かれらはこの強い引き潮によってむき出しになるが、形をかなり変えてしまうのでつかのまの陸上生活の経験にも問題がないようだ。でこぼこした海底は、どこでも何らかの隠れ家を提供する。私が見つけた集団は、何百ものイソギンチャクがびっしりと並び、半透明の体を互い

●イソギンチャクと成体の断片から生育する若いイソギンチャク（右下）

に寄せあっていた。イソギンチャクは海底にしがみつき、体中のあらゆる組織をなめらかな円錐形の塊の中に引っこめて、引き潮の流れに応じている。触手の冠を引き入れ巻きこんだ姿からは、羽のように柔らかい触手を拡げたイソギンチャクの美しさを思い浮かべることはできない。垂直な岩の上にいるものはだらりと垂れ下がり、奇妙な砂時計の形に伸びている。体の組織は異常な波の引く力によってぐにゃぐにゃになっている。かれらは収縮する能力をもっていないわけではない。触るとすぐに円筒形の体を短くしはじめ、普通の形に体を起こしてくる。これらのイソギンチャクは、海に置き去りにされた美しいというよりは奇怪な姿のもので、実際のところ、沖合の水底で餌を探すために触手をすべて拡げて花が咲いているようなイソギンチャクとは似ても似つかない。小さな水生生物がやってきて、開いた触手に触れるとたちまち致命的な砲弾を浴びることになる。一〇〇〇本以上にも及ぶ触手のそれぞれには、その表面に何千という渦巻きになった矢が埋めこまれていて、小さな刺を突き出しているのだ。その刺が爆発を起こす引き金の役割を果たしているらしい。あるいは餌がすぐ近くに接近することが、何らかの化学的な引き金となっているのかもしれない。猛烈な力で放たれた刺糸の矢は獲物に突き刺さり、からみついて毒を注入するのである。

イソギンチャクと同様に、ウミトサカの仲間も岩棚の下側に指ぬきほどの大きさの群体をぶら下げている。干潮時ののんびりとした海水の滴りからは、そこにどんな生物も存在しているとは思えないが、潮が満ちてくると元通り美しい姿を現わす。そして群体の表面にある無数の細かい穴から、管のような形をした動物の小さな触手が現われ、ポリプを水の中に突き出してくる。そうして海水が運んできた小さなエビやケンミジンコ類やさまざまな形をした幼生をつかまえている。

ソフト・コーラルと呼ばれるウミトサカの仲間は、遠縁の造礁サンゴのように、石灰質のカップをつくることはないが群体となる。石灰質の造骨片細胞で補強された頑丈な基盤の中に、多くの生きものがもぐりこんで生活している。造骨片細胞は小さいが、熱帯のサンゴ礁でサンゴ類に混在するウミトサカ類やウミイチゴ類のそれが地質学的に重要である。軟らかい組織が死んで分解すると、硬い造骨片細胞は小さな石になり、サンゴ礁の成分となる。ウミイチゴ類

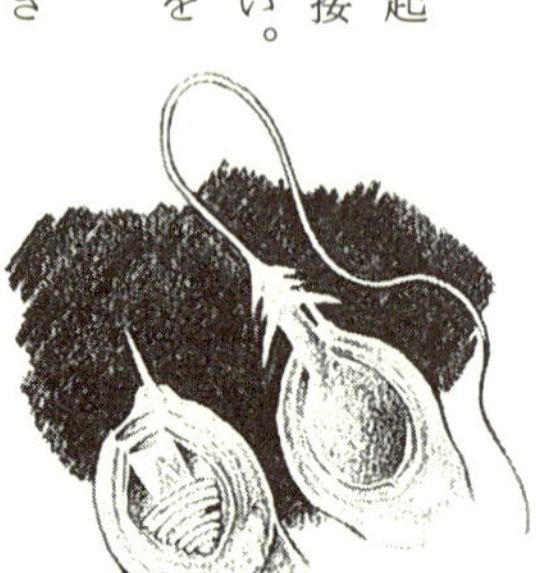

●腔腸動物の刺胞

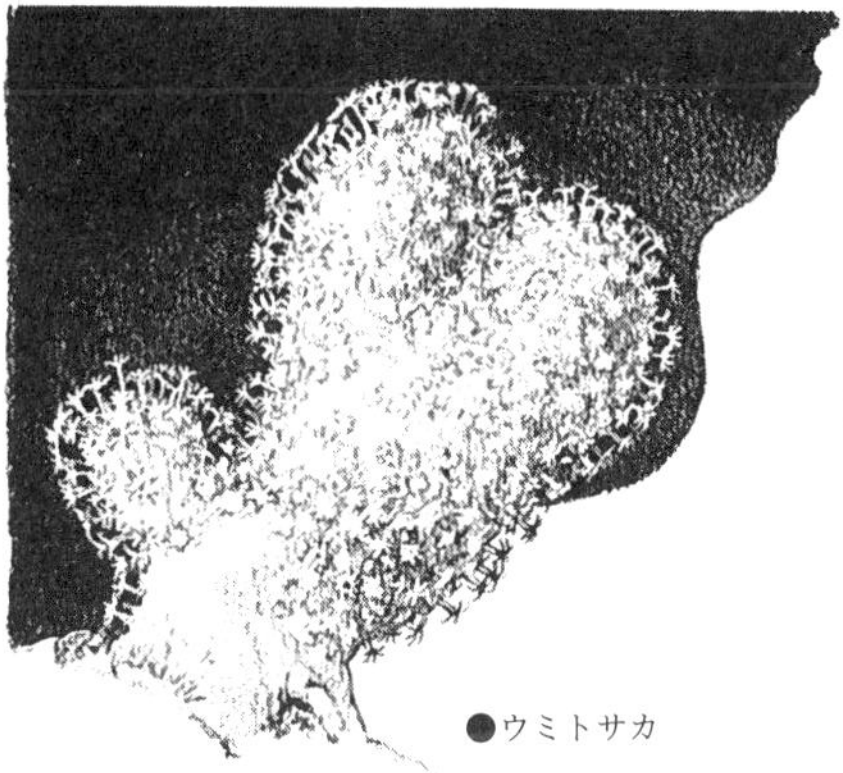

●ウミトサカ

は海水が豊富で変化に富んだサンゴ礁やインド洋の浅瀬で成長する。これらのソフト・コーラルは、熱帯においては優勢な生物だ。しかしながら、極地に近い海にもわずかではあるが進出する。大型種のあるものは人の背丈ほどもあり、木のように枝分かれし、ノバスコシアやニューイングランド沖の漁場に生息している。この仲間の多くは海の深いところにすんでいる。潮間帯の岩の大部分はかれらにとって居心地が悪いので、大潮の干潮時にほんのわずかの時間だけときどき現われるような低いところにある岩棚の暗くかくされた岩肌だけにすんでいる。

岩と岩の継ぎ目や割れ目にある小さな水溜りの中に、あるいは引き潮によってわずかに現われる岩壁の上に、ピンク色をしたクダウミヒドラの集団が、美しい庭園をつくっている。水がまだそれらの上を覆っているところでは、花のような動物が長い葉柄の先端を優雅にそよがせており、プランクトンのような小さな生きものをつかまえるために触手を差し出している。おそらくかれらは常時海水に浸っている場所で、最も繁栄するのだろう。私はかつて波止場の杭や浮き桟橋、海中に張られたロープやケーブルをかれらが覆っているのを見たことがあるが、あまりにもたくさんついていて元の形は見

●クダウミヒドラにつく
カクレエビの一種

えないほどだった。その生息のようすは何千という花が咲いていているような錯覚を起こさせるが、一つ一つの大きさは小指の先ほどである。

ツノマタ類の最後の群落よりも下方に新しい種類の海底が現われる。その移り変わりは唐突である。あたかも線が引いてあるかのようにその先にはまったくツノマタ類はなくなり、岩を覆う柔らかな茶色いクッションの上から石のように見えるところへと踏みこむのだ。色が違うだけで、その風景はほとんど火山の斜面に見られる不毛の裸地と同じようだ。しかし私たちが見ているのは岩ではない。海底に横たわっている岩は、上も横も下も、むき出しのところも見えないところも全部、濃いバラ色のサンゴ藻類で覆われている。それらはあまりにもぴったりとついているので、植物も岩の一部のように見える。ここではタマキビも殻に小さなピンクの斑点をつけており、岩の洞窟や裂け目にも同じ色で線がついているし、緑の海中に斜めに落ちこんでいる岩の底は目に見えるかぎりバラの色彩を水の中にもたらしている。

サンゴ藻類は独特の魅力をもった植物だ。かれらは紅藻類に属すが、その多くは沿岸のかなり深い水中に生えている。通常、紅藻類の色素の化学的成分が、体の組織と太陽との間に水のスクリーンを必要とするからなのである。ところがサンゴ藻は他の紅藻と違って太陽光線に直接さらされることに耐えられる。かれらは石灰質を組織内に同化することができるので硬くなる。かれらの種のほとんどは岩や貝殻や他の硬い表面に斑点をちりばめる。表面は薄くなめらかでエナメルを塗った膜のようだ。さもなければ分厚く、小さなこぶをつけてザラザラしている。熱帯においてはサンゴ藻類がサンゴ礁における重要な位置を占めていることが多く、硬い礁の中にサンゴがつくった枝を接着するセメントの役割を果たしている。東インド洋のあちこちでは、サンゴ藻類が見渡すかぎりの干潟をその微妙な色合いで覆っている。そしてインド洋の多くの「サンゴ礁」はサンゴを含まず、主にこれらのサンゴ藻類によってつくられている。スピッツバーゲンの海岸についていえば、北部の薄暗い光の下では褐藻類の大きな森が繁茂しており、そこにはサンゴ藻類でできた石灰の堆積物が何キロも続いている。サンゴ藻類は熱帯の高温の中ばかりでなく、水温が滅多に摂氏〇度以上にならないような地域にも生えることができるので、北極海から南氷洋までの全海域に繁茂している。

この同じサンゴ藻類が、メイン州の海岸の岩の上をバラ色の帯で飾っているところは、あたかも最も低い大潮の干潮線を示しているかのようだ。そこには目につく動物はほとんどいない。しかし小さいがこの地帯で公然と生活しているものがいる。それは何十ものウニだ。かれらは高いところにすむウニのように岩の割れ目にかくれすむこともなく、干潟やなだらかな岩の表面で全身をさらけ出している。二〇~五〇個が集まって、サンゴ藻に覆われた岩のバラ色を背景にあざやかな緑色の斑点をつけている。私はこうしたウニの集団が強い波に洗われる岩の上にいるのを見たことがあるが、ウニは明らかに管足を錨にして、しっかりと岩にはりついていた。荒れ狂う水が突進し、波が激しく砕けてどっと引いていっても、ウニははがされずに残っていた。潮溜りや海藻地帯の上のほうにいるウニがするように、岩の割れ目や離れ石の下に体を無理やり押しこんでかくれるというはっきりした習性は、波の力を避けるというよりは、干潮のたびに無慈悲にかれらを食べようとするカモメの目から逃れるためらしい。サンゴ藻地帯では、ウニはかなりおおっぴらに生活しており、ほとんどいつも水に保護されている。つまり、年間を通じてこの区域よりも下に水面が下がるのは二週間にも満たないだろう。通常はウニを覆う水深が、カモメからかれらを守ってくれる。カモメは水面から浅いところまでは頭を突っこむことができるが、アジサシのように潜ることはできないからだ。そしてまたおそらく、自分の体長よりも深い海底までは届かないだろう。

低潮帯の岩にすむ多くの生きものは、食べるものと食べられるもの、あるいは生活空間や餌のために競合する種同士の互いに交錯する絆で結ばれている。こうしたあらゆる生きものの上に海自身は、直接的な調節力を行使しているのだ。

●サンゴ藻の上のオオバフンウニ

大潮の低潮線でカモメから逃れて安全地帯にいるウニは、それでもほかの生物にとっては危険な略奪者になる。ツノマタ地帯などのようにウニにとって有利な場所では、深い割れ目や突き出した岩の下にかくれているおびただしい数のタマキビを食べつくし、フジツボやイガイにさえ攻撃を加える。海岸のある特定の区域ではウニの数は、その餌となる生物の数に大きく左右されている。ヒトデや大食漢の巻貝であるバイガイは、ウニと同様その個体群の中心は沖の深いところにあって、潮間帯にさまざまな期間、略奪旅行をする。

波から逃れた海岸においては、イガイ、フジツボ、タマキビといった獲物となる動物の位置は難しくなってくる。かれらは頑丈で適応力があり、どんな潮位にも生息することができる。しかしそれにもかかわらずこのような海岸では、ヒバマタがかれらのほとんどを海岸の三分の二より上に押し出している。腹を空かせた捕食者は、低潮線の下にいて獲物を探すので、獲物はいつも干潮時の低潮線付近の動物だ。波の静かな海岸では、何万ものフジツボやイガイが集まり、岩の上に白や青のカバーを拡げ、無数のタマキビも集合している。

しかし海は、調節したり、修正したりする結果、そのパターンを変えることができる。バイガイ、ヒトデ、ウニは冷たい海の生物だ。沖の海水が冷たく深いところでは、潮流は氷のような貯水池から流れこみ、捕食者はおびただしい獲物を食べながら潮間帯まで広範囲にやってくる。しかし水面に暖められた水の層があるときは、捕食者は冷たく深いところに閉じこめられてしまう。かれらが海岸から後退するにつれて餌の集団も続いて目を覚まし、大潮の低潮線の世界にまで下りていく。

潮溜りは、その淵の中に神秘的な世界を抱いている。そこでは、海のあらゆる美しさが微妙に示唆され、縮図を描いている。深い岩の割れ目に海水をたたえた潮溜りもある。割れ目の一端は海水の中へ消え、もう一端は陸地の岩壁の中へ斜めに切れこんでいる。岩壁はより高くそそりたち、水面に暗い影を落としている。また、岩のくぼみの潮溜りもある。その潮溜りの海側の縁《へり》は高くなっていて、潮が流れ去った後の水が残されている。海藻がそうした壁をふちどっている。カイメン類、ヒドロ虫類、イソギンチャク、ナマコ、イガイ、ヒトデは水の中にすんでいて、何時間も平穏だが、ときには保護している縁を越えて波が強く叩きつけてくることもある。

●クシクラゲ。テマリクラゲ（左）とコッド岬の南に普通のカブトクラゲ（右）

潮溜りはさまざまな雰囲気に満ちている。夜には星をたたえ、潮溜りの上空を流れる天の川の光を映す。小さな燐光を発するケイ藻植物のエメラルドの輝きがらやってくる。小さな燐光を発するケイ藻植物のエメラルドの輝き、暗い水面を泳ぐ小さな魚の光る目――体はマッチ棒のように細く、小さな鼻づらを持ち上げるようにしてほとんど垂直に動いている――、クシクラゲのとらえどころのない月の光のようなきらめきが、潮が満ちてくるにつれてやってくる。魚やクシクラゲは、岩の潮溜りの奥まった暗いくぼみを漁りながら、潮の流れのように出たり入ったりしており、潮溜りの中に永住しているわけではない。

昼間になると、そこはまた違った雰囲気になる。最も美しい潮溜りのいくつかは海岸の高いところにある。その美しさは、色、形、そして光の反射といった単純な要素の美しさだ。私が知っている潮溜りの一つは深さがほんの一二〜一三センチしかないが、空のあらゆる深みを、彼方の青色の反射をとらえて閉じこめている。その潮溜りは生長したアオノリの明るい緑色の帯でふちどられ、海藻の葉は単純な管かわらのような形をしている。陸地側には灰色の岩壁が人の背丈以上にもそびえ、水中にその姿を映している。水に映った岩壁は、はるか遠く空にまで届いている。光と雰囲気がちょうどよいときにはかなり深く青く見えるので、まるで底なし池に踏みこむようで足を下ろすのがためらわれるほどだ。雲は潮溜りを横切って流れ、風は水面を吹き渡りさざ波を立てる。しかしそのほかにはなんの動きもなく、潮溜りは岩と植物と空のものだ。

また別の高いところの潮溜りでは、緑色の海藻が一面に立っている。何かの魔法によって、潮溜りはその岩と水と植物の現実を超越し、別の世界の幻影をつくり出しているのだ。潮溜りをのぞきこむと、水は目に入らず、代わりに林が散在する丘や谷の楽しい風景が見える。しかし幻影は現実の風景を描いたというよりはむしろ、巧みな芸術家の絵筆になるように、個々の海藻は、実際の木を表現しているのではなく、ただそれを連想させるのだ。そして、潮溜りの芸術作品は画家が描いたもののように想像と感動を生み出す。

高いところにある潮溜りには、ほとんど、あるいはまったく動物は生活していないように見える。おそらく少数のタマキビと小さな琥珀色のフナムシ類がところどころに少しいるだけだろう。海岸の高い位置にある潮溜りの状態はいつも複雑で、それは海水が長期間にわたって入ってこないからだ。水温は日中の熱でかなり上昇する。強い雨で水が入らなければ、熱い太陽の下で塩分の濃度が高くなってしまう。そこでは水が、植物の化学的作用〔光合成など〕を通して短時間のうちに酸性とアルカリ性の間を変化する。海岸のより低い位置にある潮溜りはもっと安定した状態を備えているので、そこにすむ植物も動物もむき出しの岩の上で生活するよりも、ずっと穏やかに生活できる。そして、潮溜りは、海岸の生物域を少しずつ高いほうへ移動させる結果をもたらす。しかもそれらは、潮の引いている期間の長さによっても作用されるので、長期的に海から隔てられていて、たまに水没するといった高い潮溜りの生活環境は、低い潮溜りのそれとはかなり違う。

最も高い潮溜りは、まったくといっていいほど海に繋がっていない。それらは、雨水をたたえ、ときたま通過する嵐の波や、高潮によって海水が流入するのを受け入れるだけだ。しかし、カモメは海辺から獲物を漁りに飛び立ち、ウニやカニ、イガイを運んできて岩の上に落とす。この方法で硬い殻を砕き、中身の軟らかい部分を取り出すのだ。ウニの刺、カニのハサミ、イガイの殻などはこの道を通って潮溜りに入り、石灰質は分解されて水の化学的成分に入りこむので、水はアルカリ性になる。単細胞植物の一種であるスファエレラが生長するのに好ましい条件だ。小さな球形の生命は、一つずつはほとんど目に見えないが、それが何万にもなると、こうした高い潮溜りの水を血のように赤い色に変えてしまう。明らかにアルカリ性であることが生育の条件だ。ほかの潮溜りでは、外形上は同じだが、貝殻がないというだけでこの小さな深紅の球はまったくいない。

コーヒー茶碗ほどの大きさもない最も小さな潮溜りでも、何らかの生物で満ちあふれている。それは薄い斑点状になった海岸の昆虫ハマベトビムシで、「海へやってきた飛べない昆虫」だ。この小さな昆虫は水にさらわれないかぎり、岩の表面を走り、あちらこちらの潮溜りを苦もなく行き来する。しかしわずかでも波がくると助かるすべもなく流されてしまう。流された何百もの昆虫が偶然集まり、水面に薄い葉が浮かんでいるような斑点をつくっているのが目にとまることがある。一匹のハマトビムシはブヨのように小さい。顕微鏡の下では青灰色のビロードを着ているように見える。ビロードからはたくさんの剛毛や柔らかい毛が突き出ている。水に入るときにはその剛毛が昆虫の体に空気の膜をつくるので、潮がさしてきても高いところに移る必要がないのだ。そのきらりと光る空気の外套に包まれて、乾燥と呼吸のための空気を供給しながら岩の割れ目やすき間で次の干潮まで待っている。やがて出てきて岩の上を歩きまわり、魚やカニの体、死んだ軟体動物や餌を供給してくれるフジツボを探す。かれらは海の有機的な秩序にひと役かっている掃除人の一種で、有機物の循環を担っているのだ。

私はしばしば潮溜りの上から三分の一ぐらいのところが茶色のベルベットで内張りされているようになっているのを見かけた。手探りで羊皮紙のように薄いすべすべした皮を岩からはぎ取ることができた。それは、イソガワラと呼ばれる褐藻類の一種で、岩の上に小さく地衣類のように生長するか、あるいはここのように広い面積にわたって薄い皮を拡げたようにしているかのどちらかである。これが生長するところではどこでも潮溜りの自然は変化する。この海藻が、たくさんの小さい生物が懸命に探している隠れ家を提供するからである。

かれらは海藻の下にもぐりこむのにはちょうどいい具合に小さく、岩と海藻との間の暗いポケットの中で生活し、波に洗い流されないように安全を確保している。ベルベットで内張りされている潮溜りを見ると、そこにはほとんど生命がないように思える。わずかにタマキビが放牧されているように散らばり、茶色い海藻の表面をかじりながら殻を揺らし、いくつかのフジツボがその円錐形を海藻を貫いて突き出し、扉を開けて水中から餌を取りこんでいるだけのようだ。しかし、この褐藻類を少し採って顕微鏡で見ると、いつも生命であふれていることを発見する。そこにはつねに泥状の素材でつくられた、針のように細い多くの円筒形がある。それぞれの建築家は小さなゴカイ類で、その体は非常に小さい一一個の環節からなり、まるで一一個のチェッカーの駒を重ねたようだ。その頭から出ている組織は扇形の冠かあるいは繊細な羽根飾りで、むしろくすんだ黄褐色を美しく見せている。羽根飾りを突き出しているときには、繊維は酸素を吸収し、餌となる小さな生物を罠にかけて取り入れる。さらに、いつもこのイソガワラの皮の微小動物の社会の中には、小さな先の割れた尾ときらきらするルビーのような目をもった甲殻類がいる。ほかにもウミボタルと呼ばれる小型甲殻類もすんでいる。その桃色の殻は、二つの部分からなり、蓋のある平たい箱のようだが、そこから突き出している長い付属器官は、水中を漕ぐようにして生物を取りこんでいる。しかし、最も数が多い動物は微小なゴカイ類で、海藻の表面にうごめいている。環節があって剛毛のあるゴカイ類の多くの種、なめらかな体のゴカイ類、ヘビのようなヒモムシ類は、その外見とすばやい動きが獲物を欺く。

一つの潮溜りが透明な深みのうちに美しさを保つのに、広さは必要ない。私の記憶にあるかぎりで最も幅の狭い潮溜りは、すぐ横の岩の上から手を伸ばせば簡単に向こう側に届くほどだった。この小さな模型のような潮溜りは、ほぼ潮間帯の中ほどにあって、これまで見たかぎりでは二種類の生物しかすんでいなかった。水底はイガイで敷きつめられていた。イガイの殻は遠くの山並みが靄《もや》でけむっているような柔らかい青色で、その存在が深みを幻想的にしている。かれらがすんでいる水はとても澄んでいて、何もないように見える。私はただ指先に伝わる冷たさだけで、水と空気の境を知った。澄んだ水は陽光にあふれ、光の精が降りてきて、これらの小さいあざやかに輝くまばゆい貝の一つ一つをとり巻いていた。

イガイはこの潮溜りの中に見ることのできるもう一つの生物のために、棲み家をつくっている。ヒドロ虫の群体の根元の細い糸が、ほとんど目に見えない線をイガイの殻の上にも描いている。この生きものはウミシバ類に属し、ウミシバ類の群体の一つ一つとそれを支えて連なっている枝のすべては、冬の梢が氷の鞘を着ているように透明な鞘に包まれている。根元から直立した枝の一本一本には、二列に並ぶ透明なカップがついていて、カップの中には群体を形成

●ゴカイの一種

する小さな生命がすみついていた。そのカップはまさに美しさとはかなさの化身のようで、私は潮溜りの脇に腰を下ろしてルーペでヒドロ虫類を詳しく調べてみた。それらは繊細なカットグラスというよりはむしろ精巧なシャンデリアの部品のように見えた。揺りかごのようなカップの中のそれぞれの生物は、触手の冠を頭にのせた小さな筒状のイソギンチャクのようだった。それぞれの中央にある穴は、小枝の中を通る穴につながっており、さらにより大きな枝は中央の根に通じている。このようにして一つ一つの動物の餌を取りこむ活動が、群体全体の栄養状態に寄与しているのだ。

私が不思議に思うのは、これらウミシバ類が何を食べているのだろうかということだ。かれらの数は無限に近いといえるほど多いので、食物としてどんな生物が与えられるにしても、食肉性のヒドロ虫自体の数よりももっと多くなければならない。しかし私には何も見えなかった。明らかにかれらの餌はごく小さいものだろう。なぜならば食べる側の一つ一つの体は糸のように細く、触手にいたっては最も細いクモの糸のようだからだ。潮溜りの水晶のような透明さのどこかに、私の目は――あるいはそう見えただけかもしれないが――太陽光線の中に埃のような無限に小さい薄い霧を見つけた。それからさらに近づいて見ると、埃は消えていて、そこはふたたび完全な透明だった。あれは目の錯覚だったのだろうか。しかし私には、それが単に自分の視力の人間的不完全さによるものであることがわかった。私の視力では、かろうじて見えるのは触手だけで、それが手探りをしている餌のごく微小な大群は見えない。目に見える生物にもまして、多数の目に見えない生物がなお私の思考を支配し、ついには見えない集団が潮溜りの中で最も勢力のある強い存在であるように思えてきた。ヒドロ虫類とイガイの両方とも、潮流の中の目に見えない漂流物にまったく頼りきっていた。イガイは植物プランクトンの受け身型濾過器であり、ヒドロ虫類のほうは積極的な捕食者で、微小なミジンコやケンミジンコ、ゴカイ類を罠にかけてつかまえる。しかし、もしプランクトンの数が減れば、入ってくる潮流の中のプランクトンもだんだんと少なくなるだろう。すると潮溜りは青い貝殻のイガイにとっても、透明なヒドロ虫類の群体にとっても死の池となってしまう。

海岸の最も美しい潮溜りのいくつかは、ふつうに歩いていたのでは気がつかない。それらはおそらく低いところにあって、無秩序に雑然と積み重なっている大きな岩にかくれたところや、また突き出た岩棚の暗い奥、厚い海藻のカーテンの後ろなどを探さなければ見つからないだろう。

私はこのようなかくれた潮溜りを知っている。それは海の洞窟の中にあって、引き潮のときは三分の一ぐらいまで海水に浸っている。上げ潮が戻ってくると潮溜りは拡がり、洞窟全体に水があふれる。そして洞窟とそれを形づくる岩は、潮の下に沈んでしまう。しかし干潮時には陸地から洞窟まで歩いていくことができる。どっしりした大きな岩が、その水底と壁、天井をつくっている。そこにはわずかなすき間しか開いていない——海側の水底に近いところに一カ所と、陸地側の壁の高いところに一カ所あるだけだ。岩棚に腹這いになって低い入り口から洞窟の中に目を凝らし、潮溜りに下りていくと、洞窟は真っ暗ではない。実際、晴れた日には冷たい緑色の光が差しこんでいる。この柔らかい光の源は、潮溜りの水底に近いすき間を通して入る太陽の光だ。しかも潮溜りへ侵入した光は、その瞬間に姿を変えて最も純粋で薄い緑色のあざやかな色合いをおびてくる。その色は洞窟の底を覆うカイメン類の色なのだ。

光の差しこむ同じ入り口を通って魚が海から入ってくる。緑のホールを探検し、そしてふたたびより広い外海へと出ていく。低い玄関を通して、潮も引いては満ちる。目には見えないが、潮流は洞窟の動植物の生きた化学作用の原料となるミネラルをもってくる。潮の流れはまた、これも目に見えない多くの海の生物の幼生を運んでくる。幼生は休息場所を探しながら漂流しているが、いくつかはここに残って定着し、他のものは次の潮に乗って出ていく。

洞窟の壁に囲まれた小さな世界を見下ろしていると、この世界の向こう側の大きな海のリズムが感じられる。潮溜りの水は決して静止することがない。その高さは潮の干満に合わせてゆるやかに上下するだけでなく、波の動きに伴って突然変化することもある。波の逆流が沖のほうへ引いていくにつれて水はみるみる減っていく。そして突然反転して人間の背に届くほど高く泡立ち、沸き立ちつつ殺到してくるのだ。

外海の動きによっては、潮溜りの水底を見ることができる。浅い水の中では、その細部までがさらにはっきりと現われる。緑色の「パンのかけら」と呼ばれるイソカイメンは、潮溜りの底のほとんどを覆っているが、強靭なフェルトのような毛で厚い絨毯をつくり、両端の尖ったガラスのような珪酸の針でレース飾りをつけている。珪酸の針はカイメンを支える骨片になるものだ。絨毯の緑色は純粋な葉緑素の色で、この植物色素は本来、海藻の細胞の中に含まれているものであるが、この動物の組織のあちこちに分散している。カイメンは岩にぴったり付着していて、成長した形はかなりなめらかで平らだが、それは重たい波の流れる力が働いていることを証明している。静かな水の中では、同じ種のカイメンがたくさんの円錐形を突き出し、これが水面を支配して水を引き裂き、波立たせている。

緑の絨毯のところどころに別の色の斑点がある。一つは濃いからし色で、おそらく尋常カイメンの一種が成長したものだろう。ほとんどの水が引いてしまうつかのまに、洞窟の最も深い部分にきれいな薄紫色がちらりと見える。これは表面を覆ったサンゴ藻類の色だ。

カイメンとサンゴ藻は、ともにより大きな潮溜りの生物にとっては背景である。干潮の静けさの中では、略奪者であるヒトデの間にさえ目に見える動きはほとんどない。ヒトデはオレンジ色やバラ色、紫色で描かれた装飾品のように壁にはりついている。大型のイソギンチャクのいくつかが洞窟の壁で生活している。そのあんず色は緑色のカイメンの上にあざやかに映える。ある日、イソギンチャクは全部潮溜りの北側の壁に付着していて動かなかった、あるいは動けなかったのかもしれない。が、次の大潮のときにふたたび潮溜りに行ってみると、いくつかが西側の壁に移動しており、そこをふさいでやはり動かないように見えた。

ここには、イソギンチャクの集団が元気に成長し保護されるであろう豊富な条件がそろっている。洞窟の壁と天井にはイソギンチャクの赤ん坊がびっしりりついている。軟らかい組織で薄く、半透明の茶色をした小さなきらきらした盛り上がりがそれだ。しかし、集団のほんとうの育児室は、中央の洞窟に入る控えの間のようだ。そこはいびつな円筒形で三〇センチもない場所であるが、何百ものイソギンチャクの幼体がはりついている垂直な岩に囲まれている。

洞窟の天井には、まったく単純な波の力の声明文が刻まれている。狭いところに入ってきた波はつねに途方もない力を凝集して上に向かってはね上がる。こうして洞窟の天井は徐々にすり減っていく。私が腹這いになって見ている洞窟の天井は、打ちつける波の力をまともに受けることはないのだが、それにもかかわらずそこに展開されているのは、もっぱら強い磯波が打ちつける地域の動物相であった。それは、イガイの黒い殻の上にフジツボの白い円錐がのっているといった単純な白黒のモザイクだ。波に洗われる岩に群れているベテランの開拓者でさえ、

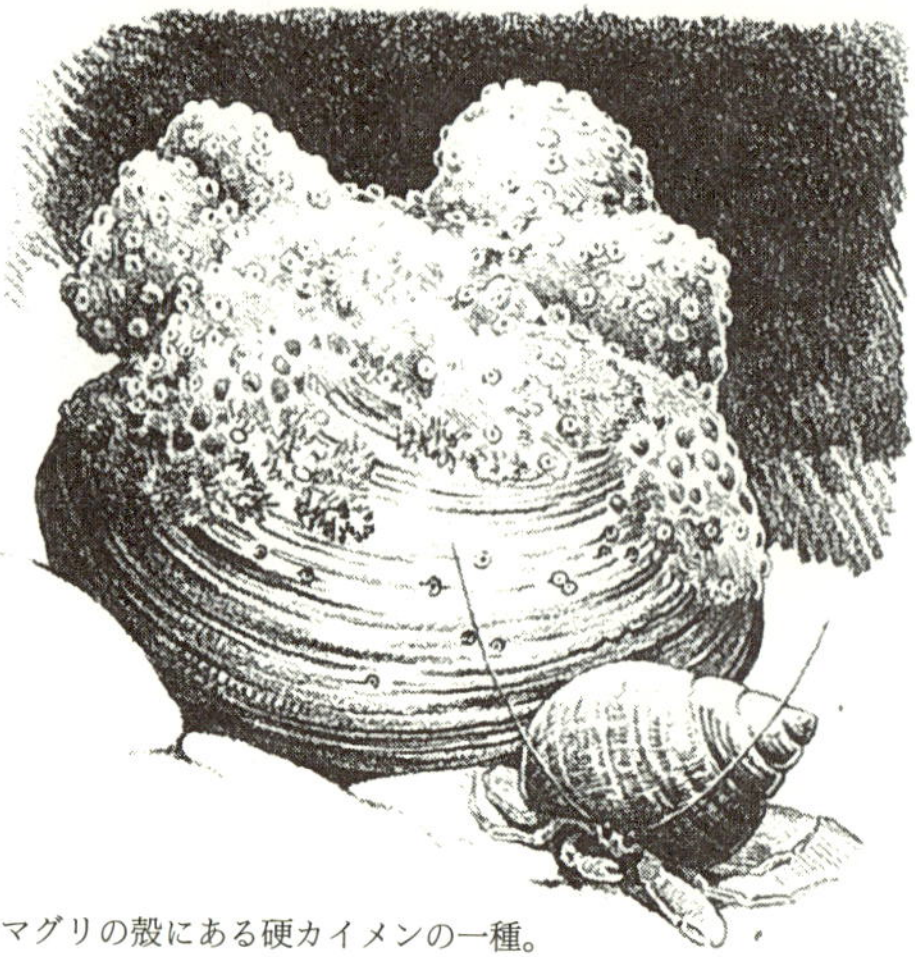

●ハマグリの殻にある硬カイメンの一種。
幼生は殻にハチの巣のように穴をあける。

洞窟の天井には直接足場をつくることが難しいように見えるが、フジツボはそれでも何らかの理由でつくるのだ。さらにイガイも同じようにしている。どのようにしてこのようになるのかわからないが、想像することはできる。イガイの幼体は潮が引いている間に湿り気のある岩の上を這いながら糸を紡ぎ、体を固定してしっかりとくっついて離れない。そして、成長したイガイの集団は、フジツボの子供につるつるする岩よりもしっかりした足場を与えることになる。やがてフジツボは自分の体をイガイの殻に固定することができるようになる。かれらがどのようにしてやってきたのか、現在想像できるのはこの程度だ。

　腹這いになって潮溜りをのぞきこむと、潮がいったん引いて次の潮がまだ入ってこない間、そこには比較的静かなひとときがある。すると小さな音が聞こえてくる。それは水の滴が天井のイガイや、壁に縞になっている海藻から滴り落ちる音だ。小さな銀色の滴は潮溜りの広がりの中に、潮溜り自体から発散する混沌としたさざ波のようなざわめきの中に――潮溜りには決して静寂ということはない――、消えていく。

さらに指を暗褐色のコンブ類の幅広い紐の間に入れ、足もとの壁を覆っているツノマタの葉を押し出すと、その下にまことにデリケートな生物を見つけた。かれらは嵐の力がもつれている海藻をほどいてしまうほど荒れるときは、この場所にどうやって存在しているのかと思うぐらい繊細だ。

岩壁にはりついているのはコケムシ類の薄い外皮だ。ひとかたまりの中に、何百もの微小なフラスコ形をしたガラスのように壊れやすくもろい構造の細胞がある。細胞は互いにきちんと並び切れ目のない膜を形成している。体の色は淡いあんず色で、日の出前の霜のように触れただけで崩れさりそうなはかない生物だ。

長く細い足をもったクモに似た小さな生物が膜の上を走りまわっている。どういう理由かわからないが、かれらも餌と一緒に行動しているのだろう。コケムシ類の絨毯と同じあんず色をしており、ウミグモ類もまたはかなさの化身であるかのようだ。

その他の粗大で直立して成長するコケムシ類の、クチヤワコケムシは、拡がった根元から小さな棒状の突起物を持ち上げている。これもまた、石灰質が詰まり壊れやすいガラスの棒のように見える。それらの上や間に、小さな糸のように細い、数えきれないほどの線形動物がへ、ビのようにくねりながらゆっくりと動いている。イガイの赤ん坊が試験的な新しい世界の探検に這いまわっているのである。かれらはまだ細い絹のような糸で自分の体を固定する場所を見つけていないのだ。

ルーペを使うと、海藻の中にたくさんの小さな巻貝を見つけることができる。かれらの一つは明らかにこの世界にやってきてまもないものだ。なぜならばその純白の貝殻は、ほんのひと巻き目の渦巻きを形成しているだけだからだ。幼体から成体に成長する間には、何回も渦を巻く。一方で、それほど大きくないにもかかわらず年をとっているものもある。これは輝く琥珀色の貝殻がフレンチホルンのように巻いていて、中にいる小さな生きものは押し出されてくると、牛の頭のような形をしている。その周囲には針の先でついたような、ほんとうに小さな二つの黒い目がついているように見える。

しかし見たところ最も壊れやすそうなのは小さな石灰質のカイメンで、海藻の間のあちらこちらに見えている。かれらは花瓶のような形の管を突き出しているが、一センチほどもない。それぞれの管は細い糸の網でできていて、その糊のきいたレースの織物は妖精の寸法でつくられていた。

こうしたもろい構造のどれも、指で壊すことができるほどだが、それにもかかわらずかれらは、押し寄せる波があたかも海全体が入ってきたかのようにこの洞窟にあふれ、雷鳴のような波の音にかこまれても、どういうわけか存在することが可能なのである。おそらく海藻が秘密の鍵を握っているのだろう。弾力のある葉は、そこに入りこんでいるすべての微小でデリケートな生物にとって立派なクッションの役目をしている。

しかし、洞窟とその中の潮溜りにその特別な性質、つまり絶えることのない時の流れといった意味での不変の性質を与えているのがカイメン類だ。私が夏の低潮時にいつ潮溜りを訪れても、かれらは変化していなかった。七月も八月も九月も同じだった。それに去年も今年も同じだし、今後何百何千年間もの夏にも同じだと予想できる。

構造は単純で、古代の岩にマットを拡げて原始の海から餌を得ていた最初のカイメン類から現在まで、ほとんど変わっていない。カイメン類は永劫の時の橋渡しをしているのだ。洞窟の底に絨毯を敷いている緑色のカイメンは、この海岸ができる前にすでに別の潮溜りの中で成長していたものだ。三億年前の

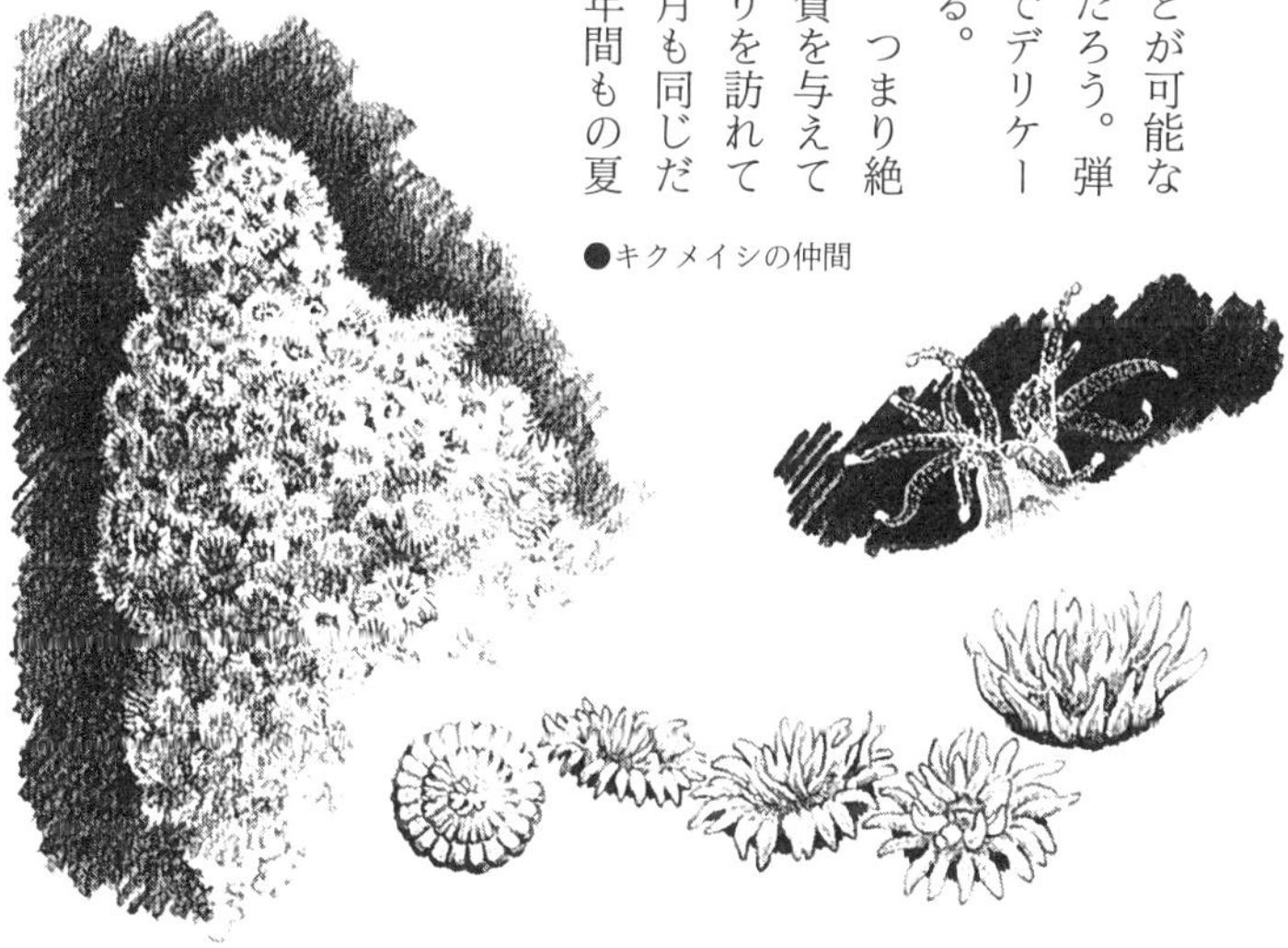

●キクメイシの仲間

古生代の海から生物が陸に上がってきたとき、すでにカイメンは古株だった。最初の化石が記録されるよりも以前のほの暗い過去においてさえ、カイメンは存在していた。硬く小さな骨片細胞——生きている組織がなくなってもそれだけは残っている——が、カンブリア紀の最古の岩といわれる化石の中で発見されているからである。

そして、この潮溜りの隠された部屋の中で、時は現在までその長い時代を刻んできた。私が見ていると、一匹の魚が海側の低い入り口の一つから緑色の光の影の中に入ってきた。古代のカイメン類と比べると、魚類はほとんど近代の象徴といってもいい。魚の系統をさかのぼっても、カイメンの歴史の半分しかたどることができない。そして、私は自身、この二つの生物を同時代の仲間であるかのように見ているが、まったく新参者にすぎないのだ。人間の祖先が地球上に現われたのはほんの最近のことなのであり、私はほとんど場違いな存在といってもよかった。

こうしたことを思いめぐらしながら洞窟の入り口にたたずんでいると、波のうねりが高まって、私のいる岩の上にせり上がってきた。潮がまた満ちてきたのだ。

●潮溜りの壁に深紅色の斑点のつくようにつくレッドベアード・カイメン。

第3章——砂浜

風によってつくられた砂丘が、果てしなく続く広い砂浜にたたずむと、そこにはニューイングランドのような若い岩礁海岸では感じられない太古の息づかいがある。その感覚は、無限の時を費やしてゆっくりと歩む地球の歴史そのものともいえるだろう。そこでは海と陸が何百万年もかけて築き上げてきた関係が、そのままの姿で残されている。波が突然押し寄せてきて岩の頂に砕け、あたりを水浸しにして去っていくニューイングランドの海岸とは、まったくおもむきが違う。

長い地質学的時間の中で、海は大西洋岸の平原に進入と退却をくり返してきた。あるときは、遠くアパラチア山脈のふもとまで達し、やがて、またゆっくりと沖合まで引いていった。そして侵入のたびに、海は広く平らな平原に堆積物を積もらせ、海の生物の化石を残していった。現在、目にする姿は、地球の、そして砂浜自体の長い歴史のほんのひとこまにすぎない。今よりも何百メートルも高くあるいは低く、海はこれからもゆっくりと前進と後退を、キラキラ光

る砂の平原の上でくり返していくだろう。

砂浜を構成する物質は、どれもがそれぞれの太古からの歴史を抱いている。砂は美しく神秘的で無限に変化している。その一粒一粒は、生命の起源や地球の誕生にまでさかのぼる、ベールの彼方の遠い昔の自然の営みの結晶なのである。

砂浜の大量の砂は、岩が風化、侵蝕され、元の場所から雨や川によって海へと運ばれてきたものだ。ゆっくりと侵蝕され、海へ運ばれる途中の、止まったり動いたりという過程において、鉱物はいろいろな運命にさらされる。あるものは脱落し、またあるものはすり減って消えていく。

岩は山中で風化と侵蝕をうけ、水の力によって、ときには突然岩なだれを起こすこともあるが、ゆっくりと着実に土砂を含んだ水の流れに加わっていく。これが海へ向かう旅の始まりである。あるものは水に溶け、あるいは川底との激しい摩擦によって消えていく。またあるものは、洪水のために川岸の土手の外にまであふれ出て何百年、何千年と経つうちに平野の堆積岩の中に閉じこめられ、さらに何百万年も待ったのち、ようやく訪れる海の進入によって海の中へ戻っていく。こうして岩は、風や雨や霜など、侵蝕作用の担い手の絶え間ない働きによって、ついには海へたどりついて旅を終える。しかし、ひとたび海に出ると、新たな選別と移動が始められる。雲母片のような軽い鉱物はすぐに遠くまで運ばれるが、金紅石やチタン鉄鉱の黒い粒のように重いものは、嵐の荒波によって海岸の上部に打ち上げられる。

砂のどの一粒も一カ所に長くとどまることはない。大きな粒は水によって、小さな粒は風によって運ばれ、小さいものほど遠くまで移動する。ふつうの砂粒は、同じ体積の水の二、三倍の重さにすぎないが、空気よりは二〇〇〇倍も重い。したがって風によって運ばれるのは非常に小さな粒だけである。一つ一つの粒はこのように風に運ばれ水に流され、絶えず動いているのだが、一つが動いたあとにはすぐほかの粒がくるために、一日一日の砂浜では目に見える変化はわずかなものである。

石英は、ほとんどどんな種類の岩にも含まれているために、多くの砂浜ではその大部分を石英が占めている。しかし、石英の砂の中には、他の鉱物もたくさん存在しており、ほんの少しの砂の中にも一〇種類以上の鉱物が見られる。黒ずんだ重い鉱物は風や水や重力の作用をうけて、白っぽい石英の砂の上に模様を描いていく。それは、あるときはほとんど純粋なざくろ石からなる紫色の影となり風によって位置を変え、暗色の波紋を描く。また、海緑石が暗緑色の模様をつくることもある。海緑石は生物と無生物の相互作用と海の化学作用によってつくられた鉱物で、カリウムの多いケイ酸鉄からできており、あらゆる地質年代の堆積物に含まれている。ある説によると、有孔虫といわれる小さな生物の殻が泥の上に堆積しまたくずれていくような、暖かく浅い海では、海緑石が現在もつくられつづけているということだ。

ハワイの多くの海岸では、黒い玄武岩の溶岩からできたカンラン石の砂があり、その砂粒の中に、地球の奥深くの暗黒をうかがい知ることができる。またジョージア州のセントシモンズやサペロ島の海岸では、白っぽい石英とははっきりと分かれて、金紅石やチタン鉄鉱などの重い鉱物でできた「黒い砂」の吹き溜りができている。

場所によっては、砂は、海の動物の石灰質の殻や植物のカルシウムを含んだ組織のかけらなどでできあがっている。たとえばスコットランドの砂浜は、沖合の海底に育つサンゴ藻類のかけらでできた「サンゴ藻の砂」でつくられている。また、アイルランドのガルウェイの海岸では、砂丘の砂は、海を浮遊していた有孔虫の小さな穴のあいた殻、炭酸カルシウムの粒でできている。動物は死んでしまうと、殻は海底まで漂っていき、そこに積もって堆積岩となる。時が流れ、堆積岩は隆起して海岸の崖になり、風化されてまた海に戻っていく。フロリダ南部やキーズの砂の中にも有孔虫の殻は含まれており、サンゴのかけらや貝殻とともに波に砕かれ、堆積し、磨かれている。

イーストポートからキーウェストに至るアメリカの大西洋岸では、それぞれ別の起源をもった性質の異なる砂が見られる。何千年も昔に氷河によって北から運ばれてきた岩のかけらを波が選りわけ、つくりかえてできあがった北部の海岸の砂には、鉱物がたくさん含まれている。ニューイングランドの海岸の砂の一粒一粒には、長く波乱に満ちた歴史が刻まれているのだ。

岩は、氷の鏨《たがね》によって砕かれ、氷河に押し潰され、氷とともに運ばれ、最後には波の挽き臼によって砂粒になる。そしてまた岩は、氷が動き出すよりはるか昔に、地底の熱によってどろどろになり、誰も見ることのない方法で、深い裂け目を通って暗黒の地球の内部から日光の下へと上がってきたのである。歴史の現時点においては岩は海辺に砂として存在し、潮の流れによって移動し、つねに変わらぬ終わりのない波の働きをうけて選りわけられ、堆積し、洗われ、そしてまた漂っていく。

ロングアイランドでは多くの氷河鉱物が堆積していて、砂に多くの磁鉄鉱とともにピンクや赤のざくろ石、黒いトルマリンが含まれている。南へ下って、海岸沿いの平原の堆積物が最初に見られるようになるニュージャージー州の海岸では、ざくろ石も磁性鉱物も少なくなる。バーンゲットでは煙水晶が、マンモスビーチでは海緑石が、そしてメイ岬では重い鉱物がいちばん多く見られる。溶けたマグマが、地中深く埋もれた地球の太古の鉱物を持ち上げ、地表近くで結晶化させた場所では、あちこちに緑柱石が見られる。

砂に含まれる炭酸カルシウムは、ヴァージニア州の北部では〇・五パーセントほどだが、南部では約五パーセントにも及ぶ。ノースカロライナ州まで南下すると、貝殻からつくられた石灰質の砂が急に多くなるが、砂浜の大部分はまだ石英砂である。ハッテラス岬とルックアウト岬の間では、砂の一〇パーセントもが石灰質である。ノースカロライナ州では、珪化木のような特殊な鉱物が集まっている変わった場所もある。珪化木は、有名なヘブリディーズ諸島のエグ島の「鳴き砂」に含まれているのと同じものである。

フロリダで見られる鉱物質の砂は、遠くのジョージア州やサウスカロライナ州のピードモント高原やアパラチア山脈の岩が風化してできたもので、風化した岩は南へ流れる川によって海まで運ばれる。フロリダのメキシコ湾岸北部の砂は、ほとんど石英でできており、山岳地帯から運ばれてきたその結晶の粒は、雪のように白く拡がっている。ベニスの砂浜は、ダイヤモンドのように光り輝くジルコンの結晶でできた砂で覆われ、その中に散らばる藍晶石のガラスのような結晶が青い輝きを添えている。フロリダの東海岸では、長い海岸線のほとんどが、有名なデイトナの浜に見られるように硬い石英の結晶でつくられた石英砂で覆われている。しかし、南へ行くにつれ、結晶質の砂に貝殻のかけらが混ざるようになり、マイアミ付近では半分くらい、セーブル岬とキーズの付近では、ほとんどがサンゴや貝のかけら、あるいは有孔虫の殻でできた砂になってしまう。またフロリダの東海岸では、どこを見ても火山性の鉱物はほとんど見うけられず、何千キロも海流に運ばれてきた軽石がわずかに砂に混ざっているだけである。

一つの砂粒は、目に見えないほど小さなものであろうとも、その形と成分から生い立ちをう

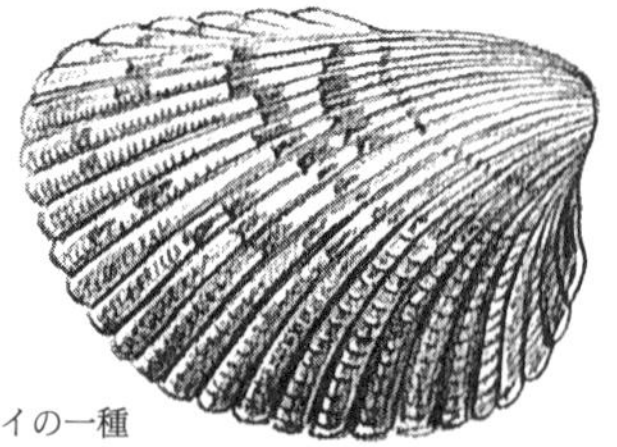

●ザルガイの一種

かがい知ることができる。風に乗って運ばれてきた砂粒は、水によって運ばれてきたものよりも丸みをおび、風の中で互いにぶつかるために霜が降りたように白くなっている。同じようなことは海辺の家の窓ガラスや、岸に打ち上げられた古いガラス瓶の表面にも見られる。大昔の砂粒を見ると、その表面に施されたエッチングのような線が過ぎ去った時代の気候を知る手がかりを与えてくれる。ヨーロッパの更新世の砂からできている堆積岩は、氷河期の氷河の上を吹き渡っていた強風がつくった霜ふり模様を、砂粒の表面に刻みこんでいる。

岩は、私たちにとって永続性の象徴のようなものだが、どんなに硬い岩でも、雨や氷や波に打たれて粉々になっていく。しかし、砂粒はほとんど壊れることがない。砂粒は波の細工の最後の作品である。何年もの間こすられ、磨かれても、小さな硬い鉱物の核は残っている。濡れた小さな砂粒は、互いのわずかなすき間に入りこみ、そのまわりには毛細管現象によって水の膜ができる。この膜はクッションとなって砂粒がこすれあうのを防ぎ、大波がきても互いにぶつかりあうことはない。

潮間帯の砂粒の微小な世界は、驚くほど小さな生きものたちの世界でもある。そこにすむ生物は、まるで地表を覆う海の中を泳ぐ魚のように、砂粒を覆う水の膜の中を泳ぎまわっている。毛細管の水の中の生物相は、単細胞の動植物、ミズダニ、エビのような形をした甲殻類、昆虫、そして非常に小さなゴカイの幼生などでつくられている。私たち人間の感覚では理解することができないほど小さな世界の中で、かれらはみな生き、死に、泳ぎ、餌を探し、呼吸し、そして繁殖している。かれらにとって砂粒のすき間のわずかな水滴は、広大な暗い海といえるのだ。

しかし、すべての砂が「すき間の生物相」を宿しているわけではない。結晶質の岩からできた砂には非常に多くの生物が見られるが、貝殻やサンゴ質の砂の中には、橈脚類《じょうきゃく》〔かい脚類＝ケンミジンコなど〕や、顕微鏡でなければ見ることができないその他の小さな生物はほとんどすんでいない。おそらく、炭酸カルシウムによって、かれらをめぐる水が生物がすめないほどアルカリ性になるためであろう。

どこの砂浜でも、砂粒の間のわずかな水が、干潮時に生物が利用できる水のすべてである。しかし、ふつうの砂はほとんど同体積の水を含むことができるので、干潮時に日光にさらされても、乾くのは表面近くにすぎない。下のほうの砂は湿っていて冷たい。砂に含まれた水は、深いところの砂の温度をほとんど一定に保っているからである。さらに塩分もほぼ一定であり、表面近くが浜辺に降る雨やそこを横切る真水の流れに、わずかに影響されるだけである。

砂浜の表面はわずかに波によって刻まれたさざ波の形をしるし、それもまた、ついには勢いを失って引いていく波に崩されていく。砂浜には、あちこちに遠い昔に命を失った貝殻が散らばっている。そこは、生物の姿が見られないばかりか、すむことができる場所とも思えない。

そこではすべてが砂の中に隠されているのだ。ただ、何かが這った曲がりくねった跡や、かすかに動く表面の砂、また突き出した管などが、砂の中にかくれてすむ生物の存在をわずかに証拠立てている。

生物自体を見ることができなくても、干潮の間、海岸線と平行に走る深いくぼみに少なくとも数センチの深さの水があれば、そこには生物のサインを見つけることができる。小さく盛り上がって動いている砂の下ではツメタガイが餌を探している。V字型の這い跡は、砂にもぐっている二枚貝、コガネウロコムシ、ブンブクなどがつけたものにちがいない。平らなリボンのような跡は、タコノマクラやヒトデがつけたものである。そして、砂や砂泥の干潟が潮間帯に現われるところでは、どこの海岸でもスナモグリが何百という穴をあけている。また、貝殻や海藻をつけた鉛筆ほどの太さの奇妙な管が砂の表面から林のように突き出されているところもある。それは、砂の下にケヤリムシ、スゴカイがかくれているしるしである。タマシキゴカイの黒っぽい円錐形の砂山は、いたるところにつくられる。また波打ち際では、小さな羊皮紙のようなものでできた、鎖状につながったカプセルを見つけることがある。砂にもぐっている鎖の端には、その卵を産み、守っている大きな肉食性のバイガイがかくれている。

しかし、生命の活動——食物を探し、外敵からかくれ、餌を捕らえ、そして

●クダモノツムリボラ

子孫を残すというたゆまず続けられる砂浜の生物の生と死の営み——は、砂の表面だけをながめて、そこに生きものは何もいないと思う人の目には触れることがない。

私は、フロリダのテン・サウザンド島でのある寒い一二月の朝のことを覚えている。そこは、ちょうど潮が引いたばかりで濡れた砂の上に、波しぶきがさわやかな風にとばされていた。海岸は、メキシコ湾から入り江の奥まで長く彎曲し、水際の黒く濡れた砂の上に不思議な模様がついていた。一つ一つがまとまった模様で、どれも真ん中から、まるで細い棒で不規則に筋をつけたように、細い線が放射状に伸びていた。はじめは、生物のいる気配はまったく感じられず、この無造作な模様を、どんな生物がつけたのかを知る手がかりは何もなかった。それから、濡れた砂の上に膝をついてこの不思議な模様を調べていくうちに、私は模様の中心点の下に平らな五角形のヒトデがかくれているのを見つけた。砂の上の模様は、ヒトデの細く長い腕が伸びている跡だったのだ。

また、六月のある日に、私はノースカロライナ州のボーフォートの町の近くにある浅瀬、バード・ショールを歩いていた。干潮で広大な砂州には水は数センチぐらいしかなく、波打ち際

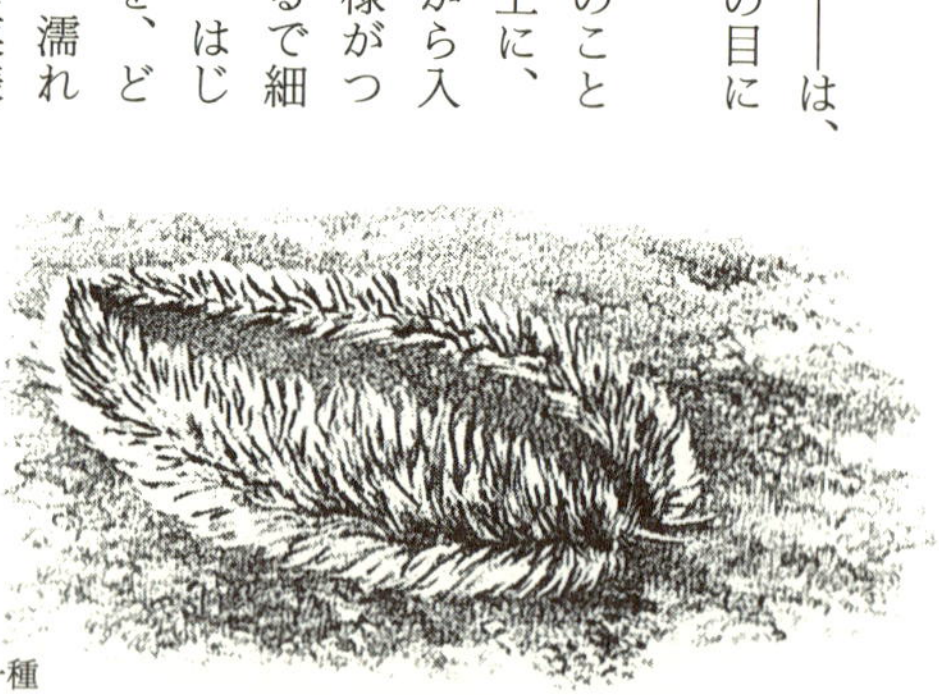

●コガネウロコムシの一種

●カブトガニ

の砂の上にははっきりとした二本の溝がついていた。溝の幅は人差し指で測れるぐらいで、溝の間には、不規則にかすかな線が続いていた。私は一歩一歩溝に沿って歩いていき、ついに、小さなカブトガニが海に向かって這っているのを見つけた。

ほとんどの砂浜の生物にとって生き残れるかどうかは、波の影響の及ばない湿った砂の中に深くもぐり、餌をとり、呼吸をし、繁殖することができるかどうかにかかっている。だから砂を語るということは、一つにはそこにすむ小さな生物たちを語ることである。かれらは暗く、冷たく湿った砂の中に生活し、満ち潮とともに餌をとりにやってくる魚や、干潮時には鳥たちから身を守る隠れ家にしている。ひとたび砂の下にもぐってしまえば、そこはかれらにとって安定した家であり、外敵からの隠れ家なのである。それでもいくらかの外敵は、砂の下までやってくる。鳥は長い嘴《くちばし》をシオマネキの穴に差しこみ、アカエイは砂を巻き上げて下にかくれた貝を掘り起こし、タコは足を穴の中に伸ばしてくる。またときには外敵自身が砂の中にもぐってくることもある。

ツメタガイは、この難しい方法の達人というべき捕食者である。ツメタガイは、目を必要としない生きものだ。なぜなら、いつも暗い砂の中を手探りで進み、三〇センチもの深さにもぐっている二枚貝のようなものを捕食しているからだ。その殻は丸くなめらかなので、大きな足で砂を掘って簡単に砂の中にもぐることができ、獲物に出合うと足で押さえ、殻に丸い穴を開けてしまう。かなり貪欲で、若いうちは一週間に自分の体重の三倍ものハマグリを食べてしまう。何種類かのゴカイ類も砂の中で捕食しており、ヒトデもまた同じようにしている。しかし、ほとんどの捕食者にとって砂の中にもぐって穴を掘りつづけることは、そこで見つけられる食物の量に比べ、エネルギーを浪費しすぎる。したがって砂の中の生物のほとんどは、水とともに食物を吸いこむか、あるいは海底に堆積した有機物を吸い上げるのに十分なだけの穴を掘って、一時的にまたは永続的にその中で生活している。

満ち潮になると、大量の水を濾す生きた濾過装置が動きはじめる。かくれていた貝は砂の上に吸水管を伸ばして水を吸いこみ、ゴカイ類は、U字型の羊皮紙の管の中でポンプのように片方から吸いこんだ水を他方に吐き出す。吸いこまれる水は、食物と酸素を運びこみ、吐き出されるときにはほとんどの食物が濾し取られ、老廃物だけを運び出していく。小さなカニは、触角の羽毛を投網《とあみ》のように拡げて食物をつかまえる。

潮とともに外敵も沖からやってくる。ワタリガニは、波の間から突然に現われ、触角を拡げて引いていく波の中で忙しく餌を集めている太ったスナホリガニに襲いかかる。小さな魚の群れは、潮とともに移動し、海岸の上部で小さな端脚類を探す。イカナゴのような魚は、浅い水の中をすばやく泳いで橈脚類や稚魚を探し、ときにはもっと大きな魚の影に追いたてられる。

潮が引くにつれ、この激しい活動は静まっていき、食べることも食べられることも減っていく。しかし、湿った砂の中では、まだいくらかの動物が潮が引いたあとまで餌をとりつづけている。タマシキゴカイは、砂をのみこみその中から食物のかけらを拾い上げ、ブンブクやタコノマクラは水を含んだ砂の中から、わずかの食物を選りわけている。しかし、ほとんどの砂の上の生物は満腹して静かになり、ふたたび潮が満ちてくるのを待っている。

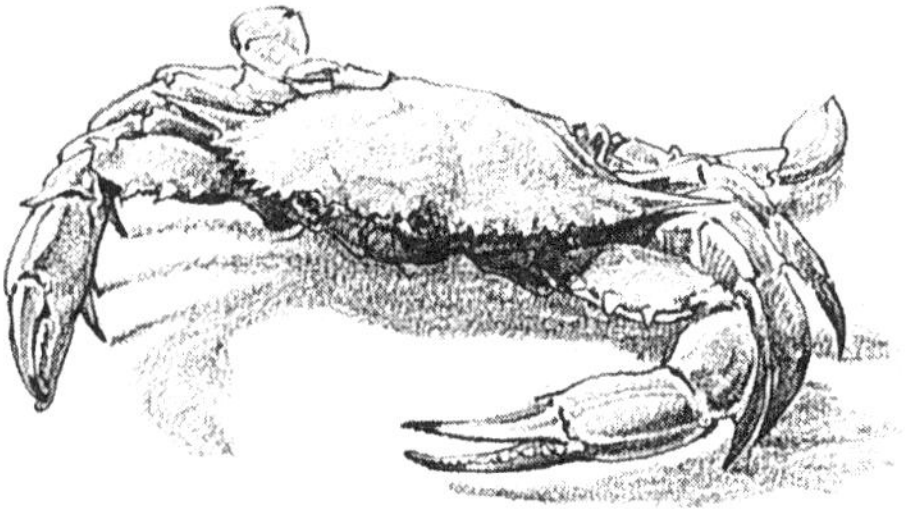

●ワタリガニの一種

波が静かで多くの生物が安全に暮らしている浜辺は、あちこちに見うけられるが、その中で私の脳裏に焼きついて離れないところがある。ジョージア州のある島に、アフリカまでまっすぐに続く大海原に面していながら穏やかな波しか寄せてこない広い砂浜があった。そこは、フィアー岬とカナベラル岬の間の砂浜で、長く弧を描いて内陸へ入りこんでいるために強い風も大きなうねりを起こさず、嵐も素通りしていく。泥や粘土が混ざっている砂はいつも固くしまっていて、なかなか崩れない穴を掘ることができるし、潮の流れは砂の上に、波の模型のような跡を残して引いていく。砂は波の運んでくる小さな食物をかかえこみ、動物たちに分け与える役割を果たしていた。砂浜は傾斜が非常になだらかで、潮が引くと四〇〇メートルもの幅に干潟が顔を出した。広い干潟はただ平らなだけではなく、曲がりくねった溝が運河のように走り、先刻の満潮の海水を貯えて、少しでも水から出ると生きられない生物に居場所を提供していた。

そして私は、この場所で波打ち際に「花壇」とも呼べるようなたくさんのウミシイタケ〔シー・パンジー（海のパンジー）〕を見つけた。その日は空が厚い雲に覆われ、砂浜には実際にこの生きものたちが姿を現わしていた。晴れた日には、生物は日光による乾燥から身を守るために砂にもぐってしまうので、こうした光景は決して目にすることはない。

しかしその日は、気づかずに通りすぎてしまうほど小さなピンクやラベンダー色の花が砂の上に開いていた。かれらを見つめていると、——その正体を知っていても——波打ち際に花そっくりのものが咲いている光景は、なんとなく場違いな感じだった。

短い花茎を砂の上にもたげ、平たいハート形の花を咲かせるウミシイタケは、植物ではなく動物であり、クラゲやイソギンチャク、サンゴなどといった動物と同じグループに分類される。

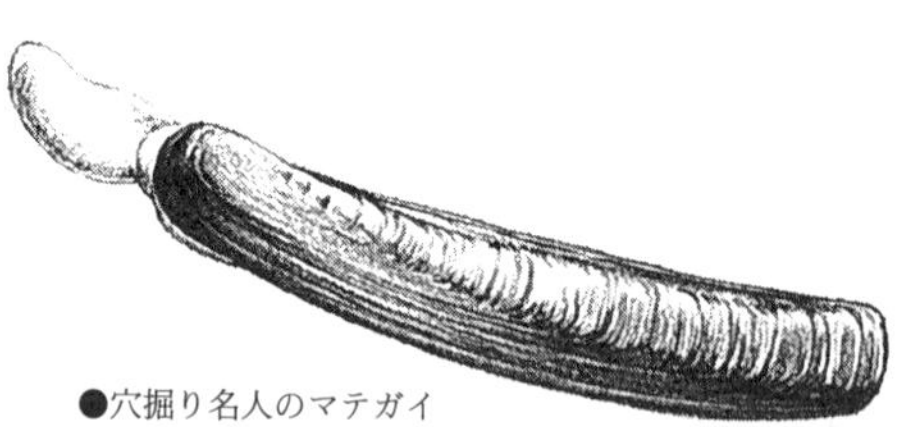
●穴掘り名人のマテガイ

最も近縁な動物は、はるか沖合の海底まで行ってやっと見つけることができる。それは、奇妙な動物たちがつくる森の中で軟らかい泥の中から茎を伸ばして生えている、シダのような形のウミエラである。

波打ち際に生きるウミシイタケは、一つ一つが波に運ばれてきた小さな幼生から成長したものである。小さな幼生は、その不思議な成長過程のある段階で単独で生きることをやめ、たくさんの個虫が集まって、花のような形をした群体をつくり上げる。いろいろな個虫、つまりポリプは、すべて小さな管の形をしていて、群体にはめこまれている。ある管は触手をもち、小さなイソギンチャクのような形をしており、群体に餌を供給し、季節がくると、生殖細胞をつくり出す。また触手をもたないものは、群体の機関士で、水を取りこんだりその調節を行なっている。この水圧を調節するしくみは、群体全体の動きをコントロールしていて、たとえば茎の部分が膨れ上がると茎は砂の中に入っていき、砂の表面には足のような本体の部分が残されるのである。

ウミシイタケの平たい体の上に潮が満ちてくると、すべての捕食ポリプは触手を伸ばし、水中を漂う塵のような生物をつかまえる。餌になる

●ウミシイタケ

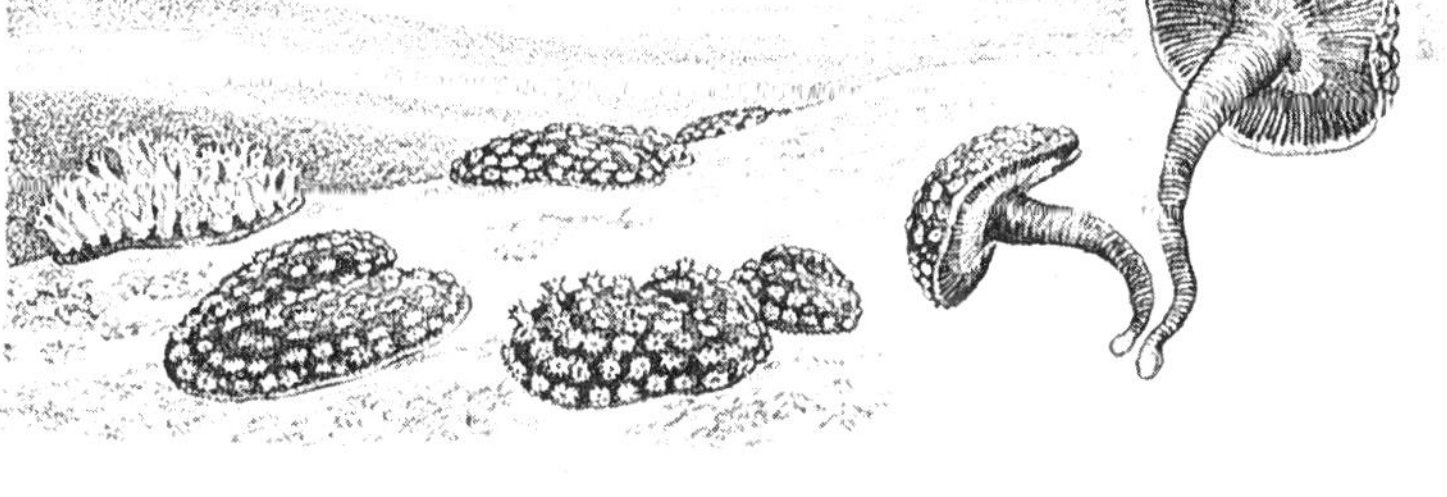

のは橈脚類やケイ藻、糸くずのように細く小さな稚魚などである。

夜、さざ波が静かに寄せる浅瀬では、ウミシイタケのいるあたりに、夜間飛行の空から見たハイウェイのような曲がりくねった光の列が現われる。ウミシイタケが、深海にいる親類と同じように美しい蛍光を放っているのである。

ある時期になると、たくさんの小さな洋梨形の幼生が、潮に運び去られ、どこかに新しいウミシイタケの群体がつくられていく。太古には、南北アメリカを分けていた海の流れに乗って幼生が運ばれて、北はメキシコから南はチリに至る太平洋岸に広く分布していた。しかしあるとき南北の大陸をつなぐ陸の橋ができ、海のハイウェイは閉ざされてしまった。今日、太平洋と大西洋の両方の海岸にウミシイタケが分布していることは、遠い地質時代、南北の大陸は離れていて、海の生物は自由に両大洋の間を往き来したことの生きた証拠となっている。

低潮線近くのさらさらした砂の中で、砂の下の住人たちがかくれた世界に出入りするたびに、小さな泡を吹き出すのを、私は何度も見たことがある。

そこにはウェハースのように薄いタコノマクラあるいはスカシカシパンが生活している。か

●カシパンの一種

れらは砂にもぐるとき、まず前のほうの縁を斜めに砂の中にすべりこませ、いとも簡単に太陽の光と水のある世界から、想像もつかない暗く湿った世界へと入っていく。その体の内側は、円盤の中心部を除く大部分が、上下二枚の殻を支える柱で占められている。穴を掘るときや波に洗われるときにも壊れることはない。表面はフェルトのように柔らかな繊毛で覆われ、もぐりやすいように砂を揺り動かす波のような繊毛の動きは、光の下で美しく輝いている。円盤の背面には、五弁の花のような模様がうっすらと刻まれている。さらにまた、棘皮動物のしるしである五という数を意味し象徴するように、平らな円盤に五つの穴があけられている。スカシカシパンが砂の表面近くを進むとき、砂粒はこの穴を通って体の下側から運び上げられ、砂のベールを拡げて体をかくしてしまう。

スカシカシパンとともに砂の下の暗い世界には、他の棘皮動物もすんでいる。湿った砂の下には、決して姿を現わすことのないブンブクというウニがいる。しかし、死んだあとにはブンブクの体の中にある薄い小さな箱は波に洗われ、風に運ばれ、ついには高潮線に集まる堆積物の中に姿を現わすのである。この奇妙な形をしたブンブクは、一五センチ以上の深さにもぐっていて、粘液で覆われた水管を開いて砂粒の間のケイ

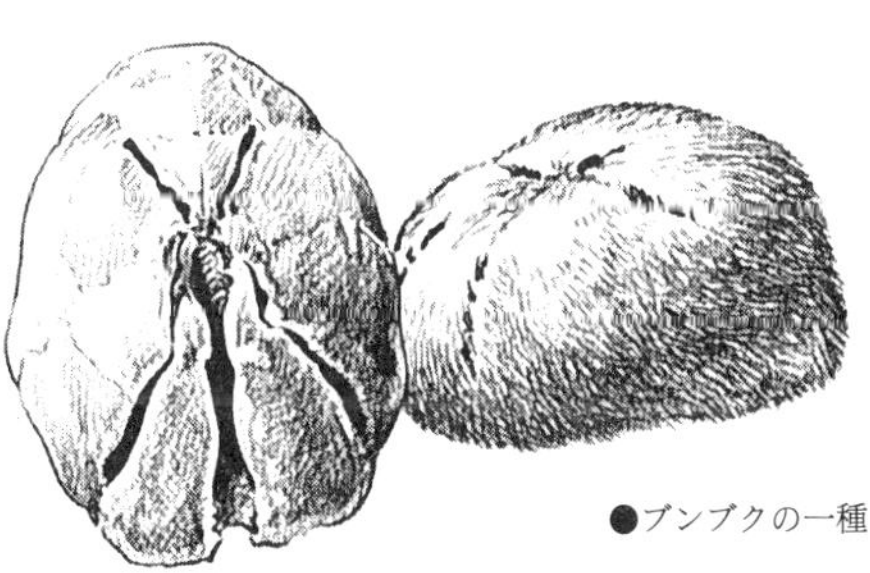

●ブンブクの一種

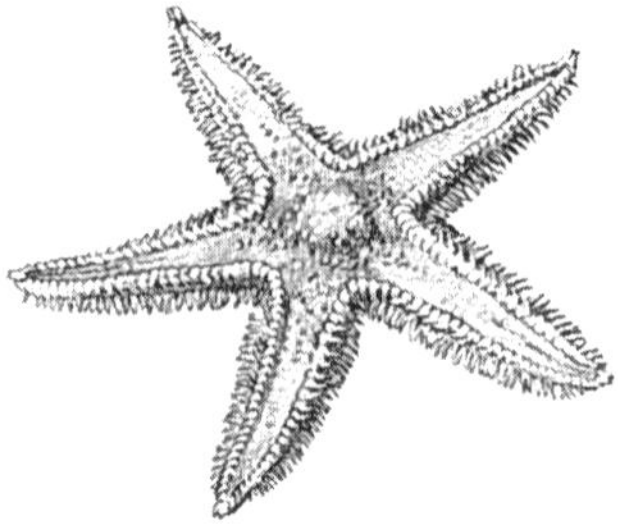

●砂を掘るヒトデ

藻やその他の食物となるかけらを取りこんでいる。

また、ときには、砂の天空に星がまたたいていることもある。星の形は、その下にいるヒトデが呼吸の際に海水を吸いこみ、体の表面の無数の穴から吐き出すときの水の流れでつくられた紋で、ヒトデの存在をはっきりと教えてくれる。砂が乱されると、ヒトデは管足を動かしてすばやく砂の中にすべりこんでいき、まるで星が霧にかくされるように砂の上の星の形は消えていく。

ジョージア州の海岸の干潟を歩いていると、私は地下の大都市を覆う薄い屋根の上を歩いているのだ、ということに気づかされる。街の住人はほとんど姿を見せることはないが、そこには地下の住居の煙突や換気口、また、暗闇の中へと続くさまざまな出入り口が開いている。地下の都市でも清掃局のようなしくみが働いているらしく、砂の上にはゴミのようなものの小さな山ができている。そして住人たちは、私たちにはうかがい知ることのできない暗い世界に身をかくし、ひっそりと暮らしている。

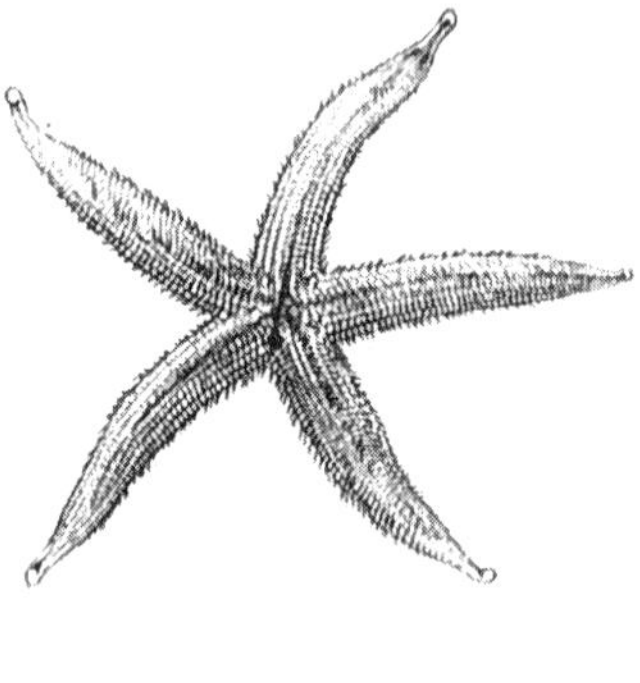

●南方の海岸にすむ皮のなめらかな灰色のスナヒトデの一種

●スナモグリの一種

この都市に最もたくさんすんでいるのはスナモグリである。かれらの穴は干潟のいたるところに見られ、鉛筆よりかなり細い排泄物のかたまりが、穴のまわりに小さく積み上げられている。スナモグリは、砂や泥などに混ざっている有機物を餌にしているので、消化できない大量の砂泥を食べなければならず、そのため、排泄物もどんどん蓄積されていく。目にする入り口の奥へと、穴は垂直に数メートルも延び、枝分かれし、あるものは地下都市の底にまで達し、また非常口のように表面につながっているものもある。

穴の住人は自分からすすんで出てはこないが、入り口から砂粒をいくつか落としてみると顔を出させることができる。スナモグリは奇妙な細長い格好をした生物である。決して穴の外を出歩くことはないので、体を保護する硬い殻は必要がなく、細いトンネルを掘ったり、中で向きを変えたりするのに都合がよいような軟らかい表皮に覆われている。体の下側には、何組かの平たい付属肢がついており、それを絶えず動かして、深い砂の中には不足しがちな酸素をたくさん含んだ水を穴の中に呼びこんでいる。潮が満ちてくると、スナモグリは穴の入り口まで出ていき、砂粒の中からバクテリアやケイ藻、あるいはもっと大きな有機物のかけらを選りわけて食べはじめる。食物は付属肢に生えている毛によって砂の中から掃き出され、口元へと運ばれるのである。

砂の下の街に生活している生物のうち、自分の力だけで生きている者はほとんどいない。大西洋岸では、スナモグリは、カキの中でしばしば見られるカニと近縁な小さく丸いカニにすみかを提供している。そのカニ、すなわちカクレガニの仲間にとってスナモグリの穴は、酸素がたっぷりと供給され、隠れ家と、食物の両方を与えてくれる格好の場所なのだ。カニは、小さな羽状の器官を突き出して網のように使い、水の流れの中から食物を掻き集める。カリフォルニア州の海岸では、スナモグリの穴は一〇種類にもわたる動物の隠れ家になっている。その一つは小さなハゼである。ハゼは、潮が引いた後の避難場所としてこの穴を使っており、スナモグリの通り道をうろつきまわり、必要とあればその家主を追い出してしまう。また、ハマグリは吸水管が短いために、水の中から食物をとるのには砂の表面近くにいなければならないのだが、スナモグリの穴に吸水管を出すことによって、もっと深く安全なところでも生活できるようになった。

ジョージア州の干潟の中でも、泥質が多いところにはゴカイの仲間がすんでおり、小さな円錐火山のような丸く黒い泥の山が、かれらの存在を教えてくれる。アメリカでもヨーロッパでも、ゴカイのすんでいる海岸では、かれらは驚くほどの量の有機物を分解して海岸をきれいに保ち、分解物の量のバランスを保っている。ゴカイの多いところでは、一エーカー〔約四〇〇〇平方メートル〕あたり、年に二〇〇〇トンにも及ぶ泥が処理されている。陸上のミミズと同じように、ゴカイは体内に大量の泥を吸いこみ、その中に含まれている餌となる有機物を消化管で吸収して、残りを排出する。砂粒は渦を巻いた形に押し出されるので、ゴカイの存在がわかってしまう。一つ一つの黒い円錐の山のそばには、小さなロート状の砂のくぼみを見つけることができる。ゴカイは砂の中で、山の下に尻尾を、ロートの下に頭を置いてU字型になってもぐっており、潮が満ちてくると頭を突き出して餌をとる。

真夏になると、ゴカイが生息しているまた別のしるしを見ることができる。それは、一方の端が砂の中に埋まっている大きく透明なピンク色の袋で、水の中で子供のもつ風船のように揺れている。そのゼリー状のものが詰まった袋が卵塊で、一つの袋から三〇万もの幼生が孵化する。

広い砂の平原は、絶えずこれらの多くの海のゴカイ類の働きによって手を加えられている。ウミイサゴムシにとって砂は、食物を供給してくれるとともに、穴を掘るときに自分の柔らかい体を保護するトウモロコシ形の棲管をつくる材料ともなる。ウミイサゴムシが棲管を砂の上にわずかに持ち上げ、動いているのを目にすることもあるが、砂浜の堆積物の中に空になった棲管を見つけることのほうが多い。棲管は壊れやすいように見えるが、細心の注意を払って硬

●ウミイサゴムシの一種と棲管

い砂粒をつなぎあわせ、砂の自然なモザイク模様でできた上がっているので、造り主が死んだあとも壊れずに長く残っている。

A・T・ワトソンというスコットランド人が、長い年月を費やしてゴカイの生態に関する研究を行なっている。棲管をつくる作業はふつう砂の下で行なわれるため、どのようにして砂粒をつなぎあわせていくのかを観察することは非常に難しい。しかし彼はある日、実験室でシャーレの底に砂を薄く敷き、小さな幼生を集めてその中に入れてみた。幼生は泳ぐのをやめて底に降りると、まもなく棲管をつくりはじめた。幼生は、まずはじめに分泌物で膜状の管をつくった。それは棲管の内張りになるもので、砂のモザイクの基礎となるものである。次に小さな幼生は、二本しかない触手で砂粒を掻き集めて口に運び、それをくるくるまわして検査し、適当な粒であれば管の端から選定した場所にくっつけていった。そして最後には、セメント腺から少量の液を分泌して表面にこすりつけ、なめらかに仕上げたのであった。

ワトソンは次のように書いている。「一つ一つの棲管はその持ち主のライフワークであり、砂粒でつくられた最も美しい建造物である。一つ一つの粒は、人間が技術の粋をつくして正確に組み立てたように配置されている。鋭敏な触覚の働きによって最も適した配置が決められていることは間違いない。あるとき私は、ゴカイが、もうすでに張りつけてある砂粒の位置を、固める前に少し置きかえているのさえ見たことがある」

ウミイサゴムシは、ゴカイと同じように浅い砂の中で餌をとっているので、生きているうちは棲管が家になっている。砂を掘る器官は管状で、一見壊れやすそうな外観をしている。それには細く尖った櫛状の剛毛が二組に分かれてついており、どう見ても非実用的に見える。まるで誰かが気まぐれにきらきらする金箔にはさみを入れ、クリスマスツリーの飾りのようにフリルをつけたかのようである。

私は、実験室につくった海と砂浜の箱庭の中に入れたウミイサゴムシを観察した。ガラスのボールの底の薄い砂の層の中で、櫛はまるでブルドーザーを思わせる力強さで働いた。かれは、棲管から少し顔を出して櫛を突き出し、砂をすくい上げて肩ごしに投げ上げた。それはいわば、管の縁ごしに投げ上げることで、シャベルの刃についた砂を払っているようだった。左右が交互に休みなく働く金箔のシャベルによってその作業は続けられ、砂がばらばらにほぐされて、餌を集める柔らかな触手が砂粒の間をまさぐって餌を探し、口に運ぶことができるようになった。

大陸と海の間に障壁のように横たわる島に打ち寄せた波は、島かげの湾や入り江にも回りこんでいく。島の大洋に面した海岸は、泥や砂の粒を何キロにもわたって運んでいく沿岸の潮流に洗われている。入り江を出入りする流れと潮流がぶつかるところでは、潮流はゆるやかになり、運んできた泥や砂を堆積させていく。こうして、多くの入り江の入り口のところには砂州がつくられる。ダイヤモンド砂州やフライパン砂州をはじめ、名もないものも含め、多くの場所に同様にしてつくられた砂州を見ることができる。しかし、すべての堆積物がそのようにしてつくられたわけではない。潮流によって入り江の中まで運ばれ、流れが静かになったところで堆積するものも多い。岬の内側や入り江ではこの方法で砂州がつくられていく。そして砂州のあるところでは、波の静かな浅い海でなければ生きていけない海の生物の幼生を見つけることができる。

ルックアウト岬の陰にある砂州は、干潮になると水上に顔を出し、日光と空気にさらされ、また海の中へ沈んでいく。そこに激しい波が寄せてくることは決してなく、潮の干満による流れが、ゆるやかに砂州の形を変えていく。ある日流れが砂やシルトを運び去っても、次の日には別のところからまた運んでくるので、全体としては安定しており、砂の中にすむ生きものに平和な世界を形づくっている。

　砂州の中には、シャーク、シープスヘッド、バードなど、そこを訪れる生物の名をもらっているものもある。バード砂州を訪れるには、ボーフォートのタウン湿原の曲がりくねった水路をボートで行かなければならない。そして水際に草が生えて深い根が砂をしっかり固めている浜につくと、そこがバード砂州の陸地側の端にあたる。湿原から続いている泥質地帯にはシオマネキが無数の穴をあけている。シオマネキは侵入者が近づくと干潟をあちこちに動きまわり、たくさんの小さなキチン質の脚がたてる音は、まるで紙が燃える音のようである。砂山の尾根を越えると、砂州を見渡すことができる。潮が引く一、二時間前までは、そこには太陽にきらきら光る水面が見えているだけだったのである。

　潮が引くにつれ、濡れた砂浜が海へ向かって延びていく。絹のように輝く沖の海面に黒っぽいビロードの斑紋が浮かび上がり、長く続く砂州が現われてくるようすは、まるで海の中から巨大な魚がゆっくりと背を現わしてきたように見える。

　大潮の日には、このさまよう砂州は水の上に大きくせり出し長く延びるが、小潮のときには干満の差が小さく水の動きがゆるやかなため、干潮になっても浅く水をかぶっている。しかしどんな潮の日でも、波が穏やかであれば、干潮時には砂丘の端から広大な砂州まで歩いて渡ることができる。水は浅く澄んでいて、足もとに広

●タマシキゴカイの一種

がる砂州はその細部まではっきりと見ることができる。

ちょうど中潮ぐらいの時期に、私は乾いた砂州の端がはるかに遠く見えるところまで歩いていったことがあった。そこでは、砂州の外端を横切るようにして深い水路が始まっていた。近づくと、水晶のように青く透明な浅瀬から暗く見通すことのできない緑色の水路の底へと傾斜が続いているのを見ることができた。浅瀬から暗い深みへと消えていった小魚の群れが残した銀色の輝きが、水路の壁にアクセントをつけていた。大きな魚も、大洋から砂州の間のその狭い水路へ入ってきて通っていった。深い水路の底には二枚貝がひそんでいて、その上をバイガイが餌を求めて動きまわっているにちがいない。カニたちは、泳いでいるかあるいは砂にもぐって目だけを出している。そしてもぐっているカニの後ろには、呼吸に合わせて鰓から吐き出される水によって、小さな二つの渦巻きができていることだろう。

どんなに浅くても水をかぶってさえいれば、生物は砂州の隠れ家から顔を出す。小さなカブトガニは急いで深みへと向かっていき、フグはアマモの茂みに群れてかくれ、いままで訪れる

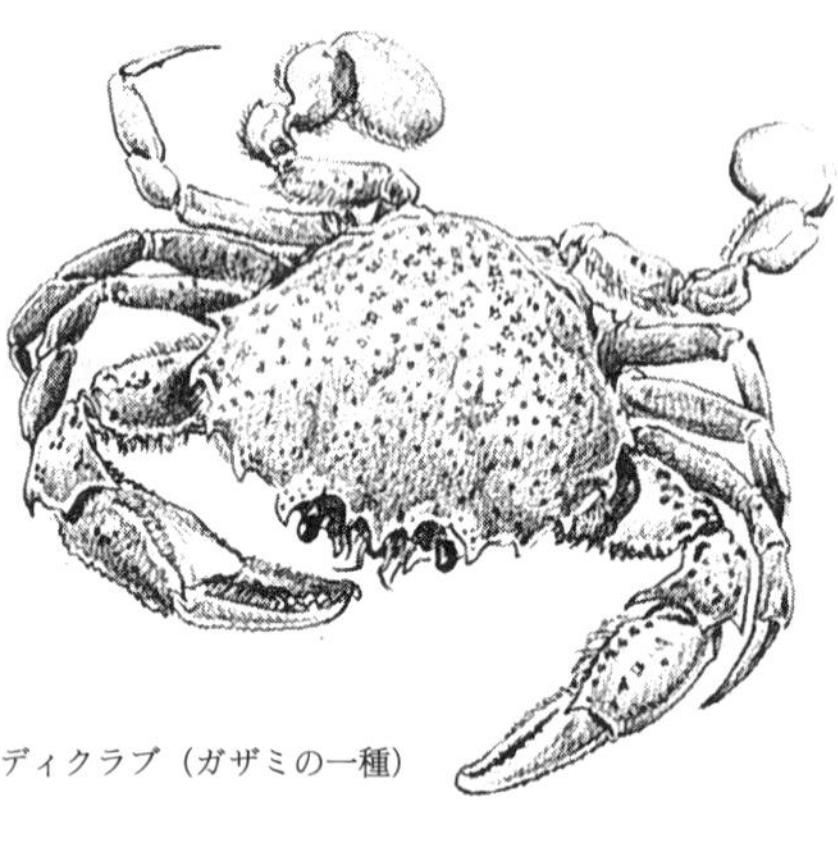
●レディクラブ（ガザミの一種）

人間とてなかった自分たちの世界へやってきた風来坊の足もとで、耳に届くほどの抗議の声をあげていた。その黒い足と黒い水管によく似合う、すっきりした黒い螺旋模様の巻貝クロスジチューリップボラは、はっきりと跡を描きながら、大急ぎで砂の上を這っていった。

あちこちに生えている海草は、塩水の中へ進出していった顕花植物の開拓者たちで、平たい葉を砂の中から突き出し、からみあった根でしっかりと地面に固着している。そのようなところで、私は砂地にすむ奇妙なイソギンチャクの仲間の集団を見つけたことがあった。イソギンチャクは、餌をとりに体を水中へ伸ばしていくために、しっかりした足場を必要とする体の構造と生活方法をもっている。どこに行っても硬い岩場が現われている北部の海岸では、イソギンチャクは岩についている。しかしここでは、かれらは砂の中へ体を伸ばし、先端の触手だけを砂の上に出していた。イソギンチャクは、尖った体の端を砂の中に入れて、収縮・伸張させる。ふくらみはゆっくりと下から上へと伝わり、体は砂の中へもぐっていく。いつも岩場で見慣れているイソギンチャクが、砂地の真ん中に触手の花を開いているところは、とても不思議な光景であった。かれらは砂の中に深く体を入れているので、メイン州の潮溜りで岩に花を咲かせているヒダベリイソギンチャク科の

●黒いふちどりと赤い斑点のある明色のヒラアシオウギガニの一種

ものに負けないくらい、安全にしっかりと海底に固定されているにちがいない。

砂州の海草の生えている場所には、ツバサゴカイの一対の煙突がわずかに砂の上に突き出ている。ツバサゴカイはいつも砂の下にもぐっており、U字型の管の細い先端でかろうじて海水とのつながりを保っている。U字型の管の中で、ツバサゴカイは扇形の体の突起（翼状背足枝）を動かし、管の中に水の流れを起こして食物となる植物のかけらを吸いこみ排泄物を運び出している。そしてある時期がくると新しい世代を海へと送り出す。

海中での短い幼生期を除き、かれらは一生をずっとそのようにして過ごしていく。海中に出た幼生は、まもなく泳ぐことをやめ、動きが鈍くなり海底に落ち着く。そして、粘液の這い跡を残しながら海底を這いまわり、砂の中のケイ藻を漁りはじめる。そしておそらく数カ月後には、ケイ藻を含んだ砂の中へ粘液に覆われた短い管をつくり出す。管が体の数倍の長さに達すると、ツバサゴカイは砂の表面へ向かって管を伸ばしていき、U字型を完成する。それから何

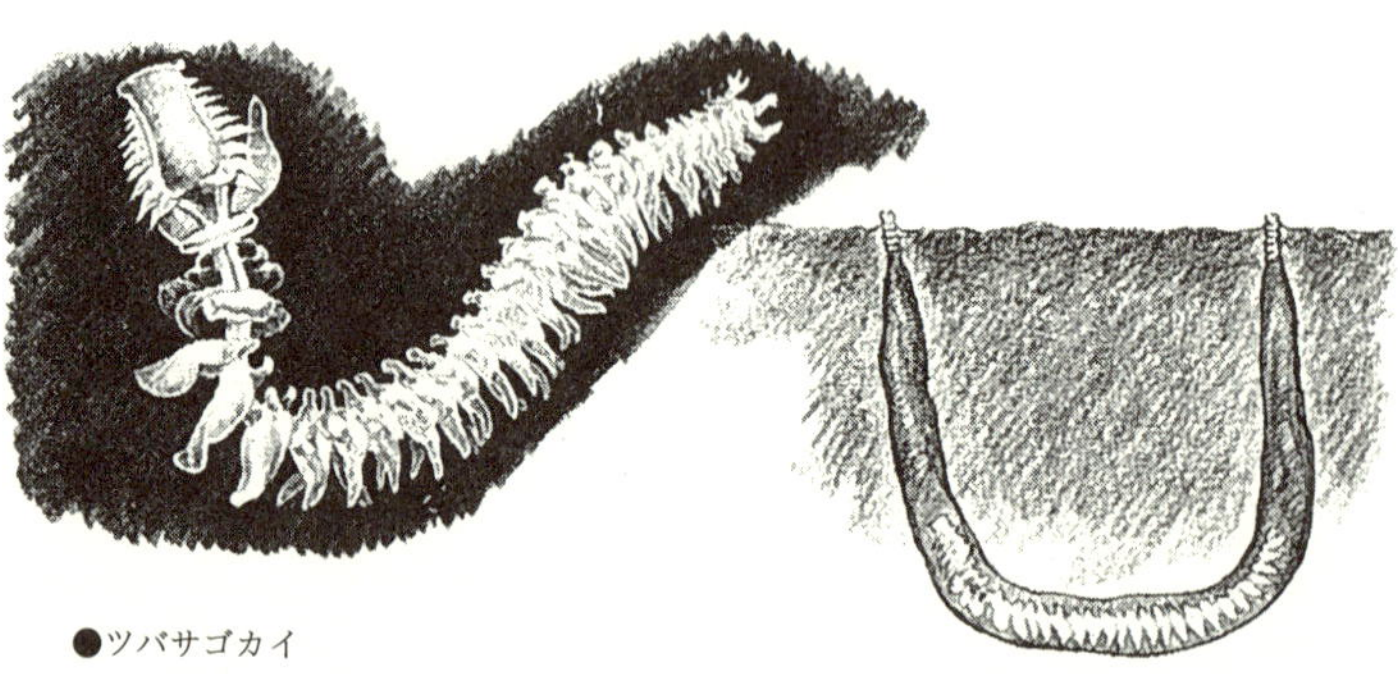

●ツバサゴカイ

回も増改築を行ない、管は最後には成長した体が十分入る大きさになる。やがてツバサゴカイが死んでしまうと、砂の中から洗い出された柔らかな空っぽの管は、海岸の堆積物の中に見つけられるようになるのである。

管をつくってしばらく経つと、ほとんどのツバサゴカイは小さなカニと同居するようになる。そのカニは、スナモグリの穴に同居していた種類のカニと近縁なカクレガニである。そしてカニとツバサゴカイは、一生涯同居を続ける場合も多い。食物を含んだ水が絶えず出入りする穴に誘われて、カクレガニはまだ小さいうちに入りこむが、まもなく穴の中で狭い出口を通れないほど大きく育ってしまう。ツバサゴカイ自身も穴から出ることはできないのだが、ときどき尾や頭が再生した跡のある個体を見ることがある。それは、通りかかった魚やカニの食指を誘ったことを示す証拠である。そのような攻撃に対してかれらはほとんど防御手段をもたず、ただ危害が加えられそうなときに体全体から発する気味の悪い青白い蛍光が敵を驚かすだけである。

●カクレガニ

スゴカイイソメまたはカンザシゴカイとも呼ばれるスゴカイの一種も、砂の上に小さな煙突を出している。かれらの管は、一対ではなく一本ずつ出ていて、貝殻や海藻で奇妙な飾りつけがされており人間の目をごまかしている。管の端は、ときには一メートル近くも砂の中へ伸びていることがある。かれらが、管の外に数センチも体をさらす危険を冒してまで、むき出しの管につける装飾品を集めるからには、このカモフラージュは自然界の敵に対しても効果があるにちがいない。ツバサゴカイと同様に、かれらも腹をすかせた魚に対する対抗手段として、食いちぎられた組織を再生することができる。

潮が引くと砂の上のあちこちに、大きなバイガイが餌を探してすべっていく姿が見られる。かれの獲物は、砂にもぐり海水を体内に循環させてその中の植物プランクトンを食べている二枚貝である。バイガイは行きあたりばったりに獲物を探しているわけではなく、かれの鋭敏な味覚は二枚貝の出水管から吐き出された目に見えない水の流れを感じとる。そうして味覚に頼って獲物を探していくと、殻に入りきれないほど大きくなったマテガイに行きつくこともあれば、厚い殻を固く閉ざした二枚貝を見つけることもある。そしてバイガイは、そんな殻の厚い二枚貝も、大きな足でつかみ、筋肉を収縮させて自分の硬い殻をハンマーのように打ちつけて口を開いてしまう。

多くの種類の生物が複雑に依存しあっている生命のサイクルは、ここで終わってしまうわけ

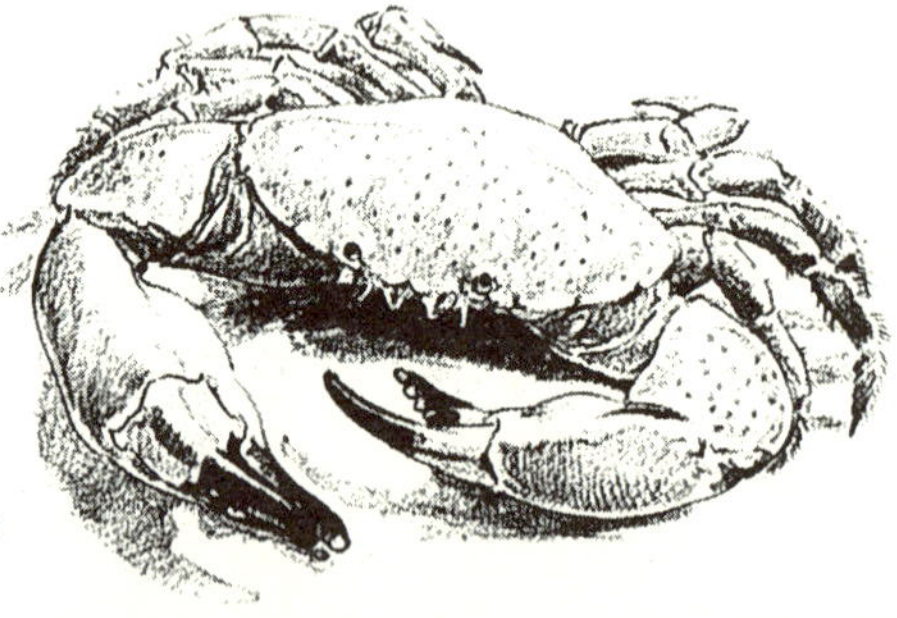

●イソオウギガニの一種

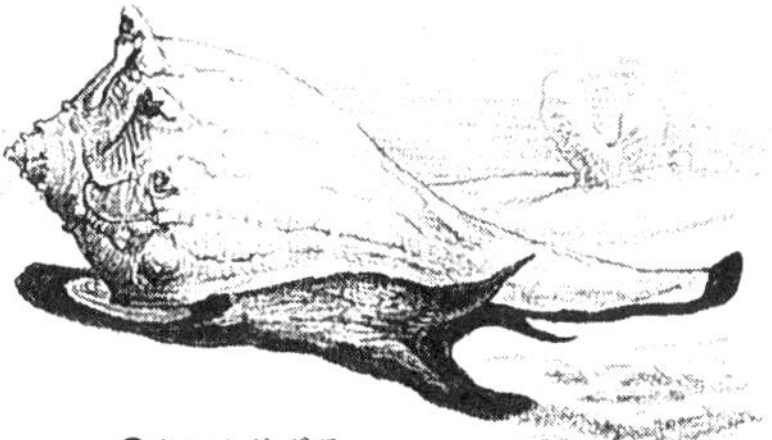

●カンムリボラ

ではない。海底の暗い小さな穴の中には、バイガイの天敵であるイソオウギガニがすんでいる。イソオウギガニは頑丈な紫色がかった体をしていて、大きなあざやかな色をしたハサミはどんなバイガイの殻でも壊してしまう。このカニは、防波堤の岩の間や穴、また古タイヤなどの人工物を隠れ家としてひそんでおり、巣のまわりには伝説上の巨人の住み家のように、餌食となったものたちの残骸が散らばっている。

バイガイはこの敵から逃れたとしても、また別の敵が今度は空からやってくる。カモメたちが群れをなして砂州に飛んでくるのだ。カモメには、いけにえの硬い殻を割るハサミはないが、代々受けついできた知恵が別の方法を教えてくれる。カモメはバイガイを見つけると、くわえて空高く飛び上がり舗装道路や防波堤あるいは海岸の上に落とし、大急ぎで地上に舞い降りて、砕け散った殻の中から宝物を拾い上げるのである。

また、外海に面した砂州の上で、私は蒼い海中の谷間の縁から砂の上に螺旋状のものがとび出してい

●スゴカイイソメ

るのを見つけた。それは、羊皮紙のような丈夫な糸で数珠つなぎになっている小さな財布の形をしたたくさんのカプセルで、輪になったりねじれたりしている紐のようだ。六月のその時期はちょうどバイガイの産卵期にあたっており、奇妙なものは雌のバイガイが産んだ卵であった。一つ一つのカプセルの中では創造主の不思議な力によって、何千ものバイガイの赤ん坊がつくられつつあった。おそらく、そのうちの何百かが生き残り、親とそっくりの小さな殻をつけた小さな貝がカプセルの薄い膜を破って外に出てくることだろう。

波の力を弱めてくれる島も岬もなく、大西洋の荒波がまともに寄せてくる海岸では、潮間帯は生物がすみつくには難しい環境である。そこは波の強い力によって絶えず動き、変化し、砂でさえも水のように流れ動く。そこにすんでいる生物は少なく、わずかに特殊化したものだけが強い波が打ち寄せる砂地の真っ只中に生活している。

大洋に開けた砂浜の動物は、典型的に小さく動きがすばやく、一風変わった生活方法をとっている。海岸に砕ける波はかれらにとって食

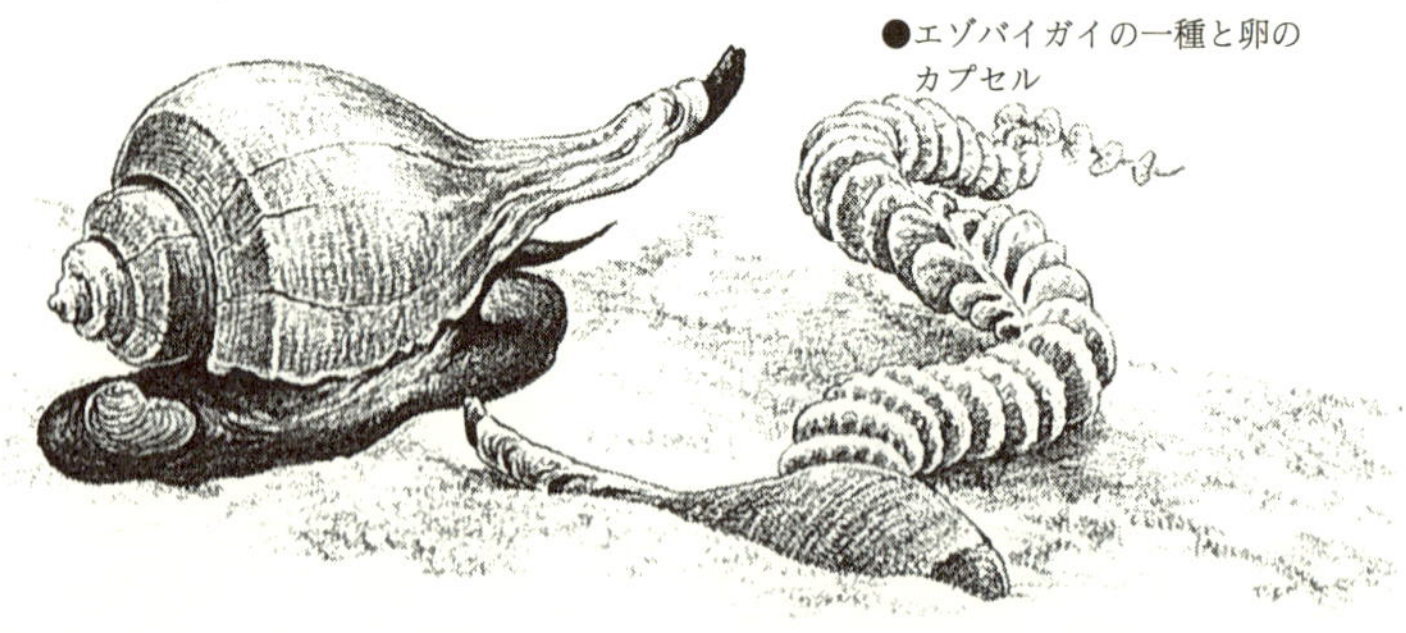

●エゾバイガイの一種と卵のカプセル

物を運んできてくれる味方であると同時に、巻きこんで海の中へ引きずりこもうとする敵でもある。驚くほどのすばやさを身につけ、絶えず穴を掘って砂にもぐることのできるものだけが、荒い波と流れ動く砂の中で波の運んでくる十分な食糧を得ることができる。

そのような条件を備えた生物の一つがスナホリガニである。かれらは網を使って水中の微生物をつかまえる波間の漁師である。スナホリガニはちょうど波が砕ける位置に生活しており、潮の干満に合わせて満潮のときは浜のほうへ、干潮には海のほうへと砂浜を移動する。潮が満ちてくるときには、かれらは餌をとるのに最も適した位置へと場所を求めて浜の上のほうへいっせいに移動するが、その光景はとても壮観である。もぐっている砂の上に波がくると、かれらはまるで鳥や魚の群れのように統制のとれた動きで、砂が沸き立つように中から姿を現わす。打ち寄せた荒波に乗ってかれらは浜の上部へ移動し、波が返すときには尾部の付属肢を回して手品のように簡単に砂の中へもぐってしまう。干潮とともに、かれらはやはり何回かに分けて動き、干潮線まで下っていく。ぐずぐずしていて引き潮にとり残されてしまっても、スナホリガニは数センチの深さの穴を掘って、また潮が満ちてくるまで湿った砂の中でじっと待っている。

この小さな甲殻類は、その名の通りどこかモグラ〔英名は mole crab で、mole はモグラ〕に似ており、モグラの前脚のような平たい脚をつけている。目は小さくてほとんど役に立たないが、他の多くの砂浜の生物と同じように、スナホリガニも視覚よりも触覚に頼っていて、素晴らしく鋭敏な感覚毛をたくさん備えている。しかし、小さな細菌さえ捕らえることのできる長く曲がった羽毛のような触角がなければ、かれらは波間で漁をして生きていくことはできない。餌をとるときには、かれらは触角だけを残して砂の中にもぐってしまう。

スナホリガニは海のほうを向いているにもかかわらず、寄せてくる波からは餌をとろうとしない。むしろ力を弱めた波が引いていくまで待っていて、数センチの深さで水が引いていくときにその流れの中に触角を伸ばす。そうやってしばらく網をしかけた後、触角を口の近くへもっていき、脚で捕らえた餌をつまみ上げる。何度もくり返されるこの餌とりの動作は、一匹が触角を突き出すと群れのほかのものもいっせいにそれにならい、群れ全体の不思議な動きとなる。

●スナホリガニ

カニが大群をつくっている砂浜に偶然に足を踏み入れても、砂浜にかれらがいるところを見ることは難しい。そこは一見、何もいないように見えるからだ。しかし、寄せてきた波が薄いガラスの膜のようになって海へ返っていくその瞬間に、砂の中から何百という大地の精（ノーム）のような顔が現われてくる。その顔は、輝く小さな目と長いひげがついていて、見分けがつかないほど砂地によく似た色をしているが、一瞬にしてまた姿を消してしまう。不思議な砂の中の妖精のように、かれらはかくれた世界のカーテンのすき間からほんの一瞬、顔をのぞかせたかと思うとかき消えて、目には何も映らないのだ。あたかも砂と、泡立つ波の魔法によってつくられた幻影であったかのように。

スナホリガニは、波の砕けるところで餌をとらなければならないために、濡れた砂の上で餌をとる鳥や、潮に乗ってやってくる魚、波の間からねらってくるワタリガニなど、海と陸の両方からやってくる危険にさらされる。したがってスナホリガニは海岸の生態系の中では、水中の微生物と、大きな肉食の動物との間を取り次ぐ重要な位置を占めているといえる。

波打ち際のハンターたちから逃げのびてもスナホリガニの一生は短く、夏から冬を経て次の夏には終わりになる。母親の体の下に塊になってくっつき何カ月かを過ごしたオレンジ色の卵から幼生が孵化し、ここからスナホリガニの一生が始まる。雌は孵化の時期が近づくと、子供たちが打ち上げられてしまう危険を避けるために、仲間とともに餌を求めて浜を上下することをやめ、干潮線の近くに落ち着く。

孵化したばかりの幼生は、透きとおっていて頭と目が大きく、他の甲殻類の幼生と同様に奇妙な刺の飾りをつけている。かれらはまだプランクトンの段階で、砂の中の生活については何も知らないが、成長するにつれて脱皮をくり返し、幼生期の生活も脱ぎ捨てていく。そしてある段階に達すると、まだ幼生と同じように毛の生えた脚を動かして泳いではいても、波が砂を巻き上げる波打ち際を探しはじめる。夏の終わりには、もう一度脱皮をし、今度は大人に変態をとげて親と同じように餌をとりはじめる。

スナホリガニの子供たちは、幼生の期間に潮流に乗って長い旅をする。生きのびた者は、生まれた砂浜からはるかに離れた海岸へたどりつく。マーチン・ジェイソンは、太平洋岸の強い表面の水流が大洋の真ん中へ向かって流れている場所で、たくさんの幼生を観察している。かれらは深い大洋に運ばれ、偶然に元に戻してくれる海流に出合わないかぎり、生きのびられない運命にあるのだ。幼生の期間が長いために、ある者は三〇〇キロ以上も沖まで運ばれる。おそらく強い沿岸流の流れる大西洋岸でも、幼生はそのぐらい遠くまで旅をするにちがいない。

スナホリガニは冬が来ても活動を続けている。かれらの生息地の最も北の地域では、海岸には氷が張り、霜は砂の中深くくいこんでいる。そこではかれらは干潮帯より下の、水が冷たい冬の大気から守ってくれるところまで行き、寒い期間を過ごす。春は繁殖期で、七月までには前年の夏に孵化した雄はほとんどが、いやすべてが死んでいく。雌は幼生が孵化するまでの数カ月間、卵を抱いて生きのびるが、冬になる前にはすべて死に絶え、海岸にはその年に孵化したものだけが残される。

波が洗う大西洋岸の海岸の潮間帯を棲み家としているもう一種の生物は、小さなコチョウナミノコガイである。ナミノコガイの生活は非常に変わっていて、ほとんど活動をやめることがない。波に洗い出されると丈夫な足を鋤のように砂に差しこみ、なめらかな殻を砂の中に引きこんでもぐってしまう。いったんしっかりともぐりこんでから、ナミノコガイは水管を突き出す。水管は殻と同じぐらいの長さがあり、口のところが広くロート状に開いていて、波に運ばれてきたケイ藻などを吸いこんで餌にする。

スナホリガニと同じように、ナミノコガイも最も適した水の深さに合わせて、何百という群れで砂浜を上下する。かれらが穴から現われて波に運ばれるときには、砂は貝殻の色で明るく輝いて見える。波の間でナミノコガイと行動をともにする他の貝を見かけることもある。それはナミノコガイを餌にしている肉食の小さな巻貝、タケノコガイである。また海鳥もナミノコガイを食べにくる。クロワカモメは浅い水の中を丹念に歩きまわって貝を探していく。

どこの海岸でも、ナミノコガイがすみつくことはない。かれらは食物がある間だけその場所にとどまり、また移動していく。蝶のような形をして光る帯をつけた、美しい色とりどりの貝殻が何千となく散らばる海岸は、ずっと以前にそこにナミノコガイが群れていたことを教えてくれる。

●コチョウナミノコガイ

高潮線の付近は、潮が最も満ちたときのわずかな時間だけ海の領域になる。どこの海岸でも高潮線の近くは海よりも陸に近い生物の世界である。そのあたりの海と陸の中間的な性質は、物理的な環境だけでなく、生物の中にも現われている。潮の満ち干は、潮間帯にすむ何種類かの生物を、少しずつ水から出た生活に慣らしていったにちがいない。おそらくそうした理由から、長い時の流れの中の現時点においてもこの場所に、海にも陸にも完全には属していない生物がすんでいるのを見ることができるのである。

スナガニは、かれらが生活している浜の乾いた砂と同じような淡い色をしていて、ほとんど陸上の生物のように見える。このカニはしばしば、岸から少し離れた盛り上がった砂丘が始まるあたりにも深い穴を掘っている。しかし、カニは空気呼吸ができず、鰓《えら》の中に海水を貯え、いわば小さな海を持ち歩いて生活しているので、ときどきは海を訪ねて海水を補充しなければならない。さらに、このほかにもかれらが海の生物であったことの象徴的な海への回帰がある。スナガニはその一生を小さなプランクトンの形で始め、成長して繁殖期を迎えると、雌はふたたび海に戻り、子供たちを海に放つのである。

もし、こうした海に帰る必要がなければ、カニの生活は陸上動物とほとんど変わらない。しかしかれらは、一日に何回か鰓を湿らすために水際に行き、ほんのわずか海と接触してその目的を果たしてくる。かれらはすぐ海に入っていこうとはせず、ほとんど波が届かない場所にとどまり、海に対して横向きになり陸地側の足をしっかりと砂に食いこませる。海水浴に行った人なら誰でも知っているように、ときどきやってくる大きな波は、ほかの波よりも高く遠いところまで届くものである。カニもまたそのことを知っているかのように待っており、大きな波がきて体を洗われると浜の上のほうへと帰っていく。

　しかしかれらは、いつもそうして用心深く海に触れているわけではない。私はヴァージニア州の海岸で、時化《しけ》模様の一〇月のある日の光景を思い出す。スナガニがコウボウムギの茎にまたがって、忙しく茎をちぎって口に運んでいた。かれは夢中になってそのすばらしい拾い物を食べており、背後で荒れ狂う海のことはまったく意に介していないようであった。しかし、突然やってきた大きな泡立つ波は、カニを茎から叩き落とし、茎もろとも濡れた砂の上をずるずると引きずっていった。ほとんどのスナガニは、つかまえようとすると、より危険の少ないほうを選ぶかのように波の中へと逃げこんでしまう。そんなと

●スナガニ

きかれらは、危険が去ってしまうまで泳がずに海の底を歩いている。

スナガニは本来夜行性だが、曇った日や、ときにはかんかん照りの日にも、何匹かが出てくることがある。太陽の下では暗闇に勇気づけられることもできないのだが、かれらは勇敢に這い出してくる。そして、一時的な小さな穴を波打ち際の近くにつくり、その中で海が運んでくる餌を見張っている。

スナガニの短い一生は、生物が海から陸へと上がっていった進化のドラマの縮図である。スナホリガニの場合と同様に、スナガニの幼生も、母親に抱かれて酸素を送られていた卵から孵ると、プランクトンになって海の生活を始める。幼生は海の中を漂う間に数回の脱皮を行なって大きくなり、そのたびに形を少しずつ変えていく。そして、メガローパと呼ばれる幼生の最終段階に達する。海の中で孤独に生きてきたこの小さなメガローパの中に、やがて迎える運命を読みとることができる。つまり、幼生は本能に導かれて海岸へ向かい、上陸を果たさなければならない。かれらはそういう運命にうまく対処する方法を、長い進化の過程で身につけている。このカニのメガローパは、近縁な他の種類と比べて構造にかなり違っているところがある。多くの種類のスナガニを研究しているジョスリン・クレインは、どれも外皮が堅牢で体は丸く、脚はきちんと並んでたたまれて体にぴったりはまりこむようになっていることに気がついた。海岸にたどりつくという危険な場面でも、幼生の体はこの構造によって、波にもまれ砂にこす

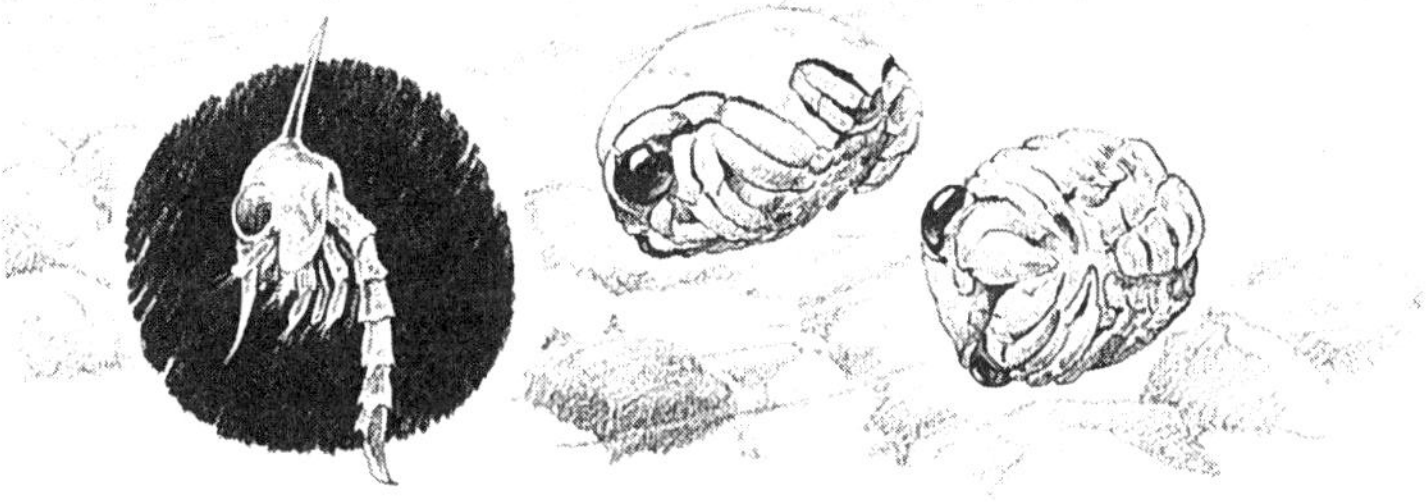

●スナガニの幼生。初期のもの（左）とメガローパ（右）

られても保護されるのである。

幼生は砂浜につくと、小さな穴を掘る。おそらくこの隠れ家で波を避け、脱皮して大人の形に変態するのだろう。そしてこのときから子ガニの生活圏はしだいに浜の上部へと移動していく。はじめは、満ち潮になると水没する湿った砂地に小さな穴を掘っているが、少し成長すると高潮線の付近へ移動し、完全な成体になると砂浜の上のほうからさらに砂丘へと進出していき、生涯で最も海から離れた場所へたどりつく。

スナガニの生息する砂浜の穴は、住人の習性や、一日のあるいは季節のリズムに従って現われたり消えたりする。夜の間、カニは餌をとりに出ているために、穴の入り口は開いている。明け方近くになるとカニは帰ってくる。カニが元の穴に戻るのか、どこか適当に居心地のいい穴に入ってしまうのかは定かではない。しかし、カニの年齢などの変化に伴って穴を替えることはあるにちがいない。

ほとんどの穴は約四五度の角度で砂の中へまっすぐ延びており、底は少し拡がった部屋になっている。その小部屋から地表まで別の穴が通じていることもあり、それはおそらく、別の大きなカニなどの外敵が入り口から襲ってきたときの避難口になるのだろう。この二本目の穴は、たいてい地面へほとんど垂直に掘られていて、はじめの穴よりも水から離れた側にあり、砂地の表面に口をあけていないこともある。

一日のうち朝の早い時間は、巣を修繕したり拡げたりする仕事に費やされる。カニは横向きに穴を這い上がり、体の下方についている脚で砂の塊を運び出す。運んできた砂を、入り口についたとたんに乱暴に放り出しすぐにまたもぐってしまうこともあれば、遠くまで運んでから捨てる場合もある。穴の中にはたいてい食物が貯えられていて、ほとんどのカニは、日中は入り口をふさいで中にひそんでいる。

夏の間は海岸でこうした日周活動がずっとくり返されているが、秋がくるとほとんどのカニは海から離れた砂の乾いた場所まで行き、一〇月の寒気に追われるように深い穴を掘る。そして砂の扉をしっかりと閉じ、春までそれが開かれることはない。だから冬の海岸ではスナガニやその穴を目にすることはできないのである。一〇セント硬貨（ダイム）ぐらいの大きさの小ガニから成熟した大きなカニまで、すべてのカニは姿を消して長い冬眠に入る。しかし、四月の晴れた日に砂浜を歩けば、あちこちに穴があいているのを見られるだろう。そしてしばらく見ていると、つやのある春の装いをまとったスナガニが入り口に現われ、ためらいがちに春の日射しの中に腕をかざす。もしまだ寒気が残っていれば、かれらはすぐにまた入り口をふさいでしまうが、季節が進むにつれ、浜ではいたるところの砂の下でカニたちが眠りから覚めはじめるのである。

スナガニと同じように、ハマトビムシという小さな節足動物も、古い生活方法を捨て、新しい生活へとドラマチックに変化していく進化の一面を見せてくれる。かれらの祖先は完全な海洋生物であり、未来を見ることができれば、遠い子孫はきっと陸生動物になっていることだろう。いま、ハマトビムシは、海から陸へ移る中間点に立っている。

●ハマトビムシ

そのような位置にいるために、皮肉なことにハマトビムシの生活には奇妙な小さい矛盾が生じている。かれらは砂浜の上のほうにまで進出しているが、依然として生命の源を海に握られており、決して海から逃れることはできない。かれらは明らかに水に入ることを好まず、泳ぎも下手で、長い間水につかっていれば溺れてしまうだろう。しかし湿気と砂に含まれる塩分なしでは生きられず、水の世界とつながっていなければならない。

ハマトビムシの行動は、潮の干満と昼夜のリズムに従って変化する。夜の間に干潮が訪れたときには、かれらは餌を求めて潮間帯まで出かけていき、アオサやアマモやケルプを小さな体を揺らしながらかじっていく。波打ち際のゴミの中では、死んだ魚のかけらや肉片の残ったカニの甲羅などにありつける。こうして海岸の清掃が行なわれて、リンや窒素または他の元素が、死骸の中からふたたび生物の役に立つ形に変えられていく。

夜半すぎに潮が引きはじめたときなどは、かれらは夜が明ける直前まで餌を探しつづけるが、空が白んでくる前には高潮線のあたりまで移動して穴を掘り、日光と満ち潮から身をかくしてしまう。穴を掘るときには、脚を一対ずつ使って砂を後ろへ送り、三対目の胸部の脚で積み上げるという作業をすばやく行なう。ときどきこの小さな穴掘り人は、パチンという音をたてて体をまっすぐに伸ばし、穴の中にたまった砂を放り出す。穴の一方の壁を掘ると四対目、五対目の脚を支えにして向きを変え、反対側の壁にとりかかる。こうしてハマトビムシは、弱々しく見えるその小さな脚で、穴の終点に小部屋のついたまっすぐな穴を一〇分ぐらいでつくり上げてしまう。その作業を人間に置きかえてみると、素手で二〇メートルもの穴を掘ったことになるのである。

ハマトビムシは穴を掘り終えると入り口まで戻り、深いところか

●バイガイの卵の紐，カツオノエボシの一種，
タマツメタガイ

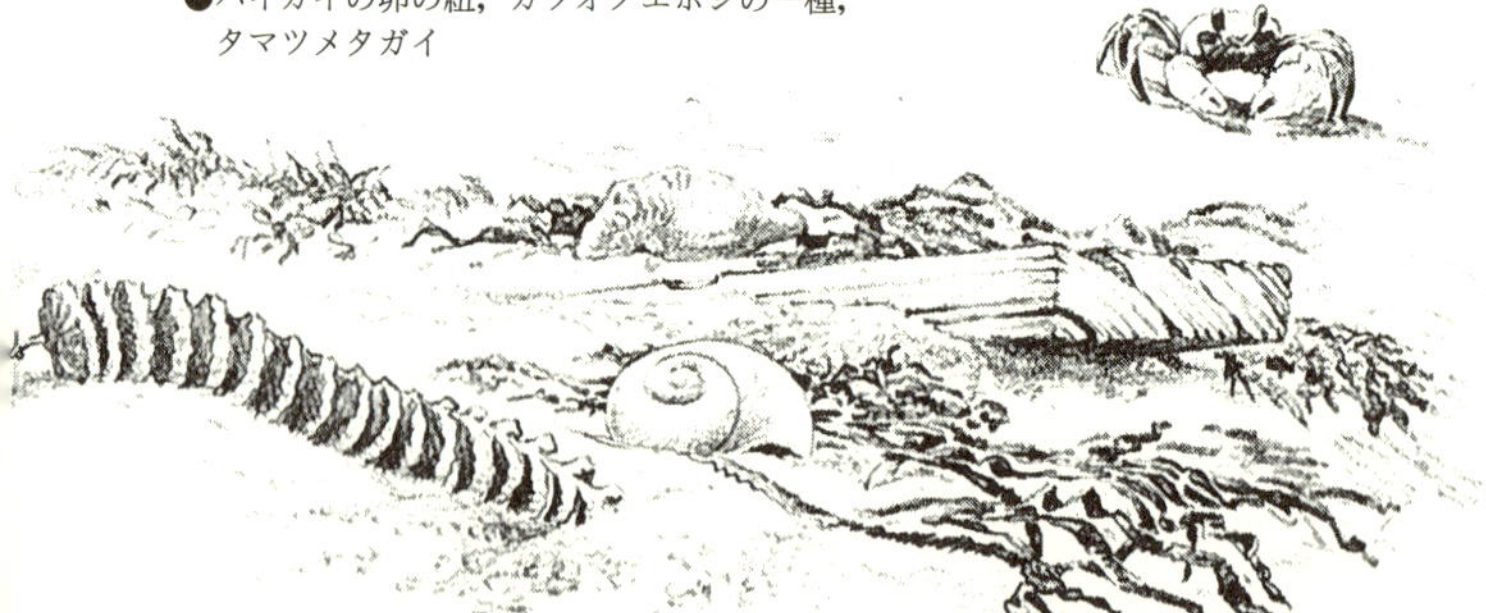

ら運び出した砂を積み上げてつくった、玄関のドアの安全性を確かめる。そして、入り口から長い触角を外に伸ばして砂に触れ、砂粒を穴の中に引きこんで蓋をし、暗くて居心地のいい部屋に引きこもってしまう。潮が満ちてくると波の振動と海水の圧力が伝わり、海水がもたらす危険を避けるために穴にとどまっていなければならないことを悟るのである。干潮であっても、海岸で餌をとる鳥たちから逃れるために昼間は外に出てはいけないという防衛本能を、かれらはどうやって身につけたのだろうか？　深い穴の底では昼も夜もほとんど違いはないのに、ハマトビムシは誰も知らない神秘的な方法によって二つの条件、暗闇と引き潮が揃うのをじっと待っている。そして条件が整ったとき、眠りから目覚め、長い穴をのぼって砂の扉を押し開く。するとそこにはふたたび暗い砂浜が広がっていて、はるか向こうの波打ち際には波の退却線が白く泡立ち、かれらの猟場の境界線を引いている。

苦労して掘った穴も、ひと晩あるいは次の満潮までの一時的な隠れ家にすぎない。引き潮の間の食事時間が終わると、かれらはまた

●ガンギエイの卵鞘，カシパンウニ，
タマツメタガイの卵嚢（スナヂャワン）

新しい隠れ家を掘りはじめる。私たちが海岸で目にする穴は、住人のいなくなった空《から》の穴で、使用中の穴は入り口が閉ざされているので容易には見つけられない。このように砂浜の、強い波から守られているところではたくさんの生物が、また荒波に洗われる砂地ではわずかな生物が生活をしていて、高潮線の付近は陸への進出を試みる開拓者たちが集い、生きる場所と時間とを与えられている。

砂にはまた、他の生物の記録も刻まれている。砂浜には、海に運ばれ最後の休息場所を与えられた漂着物が一面に拡がっている。それは疲れを知らない風と波が、絶えまなく供給される奇妙な材料から織り上げた織物ともいえる。カニのハサミやカイメンが絡まった海辺の植物や海藻、壊れた貝殻、海の生物がたくさんついた古い材木、そして魚の骨や鳥の羽も材料となる。手近にある材料で織り上げられたその織物は、北から南へと材料が変わるにつれてデザインを変えていく。そして、沖の海底に砂丘やサンゴ礁があることや、熱帯からの海流が近いとか、北方から寒流が流れてきていることなど、いろいろな情報をもたらしてくれる。海岸の漂着物の中には、生きているものはほとんどいないかもしれない。しかし、砂の中やはるか彼方の沖合には、数限りない生物が生きていることを物語ってくれるのである。

漂流物の中には、外洋の表面近くの水域から流されてきたものがしばしば見られるが、それを見ると、ほとんどの海の生物は自分が生活している特定の水域の虜となっていることがわかる。もしある水域が、風や温度あるいは塩分濃度の変化などで、ふだんと異なる場所に移動すると、そこにすむ生物もいやおうなく水と一緒に流されていく。

好奇心の強い人類が世界中の海岸を歩きまわるようになった何世紀かの間に、外洋から送られてきたたくさんの未知の生物が波打ち際の漂着物の中から発見された。そのような外洋と海辺の不思議な関係を物語るものの一つにトグロコウイカがある。長い間、トグロコウイカは、その二、三回ゆるく巻いた白い殻だけが知られていた。殻を手にとって光にかざすと、中が小さな部屋に仕切られていることがわかるが、それをつくり、中で生活していた生物の痕跡は見出せなかった。しかし、一九一二年までに一ダースもの生きた標本が発見された。それでもまだ、かれらがどこにすんでいるのかは誰にもわからなかった。あるとき、ヨハンネス・シュミットは、かれの古典的なウナギの生活史の研究をするために大西洋を往復し、水面から永遠の暗闇の深さまで、いろいろな深さにプランクトンネットを下ろして採集を行なった。透明なウナギの稚魚がかれの研究目標であったが、そのほかにも多くの生物をすくい上げ、その中にいくつものトグロコウイカが含まれていた。トグロコウイカは一五〇〇メートル

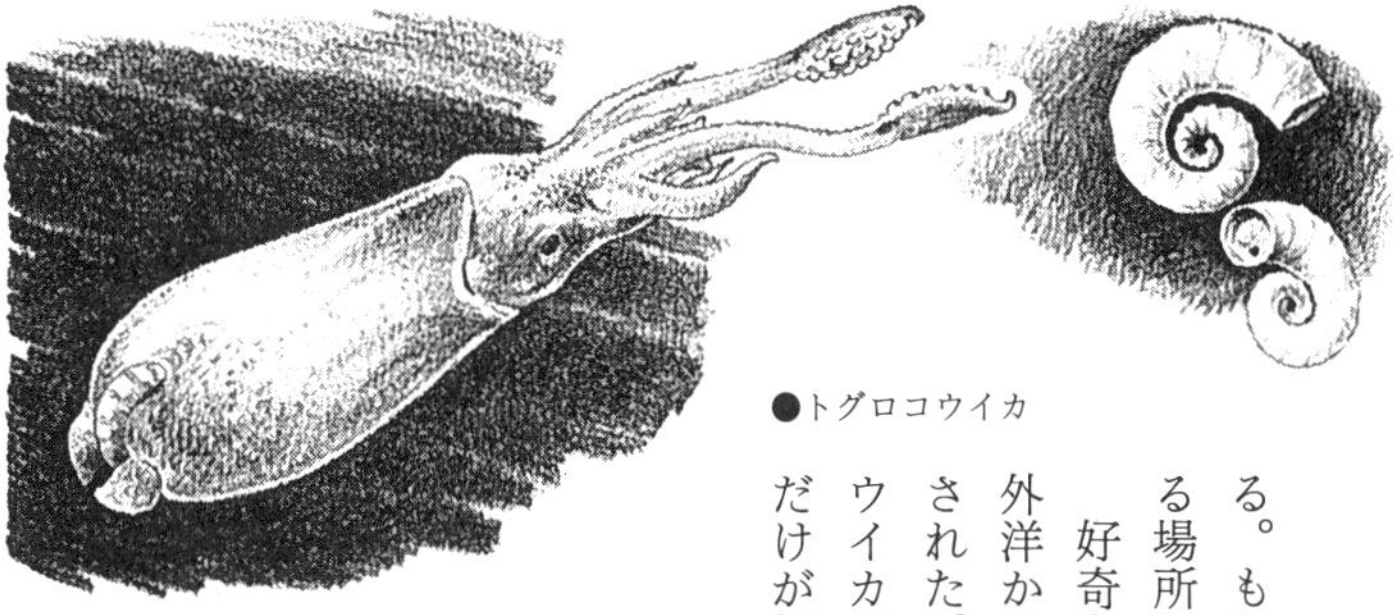

●トグロコウイカ

までのいろいろな深さのところで捕らえられたが、二五〇～四五〇メートルの深さに最も多く生息し、群れをつくっているようであった。これは小さなイカのような生物で、一〇本の脚と円筒形の体、最後尾にはプロペラのような推進用のひれをつけている。水槽の中では、かれらが間欠的にジェット推進で後ろ向きに泳ぐところが観察された。

深い海にすむトグロコウイカのような生物の残骸がどのようにして砂浜にたどりつくのかは、興味の引かれることであるが、依然としてほんとうのところはわかっていない。おそらくトグロコウイカが死んで分解が始まると、殻は非常に軽いので分解で生じたガスによって海面へ浮かんでくるのだろう。そして壊れやすい殻は、ゆっくりと海流にのって漂いはじめ、自然からの手紙を入れた「漂流瓶」となって、流れのままにどこかにたどりつくのである。生きているトグロコウイカは、沖合の大陸棚が深海へと落ちこんでいく斜面に、おそらく最も多く生息してい

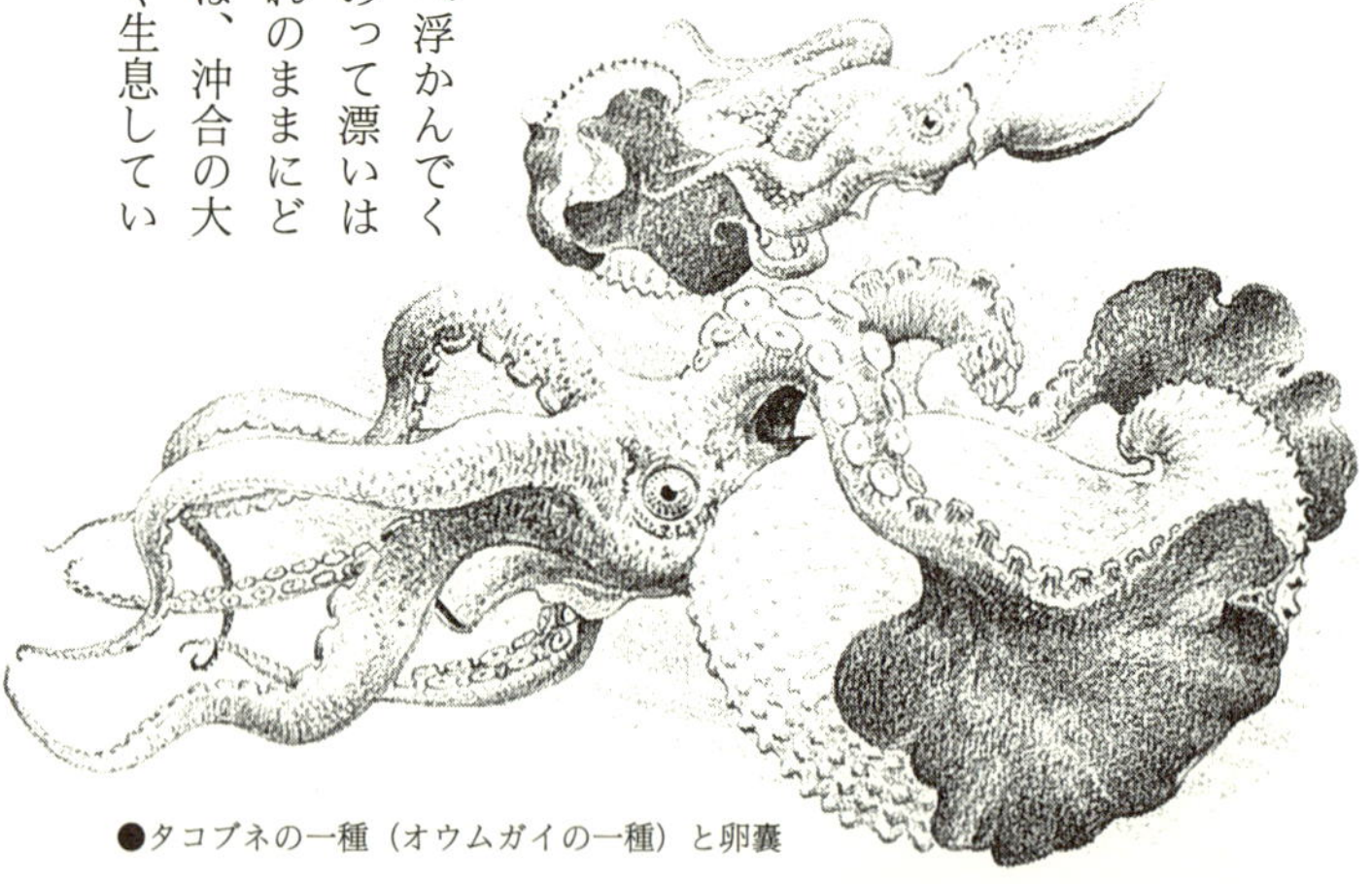

●タコブネの一種（オウムガイの一種）と卵嚢

て、その深さであれば、熱帯から亜熱帯にかけて世界中に分布している。牡牛の角のようにカーブした小さな殻を見ると、かれらが、ジュラ紀以前の太古の海に生息していた大きな渦巻き形の殻をもったコウイカの子孫であることがうかがえる。今では、太平洋とインド洋に生息するオウムガイを除いて、他の頭足類は殻を捨てるか体内にその名残をとどめるだけになってしまった。

海辺の堆積物のかけらの中に、ときには波紋のような模様をつけた薄い真珠貝の貝殻を見つけることもある。これは、アオイガイ（タコブネの一種）の殻である。アオイガイはタコの遠い親戚で、タコのような八本の足をもっており、太平洋、大西洋どちらの海の沖合にも生息している。この殻は、もともと雌が卵を守るために精巧につくり上げた揺りかごで、子供が自由に出入りできるように仕切られた構造をしている。雄の体は雌の一〇分の一ほどの大きさしかなく、殻をもっていない。アオイガイの受精方法は他の頭足類とは異なっていて、雄の足の一本が切り離されて雌の外套膜のすき間に入り、精包を運ぶ役目をする。このような生態のために、雄は長い間発見されなかったが、切り離された雄の足については、すでに一九世紀のはじめにはフランスの動物学者、キュビエによって発見されていた。しかし、キュビエは、これを寄生虫のような別の生物だと考えていたようである。アオイガイは、ホームズの有名な詩に書かれているオウムガイではない。オウムガイは、同じ頭足類ではあるが、異なるグループに属し、外套膜から分泌した真正の殻をもっている。そして熱帯の海に生息し、トグロコウイカと同様に中生代の海に栄えた大きな巻いた貝殻をもつ軟体動物の子孫である。

嵐は、熱帯地方の水域からたくさんの迷子を連れてくる。私はかつて、ノースカロライナ州ナグスヘッドの貝殻を売る店で、美しい紫色の巻貝、アサガオガイが飾ってあるのを見つけ、売ってもらおうとしたことがある。しかし、その貝はたった一つしかなかったので、店の女主人はとうとうゆずってはくれなかった。しかし彼女は、台風が過ぎ去ったあとの海岸で生きたアサガオガイを見つけたときのようすを話してくれた。それを聞いたあと、私には彼女の手放したがらない気持ちがよく理解できた。流れついた美しい貝は、まったく無傷であったが、あたりの砂を紫色に染め上げていたという。それがこの小さな生き物にできるただ一つの防御手段だったのである。ずっとあとになって、私は空になったアサガオガイを見つけた。ゆるやかな潮に洗われるキーラーゴのサンゴ礁で、アサガオガイは、岩の上にアザミの冠毛のように軽々とのっていた。しかし、私はまだナグスヘッドの店の女主人のような幸運にはめぐりあえず、生きている姿を目にしたことはない。

アサガオガイは外洋性の巻貝で、泡で筏をつくって、そこにぶら下がり、外洋の波の間を漂っている。筏は、自分で分泌した粘液でつくられており、粘液が固まってセロファンのような透明な浮き袋になっている。繁殖期になるとアサガオガイは筏の下に卵のカプセルをしっかり

●泡の浮き袋にぶら下がるアサガオガイ

と産みつけ、筏は一年の間小さな生きものを流れに乗せて運ぶ。

他の多くの巻貝と同様に、アサガオガイも肉食で、小さなクラゲや甲殻類などのプランクトン、そして小さなエボシガイなどを餌にしている。ときにはカモメが舞い降りてかれらをつかまえることもあるが、たいていは、海の泡とほとんど区別のつかない筏に守られて安全に暮らしている。また海面下から襲ってくる敵もいるにちがいない。なぜなら、筏の下についている貝殻の青紫の色は、海の表面近くに生息する多くの生物が、深いところからねらっている敵の目から逃れるために身にまとう保護色だからである。

北へ向かって力強く流れるメキシコ湾流は、海面に生息する生きた帆船の船団を運んでいる。その帆船は、奇妙な外洋性の腔腸動物であるクダクラゲの仲間である。風と海流によっては、この小さな帆船は、浅瀬に吹き寄せられ海岸で座礁してしまうこともある。それは、ふつうは熱帯地方でよく起こることであるが、ニューイングランド南部の海岸でも、ナンタケット島西部の浅瀬がちょうど罠のように拡がっているために、メキシコ湾流から迷子の帆船が打ち上げられる。迷子の中でも、とくに美しい青い帆を立てたカツオノエボシは、海岸を歩けば誰の目にもとまる。しかし、「風まかせの船乗り」と呼ばれるカツオノカンムリの紫色の帆はずっと小さく、打ち上げられるとすぐに干からびてしまうために、あまり知られていない。どちらのクラゲも熱帯の海に生息しているが、暖かなメキシコ湾流に乗ってイギリス沿岸まで運ばれていくこともあり、年によってはたくさんの姿を見ることができる。

生きているカツオノカンムリの長円形の浮き袋は、美しい青色をしていて、長さ四センチ、幅一センチほどで、その真ん中を横切って帆が立ち上がっている。カツオノカンムリは一匹の独立した動物ではなく、一つの受精卵から発生したたくさんの個虫が集まった群体なのである。さまざまな個虫が群体の中で、異なった機能を分担している。餌をとる役の個虫のあるものは、浮き袋の真ん中から長く海中へぶら下がり、そのまわりには、生殖

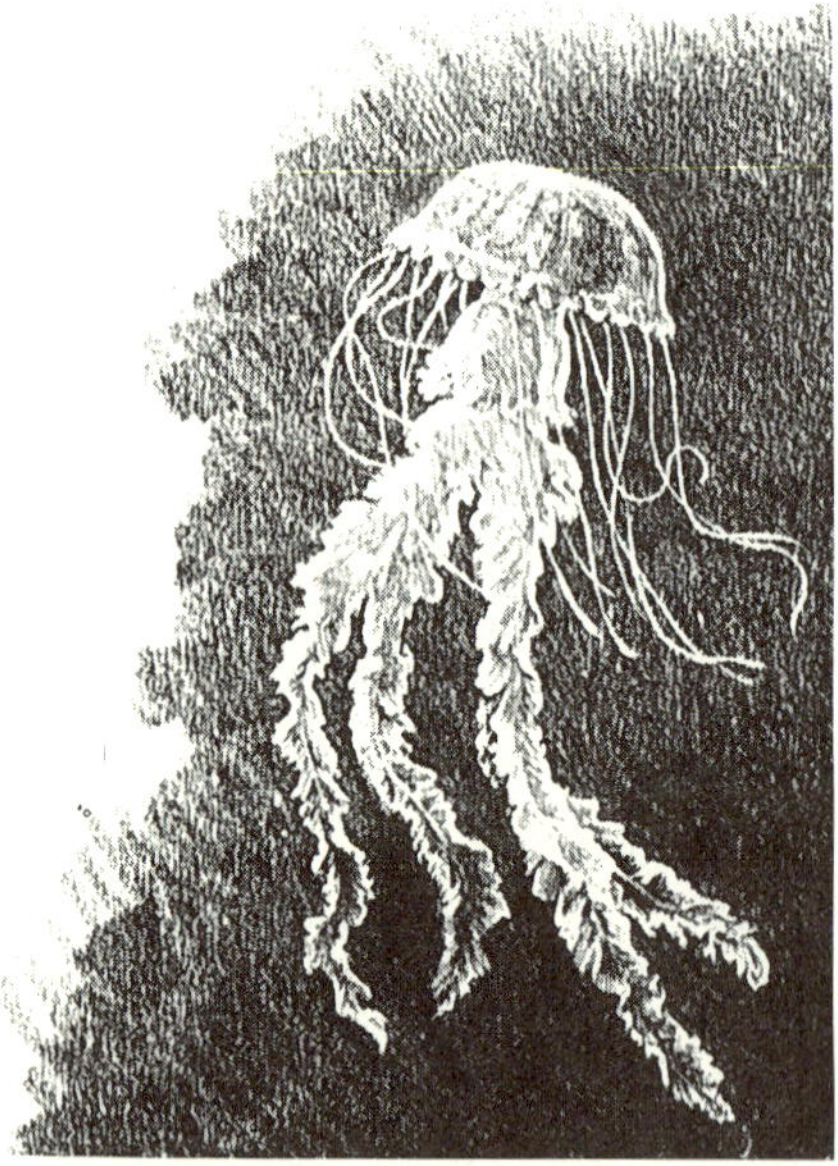

●南海クラゲ。
海のイラクサともいわれ，
刺されると痛い。

をうけもつ小さな個虫がたくさんかたまっている。浮き袋の外辺にも、長い触手の形をした個虫がついており、海中の小動物を捕食している。

たくさんのカツオノエボシが、風や海流の具合によってうまく集められて一度に運ばれるときには、メキシコ湾流を横切る船の上からも大群が観察される。そのような場合には、何時間も、ときには何日もカツオノエボシの姿を見ることができる。浮き袋の真ん中に張られている帆に追い風を受けてかれらは流されていく。水が澄んでいれば、浮き袋の下に長く伸びている触手が見えるだろう。その姿は、流し網を引く小さな漁船にたとえることもできる。しかしその「網」は高圧線の集まりのようなもので、運悪く行きあった魚や小動物は、ほとんどがその触手に捕らえられてしまう。

カツオノエボシの仲間が、どういう実態の生物であるのか理解するのは難しく、生物学的にも多くの謎が残されている。しかしたとえばカツオノエボシでは、基本的には一匹ずつ独立して生きていけない個虫がたくさん集まって群体をつくり、それが一つの個体のように見えるということがいえる。浮き袋は一つの個虫であり、また長い触手は一本一本が別の個虫である。餌をとる触手は、長いものでは一二〜一五メートルに達し、無数の刺胞と刺針をもっている。この刺胞から注入する毒は強力で、カツオノエ

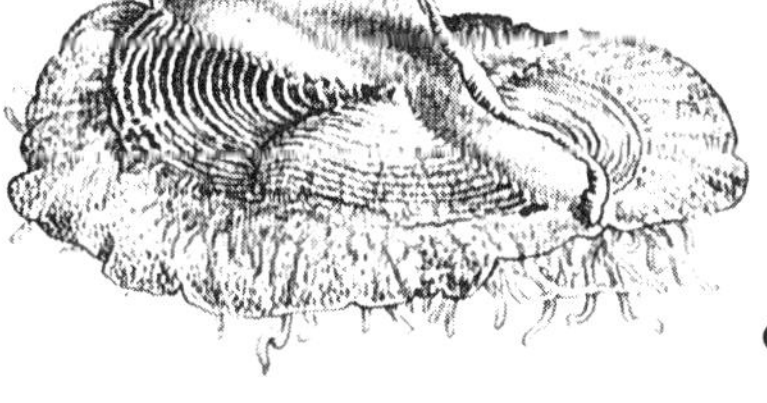

●カツオノカンムリ

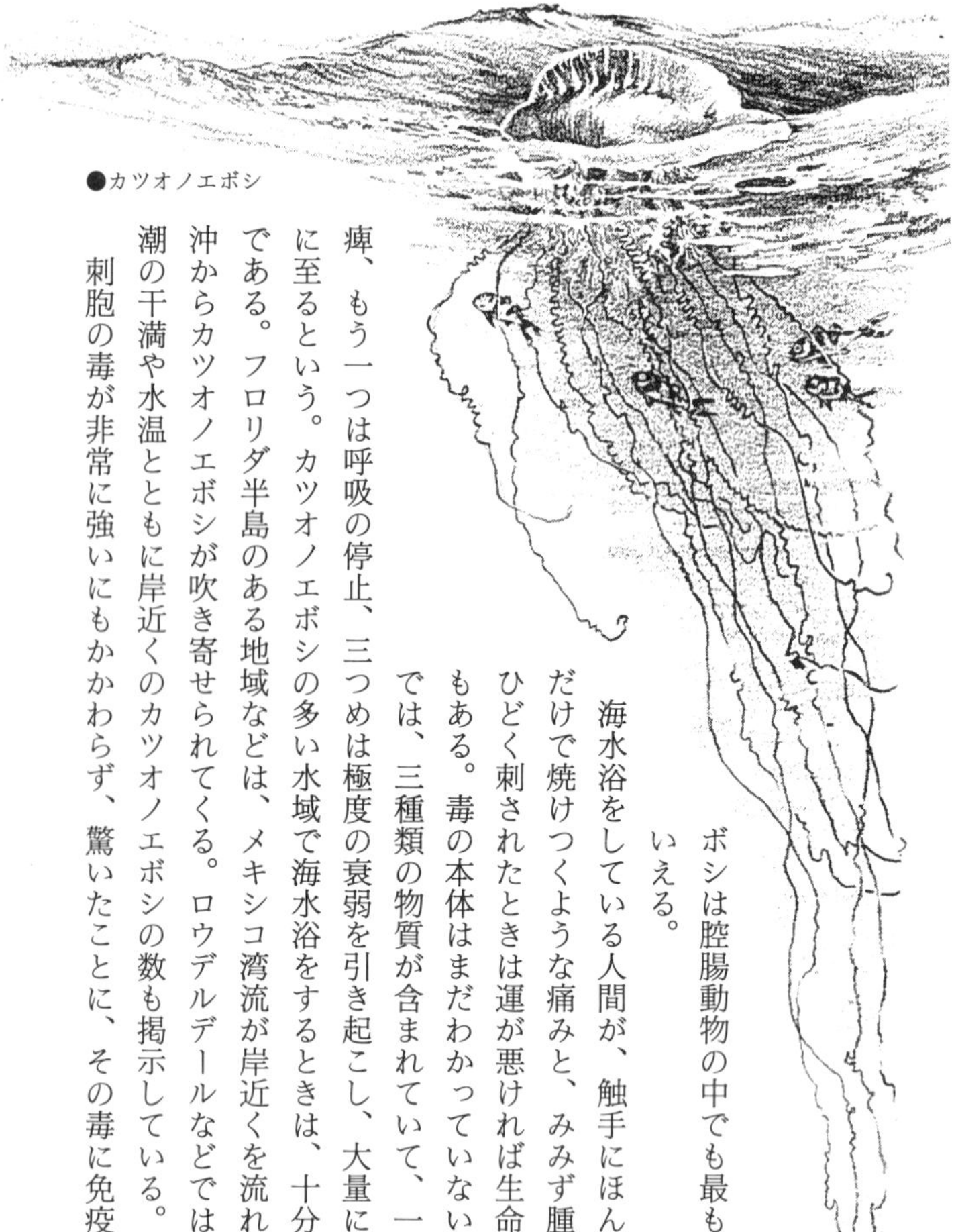

●カツオノエボシ

ボシは腔腸動物の中でも最も危険な生物といえる。

海水浴をしている人間が、触手にほんの少し触れただけで焼けつくような痛みと、みみず腫れができるし、ひどく刺されたときは運が悪ければ生命を落とすこともある。毒の本体はまだわかっていないが、ある学説では、三種類の物質が含まれていて、一つは神経の麻痺、もう一つは呼吸の停止、三つめは極度の衰弱を引き起こし、大量に刺されると死に至るという。カツオノエボシの多い水域で海水浴をするときは、十分な注意が必要である。フロリダ半島のある地域などは、メキシコ湾流が岸近くを流れているので、沖からカツオノエボシが吹き寄せられてくる。ロウデルデールなどでは沿岸警備隊が、潮の干満や水温とともに岸近くのカツオノエボシの数も掲示している。

刺胞の毒が非常に強いにもかかわらず、驚いたことに、その毒に免疫のある生物もいるのである。それはエボシダイという小さな魚で、いつもカツオノエボシの陰にかくれて暮らしていて、他の場所では決して見ることができない。かれらはまったく害を受けずに触手の間を出入りして、そこを敵からの避難場所にしているのである。そしてお返しに、カツオノエボシの領域に入ってくる他の魚をおびきよせる囮《おとり》の役目をしている。しかし、どうしてかれは安全なのだろうか？　ほんとうに毒に免疫があるのだろうか？　それとも恐ろしい危険と隣り合わせに生活しているのだろうか？　数年前に日本の学者が、エボシダイが刺胞のある触手をかじって食べているのを観察し、おそらくそのように少しずつ体内に毒を取りこむことによって免疫を獲得するのかもしれないと報告している。しかし一方で、この魚はまったく免疫をもっていないという最近の報告もあり、そうだとすると、エボシダイはただたんに非常な幸運に恵まれた魚だということになる。

カツオノエボシの帆、つまり浮き袋は、いわゆるガス腺から分泌された気体によって満たされている。この気体はほとんど八五～九一パーセントが窒素で、少量の酸素とごくわずかのアルゴンを含んでいる。クダクラゲの仲間には、海が荒れると気体を抜いて海中深くもぐることができるものもいるが、カツオノエボシはそれはできない。しかし、浮き袋のふくらみ具合をいくらか調節することはできる。私はかつて、サウスカロライナ州の海岸に打ち上げられた中ぐらいのカツオノエボシがふくらみを調節しているのを目にしたことがある。私は、そのクラゲをひと晩海水の入ったバケツに入れておき、そのあと海に帰そうとした。潮が引きはじめると、私は三月の肌寒い海の中へ歩いていき、刺されないように注意しながらできるだけ遠くへ、バケツの中のカツオノエボシを放り投げた。しかし、クラゲは何度も波によって浅瀬に戻されてしまった。何回か私も手を貸したが、クラゲは波に戻されながらも、明らかに帆の位置と形を変えて、南から吹いてくる追い風に乗ろうとしたのである。ときにはうまく寄せ波をかわしたが、あるときは波に捕らえられて浅瀬に乗り上げてしまった。しかし苦境に陥っているときも、つかのまの成功を喜んでいるときも、クラゲは波まかせにはなっていなかった。それどころか、かれは何か大いなる幻を抱いて、決してあきらめることなく、自分の運命を切り拓くためにあらゆる努力をしていた。最後に私が目にしたのは、海岸で海のほうへ小さな青い帆を高くかかげ、ふたたび陸を離れる瞬間をじっと待っている姿だった。

海岸の漂着物は、沖の海面だけでなく、海底の生物相についても語ってくれる。ニューイングランド南部からフロリダ半島の先端までの海岸線は、何千キロメートルにわたって砂浜にふちどられており、その砂浜は、上部の乾燥した砂丘から大陸棚の上にまで広大に延びている。そして広い砂の世界のあちこちには、かくれた岩場がある。カロライナの緑色の海中に沈む岩礁もその一つで、サンゴ礁や岩棚のかけらででき上がっている。それは、あるところでは岸近く、また別のところではるか沖合のメキシコ湾流の西の端まで続いている。漁師たちは、そこに黒い魚が群れているためにブラックロックと呼んでいる。海図にはその岩礁は「サンゴ礁」と記されているが、ほんとうのサンゴ礁は、最も近いところでも何百キロも南のフロリダ南部まで行かなければ見られない。

一九四〇年代にデューク大学の生物学者たちがもぐり、ここがサンゴ礁ではなく、軟らかな粘土質の泥灰岩でできている岩礁であることを発見した。それは、何千年も昔の中新世につくられたのち、堆積物に埋もれ、海面が上昇するにつれて沈んでいったのである。ダイバーの報告によれば、岩礁は砂の上に岩が堆積して数メートルの高さになっており、場所によっては平らに浸蝕され、ホンダワラが緑褐色の森をつくっていた。深い裂け目には他の海藻がつき、岩の表面の大部分は奇妙な海の動植物に覆われていた。ニューイングランドで干潮線付近の岩を灰紫色に染めていた海藻と近縁なサンゴ藻の仲間が、海面に出た岩礁の表面を覆い、割れ目を埋めていた。岩の表面はほとんどは石灰質の曲がりくねった管に厚く覆われていた。それは、巻貝や棲管を作るゴカイ類の仕事で、この古い化石の岩を覆う石灰質の層を形づくっている。何年にもわたって、藻類の堆積や巻貝や棲管をつくるゴカイの成長が、少しずつ岩礁に加えられていったのである。

藻類やゴカイの管で覆われていない部分の岩は、イシマテガイやニオガイ、小さなアナガイなどの穿孔性の軟体動物に穴をあけられ、水中の微生物を食べるかれらの棲み家になっていた。

生物の少ない、流動的な砂やシルトの海底の中で、しっかりとした足場が確保される岩礁は、色とりどりの花の咲き乱れる庭園だ。オレンジ、赤、黄土色のカイメンは、岩礁を渡る流れの中に枝を拡げ、ヒドロ虫類は岩から繊細な枝を伸ばし、ある時期になると淡い色の「花」から小さな幼生を旅立たせる。背の高い針金でできた草のようなヤギの仲間は、オレンジ色や黄色を添えている。低木のような奇妙な形をしたコケムシは、ゼラチン状の、しかしとても丈夫な枝に何千というポリプをつけ、その先端から触手を出して餌をとっている。コケムシは、しばしばヤギのまわりに生育し、黒っぽい針金の芯を包んだ灰色の絶縁体のように見えることもある。

このような生物相は、岩礁のない砂地の海岸では決してできるものではない。長い地質学的時間の流れの中で環境が変化し、中新世の岩は浅い海底に姿を現わし、プランクトンとなって海流に乗って漂う幼生たちに探し求めていた足場を提供したのである。

サウスカロライナ州のマートルビーチのような砂浜では、嵐のあとには岩礁の生物がかならず潮間帯の砂の上に姿を見せる。それは沖の深いところまで海が荒れたことのはっきりとした証拠であり、何千年も昔に海に沈んで以来一度も波が砕けたことのない古代の岩の上を、海が荒々しく通り過ぎていったことを物語っている。嵐の荒波は、しっかりと岩に固着した動物も

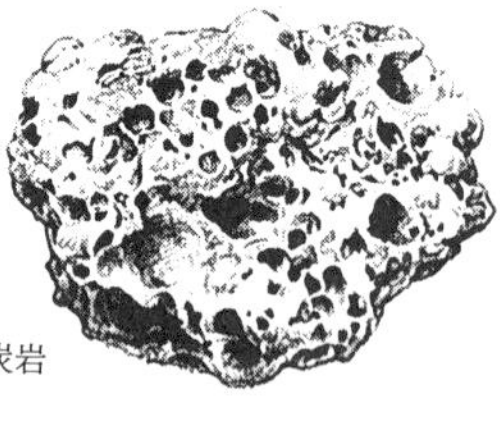
●沿岸で見られる泥炭岩

無理やり引きはがし、見知らぬ砂地の海底へ運び、そしてついには砂浜に打ち上げてしまうのである。

●カロライナの海岸で見つけたゴカイの棲管でつくられた岩

あるとき、嵐の名残の肌を刺す北東の風の中、私はその海岸を歩いていた。冷たい鉛色の水平線に波が逆巻いていた。そして浜辺には、明るいオレンジ色のエダカイメンや他の小さな緑、赤、黄色のカイメンのかけら、透明なオレンジ色、赤や灰色の「群体ホヤ」のきらきら輝く塊、さらに古いジャガイモのようなホヤやヤギの枝をくっつけた生きたウグイスガイなどがあたりにちりばめられていた。ときには、南方の岩場にすむ暗赤色をしたアステリアスヒトデが生きたまま打ち上げられていた。また、波に投げ出され、濡れた砂の上で死んだようになっているタコを見つけたこともあった。そのタコもまだ生きていて、砕ける波の向こうへ返してやると、矢のように泳ぎ去った。

沖に岩礁があるどこの海岸でも見られるように、マートルビーチでも、古い岩礁自体のかけらが打ち上げられていた。マール（泥灰岩）は鈍い灰色のセメントのような岩で、一面に軟体動物が穴をあけており、ときには中に貝殻が残っていた。そのおびただしい穴は、海中の岩礁の上では、一センチのすき間を確保するのにいかに激しい争いが行なわれ、いかに多くの幼生が足場を確保できなかったかということを物語っている。

また海岸には、別種のさまざまな大きさの岩が打ち上げられており、おそらく泥灰岩よりも数が多いだろう。それは、ハニカムタッフィーのような形をしていて、小さなねじれた穴が無数にあいている。海岸ではじめて目にした人は、砂に半分埋まっているのを見たらカイメンの一種だと思ってしまうだろうが、手にとると岩のように硬い。しかしそれは、鉱物の「岩」ではなく、黒っぽい体に触手をもった小さな海のゴカイがつくり上げたものなのである。それらのゴカイはたくさんの個虫が集まって生活しており、自分のまわりに石灰質を分泌して岩のように硬く固めてしまう。おそらくそれは、岩礁の表面を厚く覆って盛り上がっているのだろう。このような「ゴカイがつくった岩」は大西洋岸では知られていなかったが、私がマートルビーチで採取した標本がオルガ・ハルトマン博士によって、太平洋やインド洋に見られるものと近縁な「カンザシゴカイの一種」と同定された。いつ、どのようにしてこの生物は大西洋にたどりついたのだろうか。分布域はどのくらい広いのだろうか。この生物についてはまだ多くの謎が残されている。このことは、私たちの知識が、限りなく広がる未知の大海をのぞく窓のついた、小さな囲いの中に閉じこめられていることを示す、ほんの小さな一例といえるだろう。

一日に二回、満潮のときにだけ潮に洗われる地帯から上のほうは砂が乾ききっている。非常に熱くなりやすく乾燥しているその砂の層は不毛で、適応できる生きものは少ない、というよりすむことができない。乾いた砂粒はこすれあって細かくなり、淡い霞のようになって海岸を飛ばされていく。そして風に飛ばされる砂粒は流木をなめらかに削って銀色に光らせ、倒木の幹を磨き、海岸に営巣する鳥を鞭打つのだ。

しかし、そこにほとんど生物がすんでいないとしても、生物が生活した痕跡はいたるところに見つけられる。満潮線の上部には、たくさんの貝殻が吹き寄せられている。ノースカロライナ州のシャクルフォードやフロリダのサニベル島の海岸に行くと、海辺の生きものは貝だけではないかと思うほどに貝殻が多く、堆積物の大半を占めている。壊れやすいカニの甲羅やウニ、ヒトデが粉々になったあとも、貝殻は長く残っているからなのである。貝が死ぬと、貝殻はまず波によって一度は海へ運ばれ、ついで潮の干満のくり返しによってしだいに上のほうへ移動し、満潮線の上まで運ばれてくる。そして、砂に埋もれるか、嵐の荒波に運び去られるまで、そこにとどまっている。

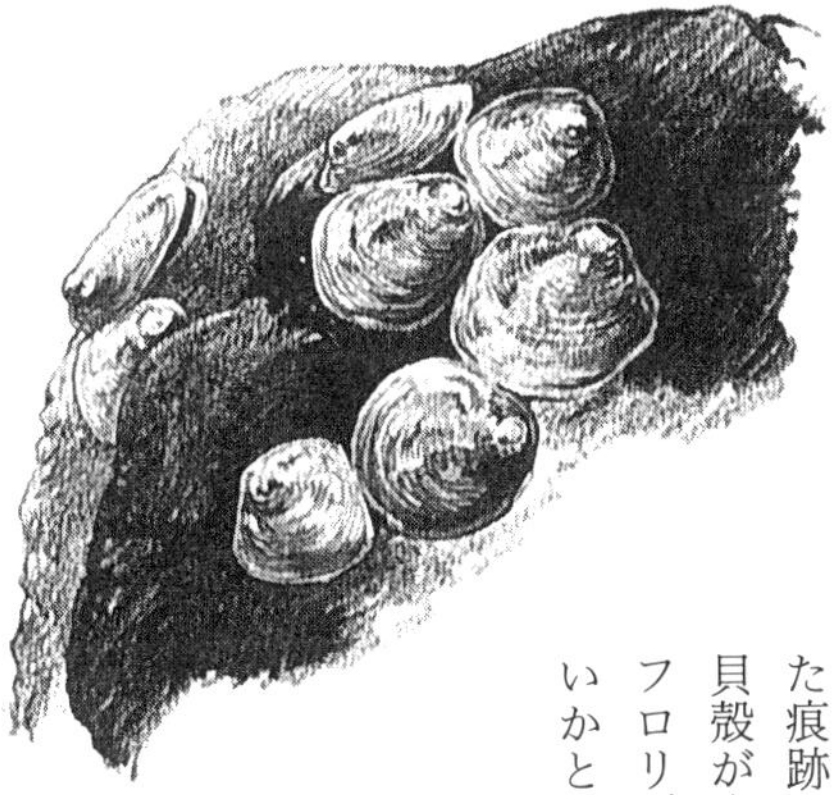

●ナミマガイリソガイ

北から南へと、生息する貝の種類は少しずつ変わっていき、それとともに吹き寄せられる貝殻の種類も変わっていく。ニューイングランドの岩場ではうまい具合に、砂利まじりの砂が集まったくぼみにイガイやタマキビがいる。私はコッド岬の陰になった海岸で、ナミマガシワが潮の流れによってゆっくりと運ばれてきているのを見たことがある。うろこのような貝殻は、どこに貝の体が入っていたのか不思議に思えるほどで、サテンのような光沢があった。弓なりに盛り上がった上側の殻は、平らな下側の殻よりもたくさん見られ、そこには、岩や他の貝に固着する強い足糸のための穴があいていた。そして、北部の海岸では、非常に多くのイガイの濃いブルーの中に、ナミマガシワの金色や銀色、あんず色がちりばめられていた。

また、あちこちに、うねのついた団扇《うちわ》のようなホタテガイの殻が散らばり、シマメノウフネガイが小さな白い船体を横たえていた。シマメノウフネガイは奇妙な形をした巻貝で、殻の低いほうの端に小さな半甲板をつけ、ときには半ダース以上もの貝がつながって一つの鎖をつくっている。どのシマメノウフネガイも若いうちは雄で、その後雌へ変わっていく。積み重なっ

●シマメノウフネガイ

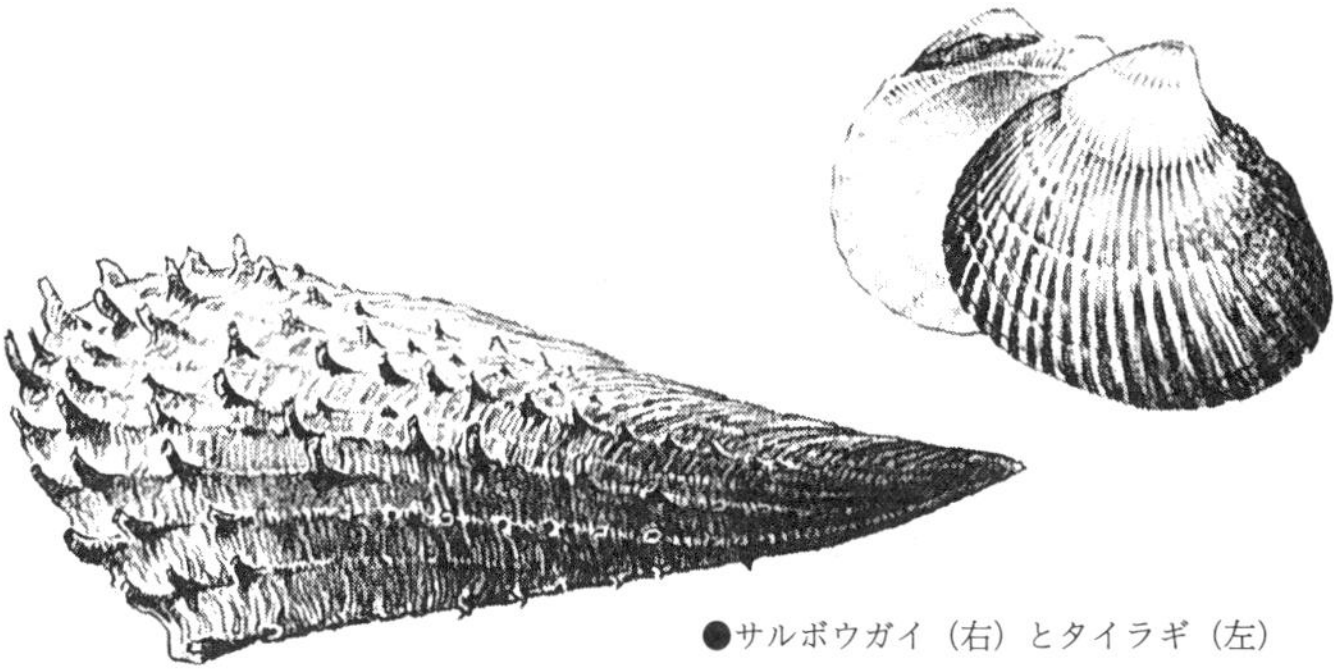

●サルボウガイ（右）とタイラギ（左）

た貝の鎧では、いつも雌が下で上のほうは雄になっている。

ニュージャージー州の海岸やメリーランド州、ヴァージニア州の沿岸の島では、貝はみな殻が硬く、装飾的なかざりをつけていない。それは、海岸線に集中する絶えまない波の力が海底深くまでかきまわし、砂を巻き上げるからなのだ。磯にいるハマグリの分厚い貝殻は、波に対する防御のためのものである。ここの海岸にも、堅く武装したバイガイやすべすべした丸いツメタガイが散らばっていた。

カロライナから南へ行くにつれていろいろな種類のアネガイが見られ、その数もかなり多い。その仲間は、さまざまな形をしているが、みな頑丈で、ちょうつがいの部分は長くまっすぐになっている。サルボウガイは生きているうちは黒いひげのように見える外殻をつけているが、砂浜に落ちているものにはほとんどなくなっている。ワシノハガイは、黄色の地に赤い縞の入った派手なソネガイの一種で、この貝もやはり厚い外殻に覆われ、沖の深いクレバスの岩に強い足糸でしっかりとくっついている。ニューイングランドまで分布を拡げているフネガイの仲間は、いわゆるアカガイやサルボウガイの一種で赤い血をもった小さなアカガイの仲間などほんの数種類であるが、南方では優占種になっている。フロリダ西海岸の有名なサニベル島は、大西洋岸のどの海岸よりも貝の種類が変化に富んでいるが、そこでも貝殻の九五パーセントはフネガイに占められている。

ハッテラス岬やルックアウト岬から南へ行くにつれ、タイラギの数が増えはじめ、フロリダのメキシコ湾岸に至ると最も多くなる。私はサニベル島の海岸で冬のある日、穏やかな日であったにもかかわらず、トラック何台分ものタイラギを見たことがある。大きな熱帯性ハリケーンは殻の軽いこの貝を、信じがたいほどたくさん破壊する。サニベル島はメキシコ湾岸から二〇キロほどのところにある。ハリケーンがくると、波は一〇メートルもの海底まで届き、たった一回の嵐でも一〇〇万個にものぼるタイラギが引きはがされ、打ち上げられる。華奢な貝殻は、荒波の中でぶつかりあい、壊れてしまうが、壊れなくとも海底の生活に戻れる望みはなく死んでいく。このような状況のもとではタイラギと共生しているカクレガニは、昔のことわざにある「沈没しつつある船を見捨てるネズミ」と同様に、まるで先のことがわかっているかのように貝から離れてしまう。波の中ではきっと、何千ものカニが慌てて泳ぎまわる光景がくりひろげられていることだろう。

タイラギは金色に輝く足糸を紡ぎ、素晴らしい織物を織って貝殻を岩につなぎとめる。古代の人々は地中海のタイラギの足糸から金色の布を織り上げ、その布は指輪の中を通すことができるほど薄くしなやかだったという。いまでもイオニア海に面したイタリアのターラントでは、この天然の織物から手袋や小物がみやげ品として作られている。

テンシノツバサガイはとても繊細で壊れやすく、無傷のまま海岸に打ち上げられることは滅多にない。殻は純白で、生きているときには泥や硬い粘土の中へも、もぐっていくことができる。テンシノツバサガイは穴を掘る二枚貝の中でも最も力の強いものの一つで、水管は非常に長く、深い泥の中でも海水の出し入れをすることができる。私はかつて、ブッザード湾では掘った泥炭の中に、またニュージャージー州の海岸では泥炭の上で、テンシノツバサガイを見つけたことがあるが、ヴァージニア州より北では限られた地域で稀に見られただけであった。

テンシノツバサガイの混じりけのない色と繊細な形は、一生涯泥の中にかくされている。貝が死に、貝殻が波によって解き放たれ、浜辺へ運ばれるまで、この天使の翼の美しさは人目に触れぬよう運命づけられているのだ。暗い牢獄の中に神秘的なまでの美しさを秘め、外敵からもほかの生物からもかくれて、テンシノツバサガイは不思議な緑色の光を発している。

●テンシノツバサガイ

なぜ？　何のために？　そして、誰に見せるために？

海岸の漂着物の中には、貝殻以外にも不思議な形や材質のものがたくさん混ざっている。巻貝の蓋はいろいろな形や大きさをしている。平らだったり尖っていたり、あるいは円盤形をしている。蓋は、巻貝が殻の中にいるとき、開けたり閉じたりする防御のドアである。また、木の葉の形、細長い形、曲がった短剣のような形のものもある（南太平洋で見られる「キャッツアイ」は巻貝の蓋で、片面が丸くビー玉のように磨かれている）。巻貝の蓋は、種類により、形や構造、材質などにそれぞれ特徴があり、よく似た種類の識別に役立つ。

潮の干満がもたらす漂着物の中にはまた、多種多様な生物がその生涯のはじめの日々を過ごした小さな卵鞘の抜け殻がたくさんある。「人魚の財布」と呼ばれる黒い殻は、ガンギエイの仲間の卵鞘の抜け殻で、平らで角がとがった四角形をしており、両端から長い巻きひげが伸びている。親はこの巻きひげで、卵を沖合の海底に生える海藻に結びつけるのである。ガンギエイが孵化してしまうと、使い終わった揺りかごは、波に洗い出され、しばしば海岸に打ち上げられている。

●タマツメタガイ（タマガイ類）
とその卵嚢（スナヂャワン）

クロスジチューリップボラの卵嚢は花の種の莢《さや》に似ていて、茎を真ん中に羊皮紙のようなものでできた卵嚢がいくつも集まってついている。カンムリボラの一種の卵嚢は、小さな袋が数珠つなぎに長く螺旋状になったもので、これもやはり羊皮紙のような材質でできている。一つ一つの平たい卵嚢の中にはバイガイの子供がたくさん入っており、その一つ一つは非常に小さいにもかかわらず、信じられないほど完成された殻をつけている。ときには浜に、いくつかの殻が入ったままの卵の紐が落ちていることもあり、莢の中の豆のようにカラカラと音をたてる。

浜辺で見つかるものの中で最も奇妙な形をしているのは、おそらくツメタガイやタマツメタガイの仲間のスナヂャワンと呼ばれる卵嚢だろう。目の細かい紙やすりで人形のケープをつくれば、ちょうど同じようなものができるにちがいない。その「襟」の形や大きさは種類によってさまざまで、縁がなめらかなものもあれば、波形になっているものもあり、中に入った卵の並び方も、種類ごとに少しずつ異なっている。この奇妙な卵の容器は、足の下側から分泌される粘液の膜でできており、殻の外でつくられ襟の形ができ上がる。卵は、容器の下方についていて、すっかり砂の中にもぐっている。

漂着物の中には、生物のかけらに混ざって、材木、ロープの切れ端、瓶や樽、さまざまな箱など人間が残していったものもある。長い間海に浸っていたものは、海の生物のコレクションを身につけている。潮に漂っている間、定着場所を求めるいろいろな生物の幼生は、このしっ

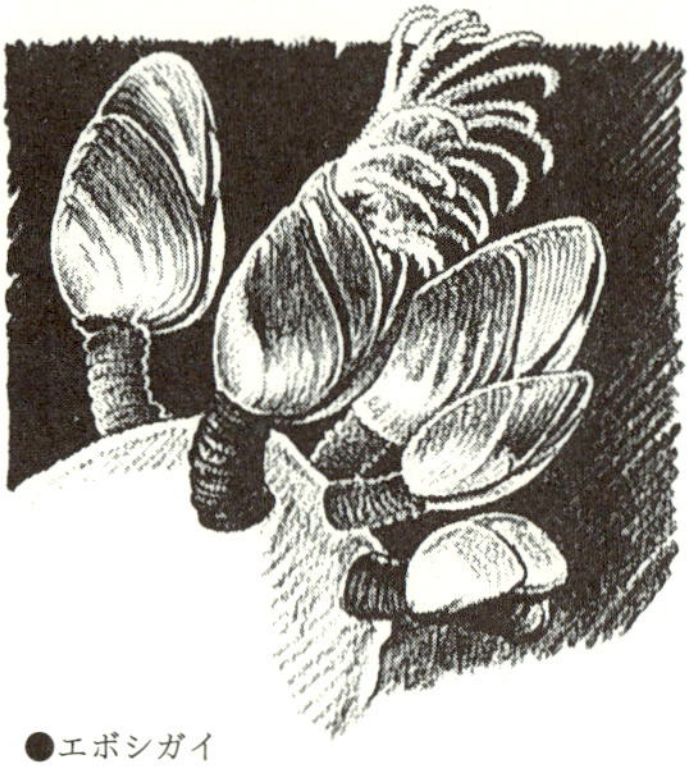
●エボシガイ

かりとした足場を見逃すことはないからである。

大西洋岸では、北西の強風や、ハリケーンが吹き荒れた翌日は、外洋からの漂着物を見つける絶好の日である。私は、前夜、海上をハリケーンが通り過ぎていったナグスヘッドの海岸を歩いたことがある。まだ風は強く、荒波が立っていた。たくさんの流木や木の枝、板材や丸太が散らばっていて、その上には外洋性のエボシガイがついていた。ある材木はネズミの耳ほどの小さなエボシガイで飾られ、またあるものには、三センチ以上にも成長した殻がついていた。エボシガイの大きさは、材木が海を漂っていた時間の長さを示す大ざっぱな指標となる。あらゆる木片にエボシガイがついているのを目にすれば、どれほど多くの幼生が固着するものを求めて海の中を漂っているかに気づくだろう。そして皮肉なことに、そのたくさんの幼生のどれもが一生を漂ったまま過ごすことはできないのである。奇妙な形をした小さな幼生たちは、羽毛のような付属肢を使って泳ぎながら、成体になるまでに固着する場所を見つけなければならないのだ。

このようなエボシガイの生活史は岩についているフジツボにとてもよく似ている。硬い殻の中には小さな甲殻類の体が入っていて、羽毛のような付属肢を出して食物を口へ運ぶ。エボシガイとフジツボの大きな違いは、エボシガイの殼は、岩の土台にしっかりとつくかわりに肉質の茎の上についていることである。両方とも餌をとらないときは固く殼を閉じ、餌をとるときには開いて、付属肢をリズミカルに振り動かす。

長い間海中を漂ってきた木の枝には、肌色の茎と、赤や青にふちどられた象牙色のエボシガイがたくさんついている。そのようすを目にすれば、中世の人々がこの奇妙な甲殼類に「雁のフジツボ」という名前を与えてしまったこともうなずけるだろう。〔雁の一種に barnacle goose という鳥がいる。直訳すればフジツボガンとなるが和名はカオジロガンという。この鳥に似ているところから英名を goose barnacle と名づけられ「雁のフジツボ」つまり、和名エボシガイとなったのである。〕一七世紀のイギリスの植物学者ジョン・ジェラルドは「雁の木」あるいは「フジツボの木」に関して次のような経験を書き記している。

イギリスのドーバーからラミーの間の海岸を旅したとき、私は、ある朽ちた古木の幹を見つけた……私たちは、それを水の中から岸に引き上げると——その朽ちた木には何千という細長い深紅色の袋がついていた——端には小さなイガイのような形をした貝殻がついていた。中を開けてみると、私はその中に丸裸の鳥の形をした生きものを発見した。またある貝殻の中には柔らかな羽毛に包まれた鳥が入っており、殼を半分開き外に出ようとしているところだった。これこそ〝カオジロガン〟と呼ばれる鳥にちがいないと思われた。

ジェラルドの想像力豊かな目が、エボシガイの付属肢を鳥の羽であると見てしまったことは間違いない。そして、このわずかな事実から、かれはこんな話をつくり上げてしまった。「それらは、三月から四月にかけて孵化し、五月から六月にかけてガンの形になる。それからひと月ほどたつと羽が生えそろうのである」。これからのち、多くの古いえせ博物学の本には、エボシガイの形の実をつけた木と、そこからガンが現われて飛び去っていく挿し絵が描かれるようになった。

海岸に打ち上げられた古い帆柱や流木には、フナクイムシがいたるところに長い円筒形のトンネルを掘っている。フナクイムシはふつうは姿を現わさず、ときどき、わずかに石灰質の殻の一部をのぞかせる程度である。ゴカイの仲間のような長い形をしていても、殻があるので、貝の仲間であることがわかる。

フナクイムシは、人類が現われるはるか昔から生きていたが、人間が地球の借地人になったわずかな期間に、人間はフナクイムシの数を著しく増大させた。かれらは木質のものの中にしかすむことができず、一生の間のある時期に木を見つけないかぎり、生きていくことはできない。このように、海の生物が陸上から来るものに絶対的に依存しているというのは、納得しがたいことがらである。植物が進化し、陸上に木が現われるまで、フナクイムシは存在できなかった。フナクイムシの祖先はおそらく二枚貝のような形をしていて、泥か粘土に穴を掘って足場とし、海中のプランクトンをとっていたのだろう。そして陸上に木が現われると、かれらの先駆者は新しい環境に適応し、川によって運ばれてくる数少ない木に生息域を見出したのだろう。しかし、まだかれらの数は地球全体で見ればわずかなものだった。人間が、海を渡る船や波止場を木でつくるようになったわずか数千年前から、そこに新しい棲み家を見出したフナクイムシは、人間の力によって生息域を大きく拡げていったのである。

そして、歴史上のフナクイムシの位置はゆるぎないものとなった。フナクイムシは、ガレー船上のローマ人、海を行くギリシア人やフェニキア人、そして新大陸に向かう人々に災いをもたらした。一七〇〇年代には、国土を海から守るために築いたオランダの堤防を穴だらけにし、人々の生命を脅かした。その学問上の副産物として、フナクイムシに関するはじめての詳細な研究は、オランダ人の科学者によってなされたのである。かれらにとってその生物学的な知識は、生命にかかわる問題であったのだ。一七三三年スネリウスは、この動物がゴカイの仲間ではなく、ハマグリのような軟体動物であることをはじめて指摘している。一九一七年ごろ、フナクイムシはサンフランシ

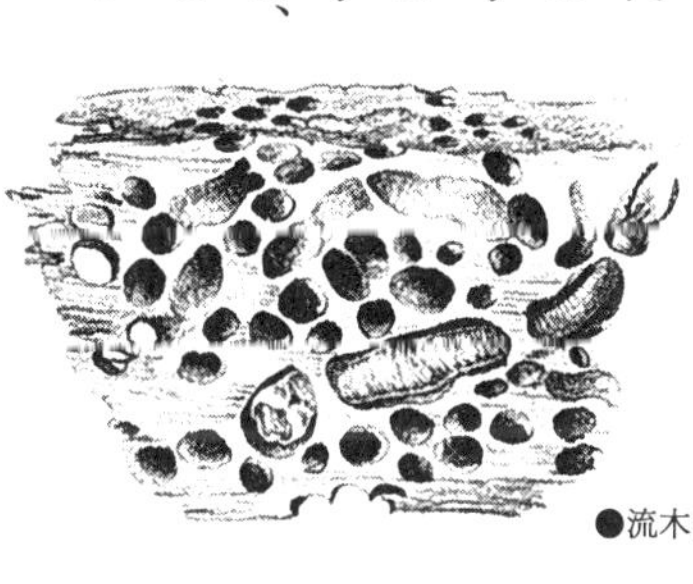

●流木に穴をあけているフナクイムシ

スコ港に侵入し、以前からその侵害を懸念されていたとおり、フェリーの桟橋はくずれ出し、貨車は荷を積んだまま海中へ沈んでしまった。第二次世界大戦中、とくに南方の海域では、フナクイムシは目に見えない強大な敵であった。

雌のフナクイムシは、子供を幼生の段階を終えるまで穴の中に引きとめておく。それから子供たちは、それぞれ小さな二枚の貝に包まれて海中へと出ていく。そして、大人になる前に木質のものにたどりつければ、すべてがうまくいく。かれらは細い足糸を出して錨とし、足を成長させる。やがて殻の外面に鋭い突起が幾筋も現われ、鑿《のみ》のようになって穴を掘りはじめる。

フナクイムシは、強い筋力で突起のついた殻を木にこすりつけ、回転させて、なめらかな円筒形の穴をあけていく。少しずつ穴が延びていくにつれ、削られた木の屑とともにフナクイムシの体も大きくなっていくが、体の片方の端は、小さな入り口近くの壁について水管を出し、海水との接触を確保している。反対側の端は小さな殻がついている。体は鉛筆ほどの太さしかないが、伸ばすと五〇センチ近くもの長さになる。一本の材木に何百匹もの幼生が群がるが、フナクイムシの穴は決して互いに妨害しあうようなことはない。ある一匹が穴を掘っていて、ほかのフナクイムシの穴に近づいたことに気づくと、かならず脇にそれていく。穴を掘りながらフナクイムシは削った木屑を消化管に送りこみ、その一部は消化されてブドウ糖に変化する。セルロースを消化する能力をもつものは、動物の世界では稀で、カタツムリやある種の昆虫の

●コケムシの一種

ほか、ほんのわずかなものだけである。しかしフナクイムシはこの輝かしい技術はあまり使わず、もっぱら海中の豊富なプランクトンを主食にしている。

また、たくさんのカモメガイモドキの痕跡がついている流木もある。カモメガイモドキの穴は、樹皮のすぐ下にあけられた浅い穴であるが、幅が広く、きれいな円筒形をしている。カモメガイモドキの穴掘りはたんに隠れ家を探すためのもので、フナクイムシと異なり木を消化することはできず、水管から吸いこんだプランクトンだけを食べている。

空になったカモメガイモドキの穴は、下宿人にとっては魅力的なところだ。ちょうど空になった鳥の巣が昆虫の棲み家になるように、他の生物がすみついていることもある。リウスカロライナ州にある、ベアズ・ブラッフの海水が入ってくる水路の泥質の土手で、私は穴のあいた材木を拾い上げたことがある。かつてこの中には小さいけれど太った白い殻のカモメガイモドキがすんでいた。借し主の貝はとうの昔に死に、貝殻さえなくなっていたが、穴の一つ一つにケーキの中に埋まっているレーズンのような黒っぽく光る生物が入っていた。それは小さなイソギンチャクの縮んだ体で、シルトを含んだ水と流動しやすい泥に囲まれた世界の中で、わずかにそこに必要な堅い足場を見出していた。そんな意外なところにイソギンチャクを見つければ、誰でも、この幼生はどうやってきれいに穴が掘ってあるアパートのような木片に出合うチャンスをつかまえられたのだろうかと不思議に思うだろう。そして、一匹のイソギンチャクが棲み家を見つけるためには何千という幼生の命が無駄になっていることを思いめぐらし、その膨大な数の生命の浪費に改めて心を動かされるにちがいない。

私たちはいつでも波打ち際の漂着物から、陸の世界とは異なる不思議な沖の世界を想像する。目にするのは生物のかけらや殻ばかりではあるが、そこから生と死を、動きと変化を、そして生物が潮の干満や波、風によって運ばれる姿を、うかがい知ることができる。大人になってから心ならずも運び去られたものは、たいてい旅の途中で死んでしまうが、ほんのわずかのものは新天地にたどりつき、そこに快適な棲み家を見出して生きのび、子孫を増やして生息域を拡げていく。しかし、多くの生物は幼生の期間に移動し、よい場所に行きつけるかどうかということは、条件しだいである。一つは幼生でいる期間の長さ（かれらは大人になるまでに遠くの目的地にたどりつくことができるだろうか？）、次いで、かれらが出合う海水の温度、また海流が適当な海岸へ運んでくれるかどうか、沖の深みへと連れ去られそこで一生を終えてしまうのかということも重要なことである。

そして、浜辺を歩いているときに気づく最も不思議で魅惑的なものは、広い砂の海の真ん中にある孤島のような岩（岩にかぎらないが）に、岩場にだけすむ生物が植民地をつくっていることである。護岸堤防や防波堤、橋や桟橋を支える杭、あるいは、長い間、陽光をあびることなく海底に埋もれ、最近になって顔を出した岩など、硬いものがあると、そこにはすぐ岩場の典型的な生物がすみついてしまう。南北に延々と何百キロも続く砂浜の真ん中で、かれらはいったいどうやって、たちどころに岩場の生物相をつくり上げることができるのだろうか？

このことをよく考えてみれば、幼生は絶えまなく移動し、ほとんどが無駄に終わっても、よい条件が整ったときには、どれか一匹がかならずその機会をとらえ、待ち望んでいた命を得ることが保証されている、ということに気がつくだろう。海流は、ただの水の流れではなく、無数の生物の卵や幼生を運ぶ生命の流れなのである。海流は大洋を横切り、あるいはゆっくりと海岸線に沿って、より頑健なものを旅させる。あるときは海底の冷たい海流となって深く目につかない道を運んでいき、新しい生活を始められる島にたどりつくと、かれらを海面近くへと押し上げる。そして、この営みは、はじめて海に生命が現われたとき以来、連綿と続けられているにちがいない。

そして、海流が一定の道筋を流れつづけるかぎり、もしかすると、いやおそらく確実に、かなりの特有な形態の生物が生息域を拡げて、新しい縄張りを占めるようになるだろう。

これらの事実は、ただそれだけで、圧倒的なまでの生命の力を感じさせる。その力は激しく盲目的で、無意識のうちに生き残るために突き進み、拡がっていく。この壮大な移動に参加したもののほとんどに不成功が運命づけられていることは、生命の神秘の一つである。しかし、何百億という失敗の上に、ほんのわずかでも成功したものが現われたとき、まちがいなくすべての失敗は贖《あがな》われ、成功に転じるのである。

●コケムシの一種

第4章——サンゴ礁海岸

フロリダ・サンゴ礁を端から端まで歩いた人は誰でも、空と海と、マングローブに覆われた島々が点在する独特なたたずまいに感動する。それほど、このサンゴ礁の雰囲気は変化に富み、強い印象を抱かせる。

過去の記憶と、未来への暗示が現実と結びつくのに、ここよりふさわしい場所はないかもしれない。サンゴによって侵蝕され、ギザギザに傷ついたむき出しの岩には、滅びた古《いにしえ》の廃墟を思わせるものさえある。色彩豊かな海底の庭園をボートの上から見下ろすと、そこには熱帯特有の豊潤さと神秘性があり、生命が躍動している。またサンゴ礁やマングローブの茂る湿地帯は、たなびく霞の中に未来を予言するかのように拡がっている。

このサンゴ礁の醸しだす世界と同じようなところはアメリカではどこにもない。実際に、こういう場所は地球上にはほとんど見あたらないのである。沖のほうでは、サンゴ礁が島々をつなぐ房飾りのようにふちどり、また内側の礁原には、サンゴが栄えていたはるか千年も前の暖

Bob Hines

かい海の中で形づくられた古いサンゴ礁の残骸も残っている。ここは、生命のない岩や砂でつくられた海岸ではなく、生物の活動によってつくられた海岸である。そして、その生物というのは、私たち人間と同じように、原形質でできた体をもちながら、海の物質を岩に変えることができるのだ。

地球上の生きたサンゴ礁は、海水の温度が摂氏二一度以下になることが滅多にないところだけに限られている（もし下がるとしても、長期間続くことは絶対にない）。それというのも、サンゴ類が骨格をつくる石灰質を分泌するのに都合のよい暖かさの海の中でのみ、サンゴ礁の主要構造は形づくられるからである。そのため、サンゴ礁や、それに連なる海岸は、北回帰線（北緯二三度二七分、夏至線）と南回帰線（南緯二三度二七分、冬至線）とにはさまれた地域に限定されることになる。さらに、サンゴ礁ができるのは大陸の東側の海岸だけである。そこには、地球の自転や風向きによって決められた法則に基づいて、熱帯からの海流が南極に向かって流れている。一方、西側の海岸は深く、冷たい水が湧き上がるところで、冷たい海流は海岸沿いに赤道に向かって流れているために、サンゴがすむのには適していないのである。

したがって、北アメリカのカリフォルニアやメキシコの太平洋岸では、サンゴ礁を見ることができないが、西インド諸島地域では豊かなサンゴ礁が見られるのである。また、南アメリカのブラジルの海岸や東アフリカの熱帯地方の海岸でも同様のサンゴ礁があり、オーストラリア北東部の海岸、グレート・バリアー・リーフには、サンゴ礁が一五〇〇キロ以上にわたって続き、さながら生きた城壁となっている。

アメリカについていえば、唯一のサンゴ礁海岸はフロリダ・キーズである。ここではほぼ三〇〇キロメートルにわたって島々が南西方向に連なり、熱帯の海域へ達している。これらの島々は、ビスケー湾の入り口の、サンズやエリオット、オールド・ロウズ・キーズなどで、マイアミの少し南から点在しはじめる。またもう一つ南西方向へ続く島々は、フロリダ半島の先端をまわって、フロリダ湾内に散在し、最終的には陸地とは反対の方向に向きを変え、メキシコ湾流が藍色の潮の流れを汗ぎこんでいるフロリダ海峡とメキシコ湾とを分ける細長い線を形づくっている。

海に面したキーズには、五キロから一〇キロの幅で、深さは一〇メートルもなく、海底がゆるやかに傾斜した浅い海が続いている。そこには、深さ二〇メートルほどの、曲がりくねった水路（ホーク水路）が通っていて、小さいボートならジグザグ航路をとって通ることができる。生きたサンゴ礁の壁は、台地のような浅い海の外海に面した側の境界線を形成しており、深い海へ落ちこむ縁《へり》に立っている。

このサンゴ礁は、性質と起源の両方の意味で、二つのグループに分けられる。まず東側の島々は、サンズからロガーヘッド・キーへかけての一八〇キロにわたってゆるやかな弧を描い

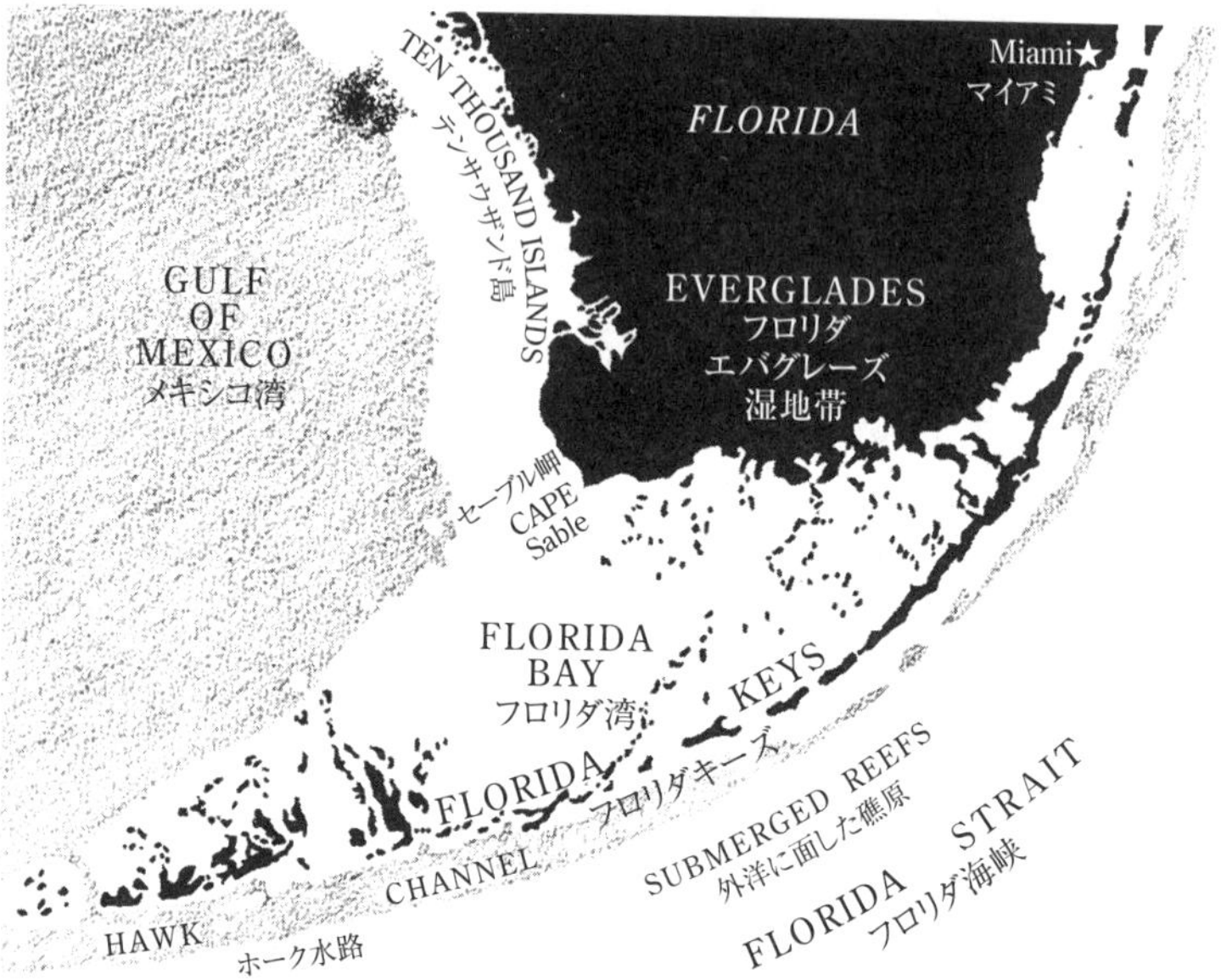

ているが、これは洪積世のサンゴ礁の名残である。ここをつくったサンゴは、最後の氷河期の直前まで、暖かい海の中で活動し繁殖していたが、今日ではサンゴもサンゴの生き残りも、みな乾いた土地になってしまった。この東側のサンゴ礁は、低木や灌木に覆われた細長い島々からできていて、外海に面したところは、サンゴがつくり上げた石灰岩でふちどられている。木々の茂る反対側はマングローブの湿地帯でその迷路を抜ければ、フロリダ湾の浅い海へ出ることができる。一方、パイン諸島として知られる西側のグループは、東側の島々とは異なる種類に属し、地質は間氷期の浅い海底にあった石灰岩から成り立っていて、現在はそれがわずかに海面上に顔を出してい

るにすぎない。しかし、サンゴ礁全体について見れば、サンゴのつくったものであろうと、海の漂流物が固まったものであろうと、これらをつくり上げた「手」は、まさに海そのものなのである。

実体においても、目的においても、海岸は単に、陸と海とが不安定な平衡状態にあるだけではない。いまも、実際に変化が進行しつつあり、その変化は生物の生命現象の過程でもたらされたものであることを雄弁に物語っているのである。おそらくこうした感覚は、キーズをつなぐ橋の上に立ち、何キロにもわたって広がる海と、水平線の彼方まで点々と浮かぶマングローブの島を見ていると、さらにはっきりとしてくる。ここは、過去の想い出にひたる夢の国のように見えるかもしれない。橋の下では、緑のマングローブの種子が水に浮かび、すでに細長い根を水中に伸ばし、伸びていく先にある泥の浅瀬をつかんで、しっかりと根を張ろうとしている。そのようにしてマングローブは、長い年月をかけて、島と島の間の水の上に橋をかけ、やがて陸地にまで伸びてきて、そこに新しい島が生まれる。そして橋の下を流れ、マングローブの種子を運んできた潮流は、沖に岩のように堅固な壁をつくりつつあるサンゴにプランクトンも運んでいく。沖のサンゴ礁はやがてある日、陸地とつながり、この海岸はこうしてつくり上げられたのである。

現存する生物を理解し将来どうなるかを知るためには、まず過去を思い出さなくてはならな

●サンガモン間氷期に形成されたアメリカ大陸南部の海岸。この時期にフロリダ・キーズはサンゴ礁としてつくられた。

い。更新世の間に地球は少なくとも四回の氷河期を経験した。そのときは、苛酷な気候が広い地城に及び、広大な氷原は南のほうまで延びていた。この氷河期のたびに、地球上の大量の水が氷になり、地球的規模で海面が下がったのであった。氷河期と氷河期との間には、穏やかな間氷期があるが、この時期に氷河から溶けた水は海へ帰り、ふたたび海面を上昇させることになった。最後の氷河期として知られるウィスコンシン氷期のあとは、地球の気候は均一ではないにしても全般的に徐々に温暖になっていった。また、ウィスコンシン氷期の前の間氷期は、サンガモン間氷期として知られているが、フロリダ・キーズの歴史と密接に結びついている。

現在の東側のキーズを形づくっているサンゴは、おそらくいまからわずか数万年前のサンガモン間氷期に、これらのサンゴ礁をつくったのであった。やがて海面が、今日よりおよそ三〇メートルも上昇すると、フロリダ台地の南部はすべて海面下に没してしまった。

この台地の南東にあたるゆるやかな斜面のはずれの暖かい海の中、深さ三〇メートル以上のところでサンゴが生長を始めたのであった。その後、海面は約一〇メートル下降した（これは次の氷河作用の初期段階で、海から蒸発した水は、はるか北方で雪になって降るのである）。そしてさらに一〇メートル下がった。浅くなった海の中でサンゴは異常なほど繁殖し、サンゴ礁は海面に向かって生長していった。しかしはじめはサンゴ礁の生長にとって好都合であった海面の下降は、やがてそれを破壊することになってしまった。それは、ウィスコンシン氷期に北方の氷の量がふえるにつれて、海面は低くなり、サンゴ礁が大気中にさらされ、そこに生きていたサンゴが死滅したからである。その後、このサンゴ礁は短期間ではあるがもう一度、海中に没することがあった。だが、サンゴ礁をつくった生命を呼び戻すことはできなかった。それからまた海上に現われたサンゴ礁は、現在キーズの水路になっている低い部分以外は、いまもそのままの状態になっている。古いサンゴ礁で海面に露出しているところは、雨に溶かされたり、塩分を含んだ海水のしぶきに打たれて、深く浸蝕され割れ目ができている。それらの古いサンゴ礁は、あちこちに頭を出しているが、独特の形から見て同一種であることは明らかである。

サンゴ礁がまだ生きていて、サンガモン間氷期の海の中で礁を形成しつつあったころ、のちにキーズの西側の石灰岩になった沈殿物は、礁の陸地側に沈積されていった。いちばん近い陸地は、北方二四〇キロのところにあった。当時、現在のフロリダ半島の南部は全部海中に沈んでいたのである。たくさんの海の生物の死骸や溶けた石灰岩、海水の化学反応によって、浅い海の底は軟泥に覆われていった。

そして海面の高さが変化すると、軟泥は締まっていき、白いしっかりとした構造の石灰岩になった。その中には魚の卵に似た炭酸カルシウムの小さな球が無数に含まれていた。このような特徴のために、この石灰岩は、「魚卵状石灰岩」あるいは「マイアミ・オーライト」と呼ばれている。これがフロリダ半島南部の基盤になっている岩である。これはフロリダ湾の最近の沈殿物の下にある地層で、パイン諸島のサンゴ礁の西側のビッグパイン・キーからキー・ウェストにかけては、隆起して地表になっている。フロリダのパーム・ビーチや、フォート・ローダーデール、マイアミといった町は、この石灰岩の上につくられている。ここはかつて潮流がフロリダ半島の古い海岸線を洗っていたころ、軟泥が曲線を描くように集まってできたのである。エバグレーズ湿原を訪れると、尖端が鋭く尖っているものや、しずくの一滴一滴でうがたれたような小さな穴のある奇妙な形のマイアミ・オーライトを見ることができる。タミアミ街《トレ》道《イル》や、マイアミからキーラーゴ島までのハイウェイをつくった技師は、まずそこにあった石灰岩をさらい、それをハイウェイの土台に使ったのであった。

過去を知るためには、昔、まだ地球が若かったとき起こったことの再現であり、現在でもくり返されているパターンを見ればよい。いまも昔も、沖では生きたサンゴ礁がつくりつづけられているし、浅い海には沈殿物が積もりつつあり、そして海面は、ごくわずかで目に見えないほどであるが確実に変化している。

サンゴ礁海岸では、海の色は浅いところは緑色で、はるか沖は青い色をしている。しかし、嵐のあとや南東寄りの風が吹きつづいたあとは、「白い水《ホワイト・ウオーター》」がやってくる。この水は、石灰質を豊富に含んだ乳白色の沈殿物がサンゴ礁から洗い出されたり、かき回されて深い海底から舞い上がり、サンゴ礁の平らな浅い海を越えてきたのである。こんなときは、潜水マスクやアクアラングなどは役に立たない。海中の視界は霧のロンドンとほとんど変わりがないからである。

●マルスダレガイ科の一種

「白い水」はキーズをめぐる浅い海で、沈殿作用が広範囲に非常に高い割合で起こっていたことの間接的な結果である。海岸から水の中に二、三歩踏みこむと、底に堆積している白い沈泥《シルト》が巻き上がってくる。それはあたかも、すべてのものの上に雨のように降り注ぐ。細かい粉末は、カイメンやヤギ、イソギンチャクの上に積もり、丈の低い海藻の上にも降り注いで覆いかくし、呼吸をできなくして、大きなロガーヘッドカイメンの黒い体をほとんど真っ白にしてしまう。そこに足を踏みこむものは、シルトを雲のように湧き立たせ、また、風や激しい潮の流れも同じような働きをしている。堆積作用はじつに驚くほどの速さで進行する。嵐のあとなどには、満潮から次の満潮までの間に、五センチから八センチも新しく沈積することがある。これらの原料は、さまざまである。死んだ動物や植物が崩壊して物理的に生じたもの——軟体動物の殻、石灰質が沈着した海藻、サンゴの骨格、ゴカイや巻貝の棲管、ヤギやカイメンの骨片、ナマコの骨板などである。また、一部は水の中で化学的に生じた炭酸カルシウムが沈殿したものもある。これは南フロリダを形づくっている広大な石灰岩地帯から徐々に浸出し、川やエバグレーズ湿地帯の緩慢な排水作用によって海に運ばれてきたものである。

現在のキーズの沖合数キロ先には、生きたサンゴ礁があって、浅い海をふちどり、急勾配で深くなっているフロリダ海峡が見渡せる。このサンゴ礁はマイアミの南、フォイ・ロックスからマルケサス、トルチュガにまで拡がり、約二〇メートルの等深線を描いている。しかし、あまり深くないところでは、あちこちで海面を破って顔を出し沖の小島になり、灯台が立っているところもある。

小さなボートに乗ってサンゴ礁へ漕ぎ出し、底にガラスを嵌めた箱で海の中をのぞいても、この地形全体を展望するのは難しい。一回で見ることのできる範囲はほんのわずかだからである。さらに探索しようともぐったダイバーでさえ、地上を吹く風の代わりの潮に流されながら、ヤギが灌木のように茂り、シカツノサンゴが石の木のように立っている高い丘の頂上に自分がいるのだと感じることは難しい。陸地側の海底はゆるやかに傾斜し、丘の頂上から水量豊かなホーク水路の広々とした谷間へと続いている。それからふたたび隆起して低い島の鎖——つまりキーズ——として海面に姿を現わす。サンゴ礁の外洋側の海底は急に深くなり、海はその青さを増していく。生きたサンゴ礁は、約二〇メートルの深さのところに生長する。海が深さを増し暗くなり、沈殿物が多くなってくるところには、生きたサンゴ礁の代わりに、海面がいまより低かった時代に形成された古サンゴ礁の残骸が土台のように沈んでいる。水深がおよそ二〇〇メートルほどになると、海底は凹凸のない岩でできたプールタレス台地になる。動物相は豊富だが、ここに生息するサンゴは、サンゴ礁をつくらない。水深が五〇〇メートルから九〇〇メートルになると、ふたたび沈殿物が堆積しはじめ、海底の傾斜は、メキシコ湾流が流れこむフロリダ海峡の海溝へと続いていく。

サンゴ礁自体についていえば、無数の生物——動物も植物も生きているものも死んだものも——が、その形成に参加している。いろいろな種類のサンゴが石灰質の小さなカップをもち、それを使って多種多様な不思議な美しさをもつ形をつくり、サンゴ礁の基礎になるのだ。しかし、サンゴのほかにも建築家はいて、サンゴ礁のあらゆるすき間には、かれらの殻や石灰質の管が詰まっていたり、非常に多様な起源をもつ石を固めたものが入っていたりする。棲管をつ

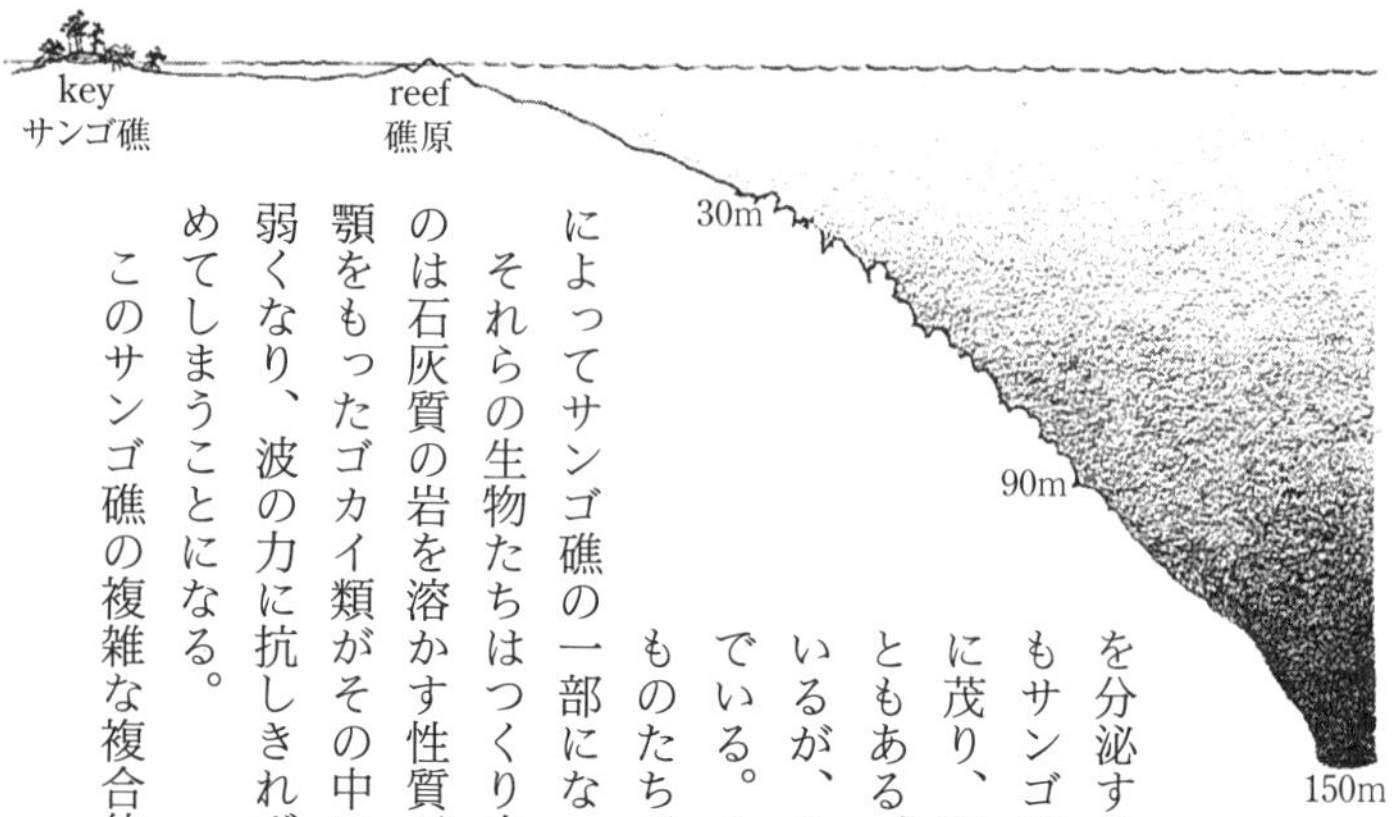

くるゴカイ類の集団もあれば、歪んだ管状の殻が絡みあってしっかりした構造をつくっている巻貝の仲間もいる。石灰質を分泌する海藻は、本来、体の組織の中に石灰を含んでいるが、これらもサンゴ礁そのものの一部になることもあれば、陸に近い浅い海で豊富に茂り、死ぬことによって、その体はやがて石灰岩をつくる砂になることもある。ツノサンゴやヤギは、ウミウチワやムチヤギとして知られているが、これらはすべて軟らかい組織の中に針状になった石灰質を含んでいる。またヒトデやウニ、カイメンやその他の厖大な数の小さな生きものたちがもっている石灰質も、最終的には、時の流れと海の化学作用によってサンゴ礁の一部になっていくのである。

それらの生物たちはつくり出すものもあれば、破壊するものもある。硬カイメンのあるものは石灰質の岩を溶かす性質があり、貝のような軟体動物の殻に穴をあけてしまうと、鋭い顎をもったゴカイ類がその中に入りこみ中身を食べてしまう。その結果、サンゴ礁の構造は弱くなり、波の力に抗しきれずに壊れ、外海に面した一部が、深い海底に崩れ落ちる日を早めてしまうことになる。

このサンゴ礁の複雑な複合体の基礎となるものは、サンゴのポリプという、信じられないほど簡単な外見をした小さな生物である。サンゴは、イソギンチャクと分類学的には同じ系統に属している。形は円筒形で壁は二重になり、底のほうは閉じているが、もう一方の端は開いている。開いた口の周囲には、何本もの触手が冠のようについている。ただイソギンチャクとの重要な違いは——まさにこの違いのためにサンゴ礁が存在するのであるが——、つぎのようなことである。つまり、サンゴのポリプは石灰質を分泌し、体の周囲に硬いカップをつくることができる。この分泌は管の外側の層の細胞で行なわれ、貝の殻が軟らかい組織の外側の層——外套膜——から分泌されるのと同じである。こうして、イソギンチャクに似たサンゴのポリプは、岩のように硬い物質に仕切られた小部屋の中にいることになる。それは、ポリプの「皮」は内側に曲がりところどころに垂直の囲いを連ねるからである。そして外側の細胞のすべてが盛んに石灰質を分泌するために、カップの周囲はなめらかではないが、内側には、隔壁が突き出し、サンゴの骨格を調べた人には馴染みの深い星形や花の形の仕切りをつくっている。

●キクメイシの仲間（左），ノウサンゴ（中），スターレットサンゴ（右）

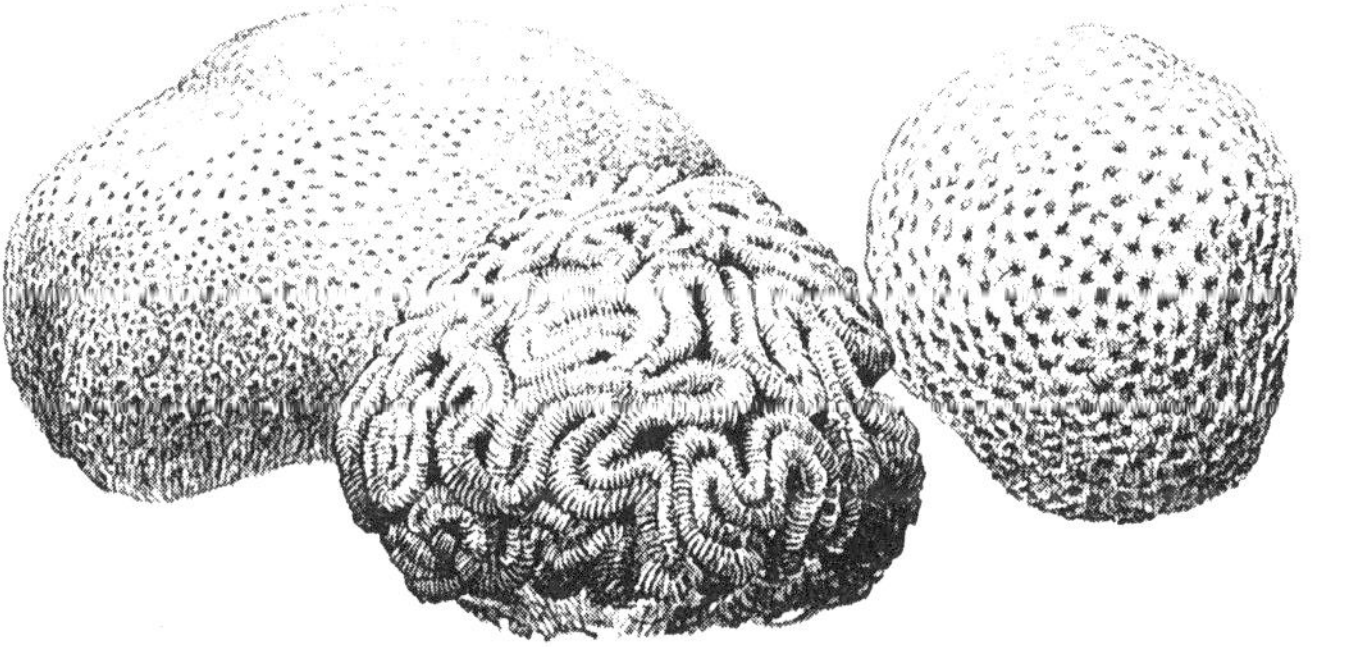

多くのサンゴは、たくさんの個虫が集まってできている群体である。しかし、この群体のどの個虫も、たった一個の受精卵から生まれ、成長し成熟して新しいポリプをつくってきたのだ。そしてこの群体は、種によって特徴のある形をしている。たとえば、枝分かれしているもの、玉石のようなもの、硬い表面で平たいもの、コップのような形のものなどがある。これらの中で生きているポリプは表面だけにしかいないので、芯は硬くなっている。生きているポリプは数種類に分かれて広く散らばっているものもあれば、他の種類とぴったりと隣接しているものもある。やがて群体が大きくなり、どっしりとしてくればくるほど、一つ一つの個虫はいっそう小さくなっていくことも実際にしばしば見られる。人間の背丈よりも高く、枝分かれしているサンゴのポリプの一つ一つは、たった三ミリぐらいの長さしかないといってよいだろう。

サンゴの群体の硬い物質は、普通は白い色をしているが、これは共通の利益の関係から、軟らかい組織の中にすみついている微小な植物細胞と同じ色を装うこともある。かれらの間では、植物は二酸化炭素をとり入れ、動物は植物が放出した酸素を使うというような関係が成り立っている。しかし、この特殊な共同生活には、さらにほかに重要な意味があるのかもしれない。海藻の黄色、緑色、褐色の色素は、カロチノイドという化学物質の一種である。最近の研究によれば、海藻の中に封じこめられたこれらの色素は「体内相互関係者」としてサンゴに作用し、繁殖過程に影響を与えているということである。普通の状態では、海藻が近くにあることはサンゴには好都合なのだが、弱い光の下ではサンゴは分泌物を出して海藻を追い払おうとする。おそらく光が弱かったりまったくなかったりすると、植物は全体的な生理作用が変化し、有害な代謝生産物を出すために、サンゴは寄生的な植物を追い出さなければならなくなるのだろう。

サンゴの社会の中には、ほかにも奇妙な共同生活を送っているものがある。フロリダ・キーズや西インド諸島では、ノウサンゴの表面にサンゴヤドリガニの仲間がかまどの形をした空洞をつくる。サンゴが生長しつつある間、若いこのカニは棲み家に出入りするために半円形の入り口をきちんとこしらえておく。ところが、このカニはすっかり成長するとサンゴの中に閉じこめられてしまうのだといわれている。フロリダサンゴヤドリガニの生活様式については、正確なことはほとんどわかっていないが、これと関係があるとされている種類がオーストラリアのグレート・バリアー・リーフのサンゴ礁にもいて、そこでは雌だけがこぶのような空洞をつくっている。この雄は非常に小さく、空洞の中にいる雌を訪ね、やがて一緒に閉じこめられてし

●サンゴのかけらや堆積物でつくられたミノガイ科のカイの巣。サンゴ礁が巣のまわりに生長して，閉じこめられることもある。

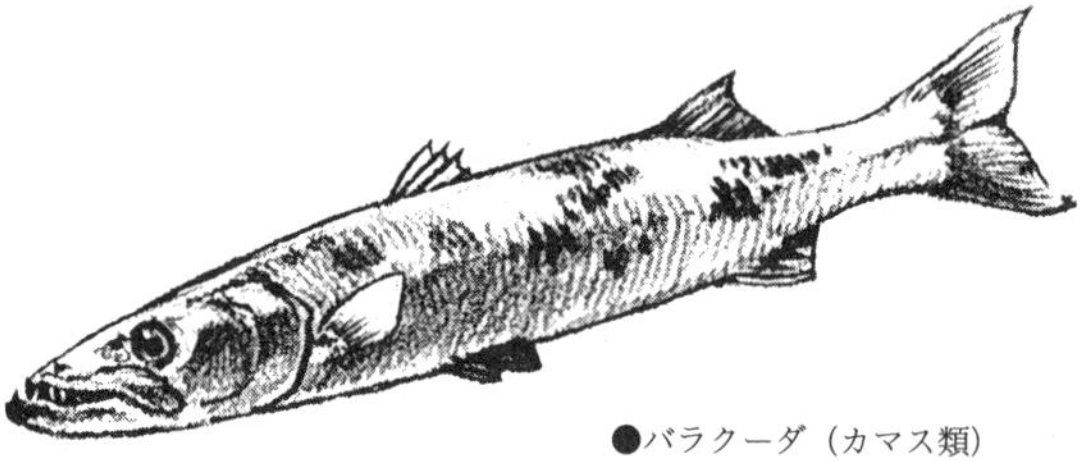

●バラクーダ（カマス類）

まう。この種類に属する雌は、吸いこんだ海水から濾しとる餌に頼りきっているので、消化器官やその他の付属器官は非常に変形している。

海岸近くと同じように、サンゴ礁全体を見るといたるところにツノサンゴやヤギ類が豊かに生息し、ときには数の上からも普通のサンゴに勝っている。すみれ色のウミウチワは、流れる海水にレースを拡げ、扇状の体全体から小さな穴を通して無数の口を突き出し、触手を伸ばして餌を捕まえている。硬くて光沢のある殻をもち、フラミンゴの舌と呼ばれている小さな巻貝、カフスボタンガイは、しばしばこのウミウチワの上で生活している。かれらは殻を包むように軟らかい外套膜を拡げるが、それには、薄い肌色地に無数のいびつな三角形の模様がついている。ムチヤギとして知られる仲間は、さらにたくさんあり、海の灌木のようにびっしりと生え、ふつう背丈は人の腰のあたりまでだが、ときには人間の高さほどになることもある。藤色、紫色、黄色、橙色、褐色、黄褐色は、サンゴ礁のヤギの仲間が身にまとう色である。

サンゴ礁の壁は、黄色や緑、紫色や赤の彩りのカイメン類で絨毯のように覆われている。そして、エキゾチックな軟体動物でつくられた宝石箱や、棘のあるカキがそこに貼りついている。岩のくぼみや割れ目には、長い棘のあるウニが、毛を逆立てたボールのように影を落としている。銀色に輝く魚の群れが、キラキラと体を光らせながらサンゴ礁の前を通りかかる。そこにはフエダイやカマスのような孤独な狩人が、かれらを捕らえようと待ちかまえている。

夜になるとサンゴ礁は活気づいてくる。石のようなサンゴの枝や塔、半円形の門のようなところなどのいたるところから、また太陽の光を避ける隠れ家であるカップの中から、小さくなっていたサンゴ礁にすむ小動物たちが姿を現わしてくる。触手のついた頭を突き出し、暗い海面へ向かって浮き上がってくるプランクトンを捕まえようとする。小さな甲殻類や微小なプランクトンは、サンゴの枝と反対の方向へ漂っていこうとするが、たちまち触手についている無数の刺胞の餌食になってしまう。だが、小さいとはいえ立派な動物でもあるプランクトンには、シカツノサンゴの華奢な枝が絡みあった中を無事に通り抜けるチャンスも、ほんの少し残されている。

サンゴ礁の他の生き物たちも、夜の暗さを感じとり、大多数は昼の間隠れ家として使っていた洞穴や、割れ目から姿を現わしてくる。大きなカイメンの中に隠れている奇妙な動物群さえも──小エビ、トビムシ類、その他

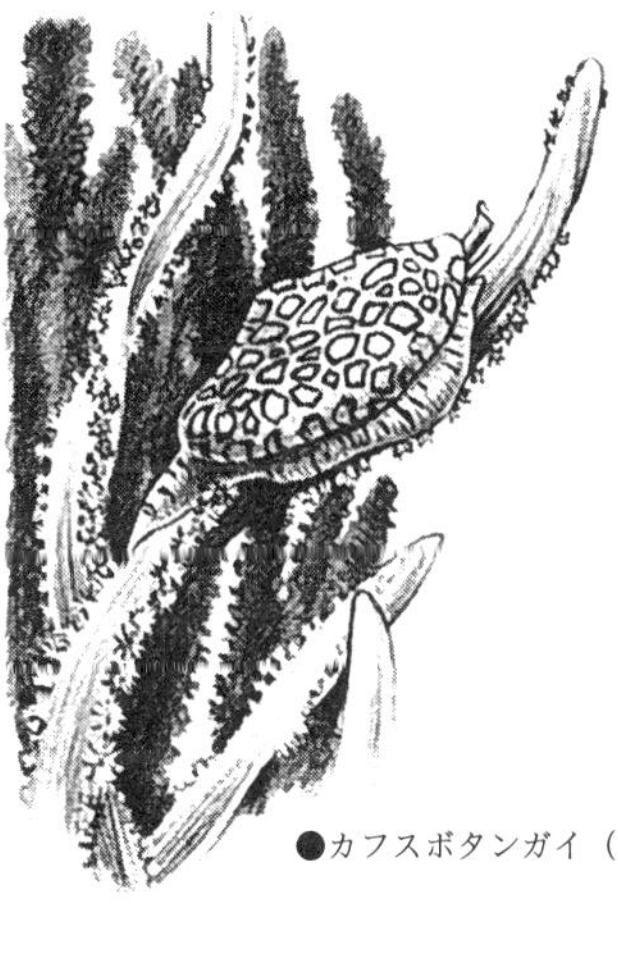

●カフスボタンガイ（ウミウサギガイ科）

の生きものが招かれざる客としてカイメンの体の奥深くで生活している——夜になると、暗くて狭い通路を這い上がってくる。そして、まるで外のサンゴ礁の世界を眺めようとするかのように出口へ集まってくる。

一年のうちのある決められた夜に、サンゴ礁では異常な事態が起こる。南太平洋の有名なパロロ（イソメの仲間）は、ある一定の月のある一定の月夜に——このときだけに限られる——無数の群れをなして産卵のために集まってくるが、これら近縁の種類が西インド諸島のサンゴ礁や、フロリダ・キーズの一部にいることは、あまり知られていない。大西洋のパロロの産卵は、フロリダ岬のドライ・トルチュガ群島のサンゴ礁や西インド諸島のいくつかの地域で、何度も観察されてきた。ドライ・トルチュガ群島では産卵はいつも七月のしかも下弦の月の時期に行なわれ、上弦のときにはあまり起こらない。そして、パロロは新月には決して産卵しないのである。

パロロは死んだサンゴでできた岩の穴にすんでいるが、他の生物の穴を自分のものにすることもあれば、岩を噛み砕いて自分で穴を掘ることもある。この奇妙な小動物の生活は光によって左右されているようだ。まだ未熟なパロロは、光——日光でも、満月の光でも、もっと薄暗い月の光でも——を避けようとする。夜の最も暗いときだけ、そして光線が絶対に射さないようなときだけパロロは穴から出てきて、岩についている植物を食べるためにわずか一〇センチほど這いまわる。やがて産卵の時期が近づいてくると、パロロの体には目立った変化が起きてくる。生殖細胞が成熟してくると、どのパロロも後ろから三番目の体節の色が変わるのである。つまり、雄は濃いピンクになり、雌は緑がかった灰色になってくる。そのうえ、この部分は卵や精子のためにふくれ上がり、体壁は非常に薄く破れやすくなっていて、この体節と前の体節との間のくびれ方の違いは非常に目立つようになる。

ついにその夜がやってくると、パロロは――外見は非常に変わっているが――月の光に対しても、いままでとはまったく違った新しい方法で反応するようになる。もはや光を避けることもなければ、穴の中に隠れているようなこともない。それどころか、奇妙な儀式のパフォーマンスのために外に出てくるのである。そして、穴から出てきたパロロは、ふくれて体壁の薄くなった尾部の端を突き出し、体をくねらせたり螺旋状にもだえるような動きを続け、最後には突然、体の弱いところから破れて二つに分かれてしまう。分かれた二つの体には、それぞれ違う運命が待っている――一つは穴の中にとどまり、暗闇の中で臆病な食物あさりの生活を再開し、もう一方は海面に向かって泳ぎ出し、何千もの大きな群れをつくる。その中で種の生殖活動が行なわれるのだ。

夜明け前の数時間、群れをなすパロロの数は急速にふえ、夜が明けるとサンゴ礁の海は文字通りパロロで満ちあふれる。太陽が昇り、最初の光が射すと、光に強く刺激されたパロロは、乱暴に体をねじったり縮めたりしはじめ、ついに薄い体壁が破れるとそこから水の中へ卵や精子を放出する。仕事を終えたパロロは、しばらくの間、弱々しく泳ぎつづけるが、やがてこの宴に集まってきた魚の餌食になる。幸い逃れたものも間もなく海底に沈み、そこで死を迎える。受精卵はまず海面に浮かび、ついで深さ数メートルのところを広範囲にわたって漂うことになる。そしてすみやかな変化――卵割、構造の分化が始まる。その日の夕方には、卵は小さな幼生になり、海の中をぐるぐると螺旋運動をしながら泳ぐようになる。その後、三日間幼生は海面で生活し、それからパロロたちはサンゴ礁の穴の住人になる。一年後、ふたたび産卵の時期がめぐってくると、同じような行動をくり返すのである。

西インド諸島にいるこのパロロと近縁の種類のあるゴカイは、周期的に群れをなし、暗い夜に、光を発しては花火のような美しい絵巻物をくりひろげる。コロンブスが、一〇月一一日「陸地発見の約四時間前、月が出る一時間前」に見たと記しているあの神秘的な光こそ、この「ヒカリゴカイ」だと信じている人もいるくらいだ。

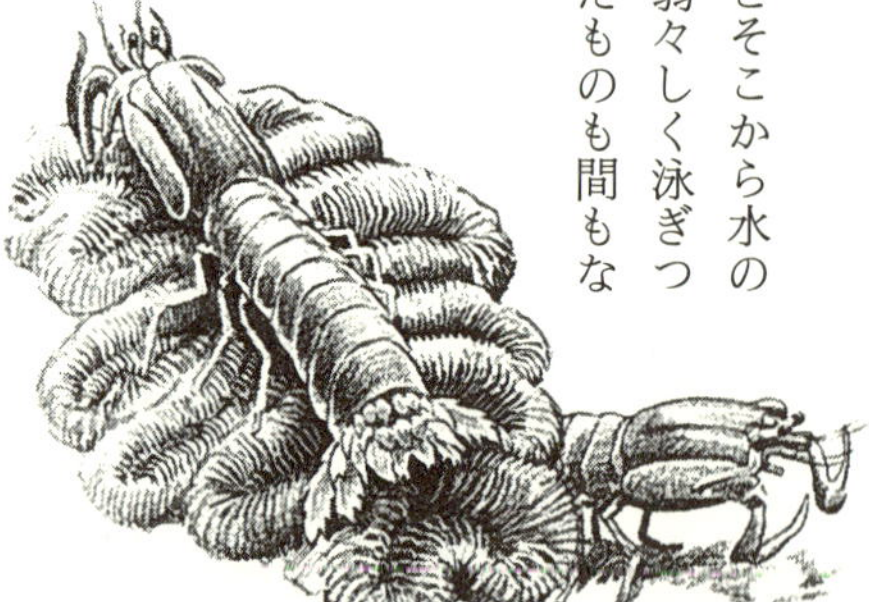

●シャコの一種

サンゴ礁から流れこみ礁原を洗い流す潮流は、海岸に近いサンゴの岩に向かい、そこで静止する。キーズに散在する岩の中には、穏やかに風化されて、表面が平らになめらかになったり、角がまるくなっているものもあるが、その多くは海に浸蝕されてぎざぎざした深いくぼみができている。これは何世紀にもわたる波や塩を含んだしぶきの溶解作用がもたらしたものだ。そのようすは、あたかも荒れ狂う嵐の海が、そのまま凍りついてしまったようでもあり、月の表面のようでもある。小さな洞窟や溶けてできた穴が、高潮線の上下に散在している。このような場所に来るといつも、足もとの古いサンゴ礁が、いまでこそ崩れ汚れているが、かつては繊細な彫刻をほどこされた器であっていきいきとした生物が満ちあふれていたのだということを、強く感じさせられるのである。このサンゴ礁をつくり上げた生きものは、みな死に絶えてしまった――すでに何千年も経っている――しかし、かれらが創造したものが残っているかぎり、その一部はまだ現在に生きているといえるのではないだろうか。

鋸の歯のような岩の上にたたずんでいると、サンゴ礁を渡ってくる風や、水の動きが生み出す呟くような囁くような音がかすかに聞こえてくる――それは人間の世界のものではなく、潮の世界でのみ聞きとることができる声なのである。荒涼とした場所を覆っている静寂を破る生物のサインは、ほんのわずかしかない。黒い体の等脚類――フナムシ――が、乾いた岩の上を大急ぎで走って小さな洞穴の一つに逃げこもうとしている。この虫が、あえて光や目ざとい外敵に身をさらすのは、暗い隠れ家から他の隠れ家へすばやく移るときだけだ。かれらは、サンゴ礁の岩に何千となくすんでいるが、海岸がすっぽりと暗闇に包まれる前に餌にする動物や植物の残骸のかけらを探して、何度も出てくるのだった。

高潮線の近くには、見えないくらい小さな植物が生えているので、サンゴ礁の岩は黒ずんでいる。この不思議な黒い線は、世界中の海岸の岩場に、海の縁《へり》を記すかのように引かれている。サンゴ礁の岩は表面が凹凸して深い割れ目があり、そこを通って海水は高潮線の岩の下まで入りこみ、黒い帯は鋸の歯のような尖端、くぼみの縁、小さな洞穴にまで延びている。しかし実際には、岩の下のほうに引かれている黄色味がかった灰色の線のあたりで、潮位は上下しているのである。

殻に黒と白の縞模様や市松模様のついた小さな巻貝――アマガイ――は、サンゴ礁の割れ目や空洞にぎっしりと詰まっているか、むき出しの岩の表面にいて、餌を運んでくれる潮がやってくるのをひたすら待っている。表面がざらざらしたビーズのような丸い殻の持ち主はタマキビの仲間である。このタマキビは、他の仲間と同じように、陸地へ試験的な侵入をして、海岸の岩や桟橋の杭の下などで暮らしているが、陸生植物が生えているすぐ近く

●フナムシ

まで入りこんでいるものもある。クロフトヘナタリガイは、高潮線の真下にたくさんすんでいて、岩に張りついている薄い海藻を食べている。巻貝は生きている間、高潮線との漠然とした絆を守っているが、死んでしまったあとの殻は、もっと小さなヤドカリに見つけられ、その棲み家になって海岸のずっと低いところまで引っ越してしまう。

深く奥まで浸食された岩は、ヒザラガイの棲み家になる。ヒザラガイの原始的な形は、古代の軟体動物を思わせるが、まさにヒザラガイこそかれらの唯一の生き残りなのである。卵形の体は、八枚の細長い板を横につないだような殻によって覆われ、この形は潮が引いたとき、岩のくぼみにぴったりと入りこむのに好都合である。ヒザラガイは岩の輪郭に沿ってしっかりとしがみついているため、激しい波もこの貝をはがすことはできない。潮が満ちて海水がかれらを覆うと、ヒザラガイはふたたび岩についた海藻にやすりをかけるかのように這いはじめる。そして、体をあちこちゆり動かしながらときどき歯舌でこすり取るような動作をする。月が沈みまた出てくるまでの間、ヒザラガイは自分のまわりをほんの一メートルぐらい移動する。こういう定着性があるので、海藻の胞子やフジツボの幼生、棲管をつくるゴカイ類などは、この殻の上に居を定めて育っていく。ときさに

●ブラックエンゼルフィッシュ

は暗い湿った洞穴の中で、ヒザラガイが折り重なるように集まって、互いに背中についた海藻をこすり取っていたりする。原始的なこれらの軟体動物は、細々としたかすかな方法で、地質学的な変化まで起こしているのである。つまり、岩の上で餌を探して移動したり、海藻と一緒に岩のかけらを少しずつこすり取ったりすることを太古の時代から、何百年も何千年もの間、単調な生活の中でくり返すうちに、地球の表面の侵蝕作用にまで手を貸すようになってしまった。

このキーズでは、イソアワモチと呼ばれている小さな軟体動物が、潮間帯の岩の小さな洞穴の奥にすんでいることがある。入り口には、しばしばイガイが一面についている。イソアワモチは軟体動物であり巻貝であるのに、殻をもっていない。こういうものは主にカタツムリやナメクジなどが属する陸生の種類なのだが、これらの中にも殻のないものや殻が隠れて見えないものがかなり見うけられる。イソアワモチは、熱帯の海岸の、普通はひどく侵蝕された岩場にすんでいる。潮が引くと、小さな黒いイソアワモチの行列が、邪魔をしているイガイの間をぬうようにして、ゆっくりと押しあいへしあいしながら入り口から這い出してくる。一つの洞穴から平

●ヒザラガイの一種

均一ダース以上のイソアワモチが岩場の餌を求めて出てくるが、これはヒザラガイと同じように海藻をこすり取ろうとするためである。外に出るときのイソアワモチは、漆黒に濡れて輝いて見えるねばねばした被膜で覆われている。体は、風や太陽にさらされて乾くと、濃いブルーになり、被膜はかすかに光沢のある乳白色をおびてくる。

外に出たイソアワモチは、岩の上をあてずっぽうに不規則な道を通って列をなしていく。かれらは潮が最も引いたときに餌を食べるのだが、ふたたび潮が満ちてきてもまだ食べつづけている。海水がかれらの体を浸し、棲み家にしぶきがかかるようになる少し前――三〇分ほどだろうか――やっと食べるのをやめて家に帰りはじめる。来た道がどんなにくねくねと回り道をしようと、帰り道はまっすぐである。しかも、帰り道の途中に、ひどく侵蝕された岩があろうと、家路を急ぐ他のイソアワモチの行列と交差しようと、全員がきちんと自分の棲み家へ戻るのである。イソアワモチの各々が一つの共同体の一員で、餌を漁りにあちこちに散らばっていても、ほとんど同時に帰りはじめる。いったい何がそうさせるのだろう？　潮が満ちてくることではないようだ。海水に触れる機会はないからである。そのうえ、潮が棲み家のある岩まで満ちてきても、イソアワモチは中にいて安全なのだから。

この小さな生物のあらゆる行動様式は、判じものみたいである。なぜ、何千年も何万年もの大昔に見捨てた海岸に、ふたたびすむようになったのだろうか。かれらは潮が引いたときだけ現われ、どういうわけか、いまにもそこに潮が満ちてくるという状況を敏感に感じとって巣に戻っていく。そのようすは、まるで陸地への親近感を思い出し、潮に見つかって連れていかれる前に大急ぎで無事に家に帰りつこうとしているかのようだ。海に惹かれながらも、それを拒絶しようとするこの行動様式は、どうやって身につけたものだろうか。私たちは疑問を発するのみで、答えることはできないのだ。

イソアワモチは餌を探している間、身を守るために、敵を見つけ追い払う武器をもっている。背中には小さい乳頭突起があって、光や影が通り過ぎると敏感に反応する。そのほかに、外套膜にはもう少し丈夫な乳頭突起をもち、これには強い酸性の乳白色の液を分泌する腺までついている。もし他の生物が突然邪魔をするようなことがあると、酸性の液を吹き出すが、これは体長の一二倍にあたる一〇〜一五センチのところまで届き、細かく空中に散らされる。ずっと以前、ドイツの動物学者であるゼンパーは、フィリピン産のイソアワモチの一種について研究したことがあるが、この二つの武器は海岸で跳びはねているギンポの仲間から身を守るのに役立っているのではないかと考えた。ギンポというのは、熱帯のマングローブの海岸にたくさんいて、潮の上へ跳びはねてはイソアワモチやカニを食べる魚である。ゼンパーは、イソアワモチは近づいてくる魚の影を見つけると、白い酸性液

●石灰藻の一種

を吹きつけて追い払うのだと推論した。フロリダや西インド諸島のどこにも、水面から跳びはねて餌を探すような魚はいない。しかし、イソアワモチが餌を食べているような岩には、カニやフナムシのような等脚類の動物が這いまわっていて、岩にしっかりとつかまっていることができずのろのろとしたイソアワモチを海に突き落とすことぐらいは、たやすいことなのである。どのような理由にしても、イソアワモチにとってカニやフナムシ類は危険な敵であり、そんなものと出合うときは、刺激性のある化学物質を吹きかけることで応じなければならないのだ。

熱帯では、潮間帯の細長い地域の状態は、ほとんどの生物にとって必ずしも快適なところではない。潮が引いている間、熱い太陽にさらされると、危険はさらに増大する。平坦に、あるいはゆるやかに傾斜して堆積している密度の高い海底の堆積物の層は、すぐに潮とともに移動する。したがって、北部の澄明な冷たい水の岩場に生息するタイプの多くの動植物はすみつくことはできない。ここでは、ニューイングランドのイガイやフジツボの厖大な集団の代わりに、この種のものは小集団で点在しているにすぎない。そして、サンゴ礁によって多様に変化していくことはあっても、大量にふえることはない。北部の海には、海藻が森林のように茂っているのに、ここでは石灰質を分泌する脆い海藻を含めてほんの少しの海藻が、まばらに生えているだけである。小さな動物の隠れ家になってかれらを守ってくれるようなものは皆無に等しい。

もし、小潮の干満によって仕切られたこの地帯が、一般にすみにくいとされていても、二つのタイプの生物——一つの植物と一つの動物——だけは、ここで完全にくつろいですみつき、大量にふえている。その植物というのはとくに美しい藻類で、緑色のガラス球のような塊が束になっている。これが「シーボトル（海の酒瓶）」とも呼ばれるヴァロニア（緑藻の一種）で、水とある化学反応を起こす液汁の入った大きな液胞をもつ緑色の海藻である。この液汁は、太陽の光の強さの変化や、波に置き去りにされたというような外界の状態に応じて、成分のナトリウムイオンとカリウムイオンの比が変わるようになっている。張り出した岩の下や隠れ家になりそうなところで、ヴァロニアは深く積もったシルトの中に半ば埋もれたエメラルド色のマットや、玉をつくっていく。

　サンゴ礁の潮間帯を象徴する動物は巻貝である。その構造といい、存在様式といい、軟体動物の典型的な生活形態とは異常な対照をなしている巻貝の一群である。これがムカデガイ科ホソヘビガイに属する「ゴカイのような」巻貝と呼ばれているものである。その殻には普通の腹足類に見られるような、巻貝の螺旋状の隆起部であるうずまき塔や円錐状のものはなく、ゴカイ類がつくる石灰質の管によく似た形の、ゆるくほどけたような管があるだけである。この種類は潮間帯にすみ集団をなすが、そこでの管はしっかりと束になり絡みあった塊になっている。

　このホソヘビガイの性質、形態、習性が近縁の軟体動物とはかなりかけ離れていることは、

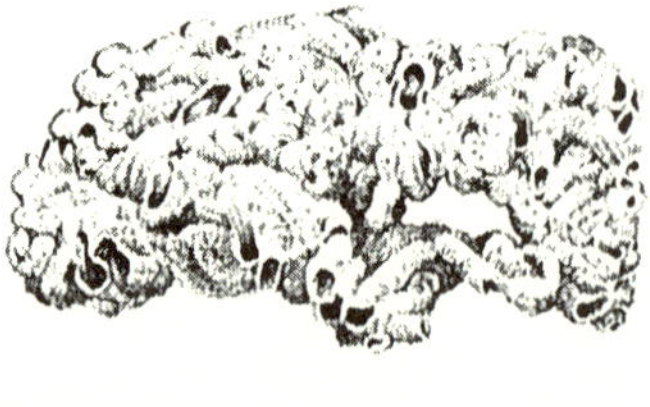

●絡みあった殻をもつ群生のホソヘビガイの一種

かれらの環境状態や、空いている生態学的地位《ニッチ》にいかにすばやく適応するかということが雄弁に物語っている。サンゴ礁が台地のように平坦になっているこのあたりでは、一日に二回、潮の満ち干があるが、潮が満ちるたびに沖から新しい餌が運ばれてくる。これほど豊かな餌を手に入れる最良の方法は一つしかない。つまり一カ所にじっとして、潮が満ちてきたとき餌を捕らえるやり方だ。フジツボ、イガイ、管状の巣をつくるゴカイ類などは、別のところでも同じようにして餌をとっている。だが、この方法は、巻貝の生活手段としては一般的なやり方ではない。しかし、この風変わりな巻貝は、動きまわるという典型的な習性を捨て去り、環境に適応して定着するようになったのだった。そして、もはや単独ではなく、高い密度で群生するようになると、込みあった集団の中で殻が絡みあってしまった。昔の地質学者はこの構造物を「ゴカイがつくった岩」と名づけたほどだ。こうしてかれらは、岩から餌をこすり取ったり、自分より大きな動物を捕らえて貪り食うといった巻貝の習性を捨ててしまった。その代わり、体の中に海水を取りこんで、小さなプランクトンのような餌になる生物を濾過して捕らえるようになった。つまり、網のような鰓を突き出しては、海水を通過させるのである。——おそらくここまでユニークな適応をしたのは、

●カイメンに埋まっている
単生のホソヘビガイの一種

軟体動物の巻貝の中でもこれだけだろう。ホソヘビガイを見れば、生物の適応性と生物を取り巻く世界への感受性の明らかな証明になる。くり返しくり返し何世代も続いて、互いに何の関係もないまったく異なった動物たちは、同じ問題にぶつかると、共通の目的に向かい、いろいろに構造の機能を進化させることによって対応してきたのだった。そのためニューイングランドの海岸のフジツボの群れは、潮の流れの中から餌をすばやく取るために、遊泳用の付属器官を必要に応じて変化させて使っている。また波に流されて南部の海岸に無数に集まるスナホリガニは、触角についている剛毛で餌を濾して食べる。また、サンゴ礁の海岸では、おびただしく群生している奇妙な巻貝が、流れこむ海水を鰓で濾過している。この巻貝は、不完全で不規則な形をとることによって、環境に適応するチャンスを完全につかんだのであった。

干潮線の縁《へり》は、岩に穴をあける短い棘のウニの群落で黒い線を引いたようだ。サンゴ礁のどの穴も、どのくぼみも小さな黒いウニの棘でいっぱいである。サンゴ礁の中のある一カ所を、私は「ウニの楽園」と呼んでいまでもはっきりと思い出すことができる。そこは、東側の島々の中の一つで、海に向かった海岸では、むき出しの台地の上の岩が落ちこみ、そこには、侵蝕されてくり抜かれた深い穴や小さい洞穴があって、その天井からは空が見えた。潮が届かない乾いた岩の上に立ち、小さな潮溜りや、岩壁の洞穴をのぞきこむと、農場の収穫籠ほどの大きさしかない穴の中に、二五から三〇個ものウニを見つけることができた。洞穴は、太陽の光を受けて、緑色の水が光を反射して輝いていた。その光の中で、ウニの球形の体は燃えるような赤い色に輝き、黒い棘と鮮明な対照をなしていた。

この場所を過ぎると、海底は深みに向かって少しずつ傾斜し、穴をあけられるようなこともなくなる。ここでは、岩に穴をあけることができさえすれば、ウニは隠れ家になるどんなくぼみにも、どの生態的地位《ニッチ》にもとってかわることができるようだ。かれらは、底に少しでも凹凸があれば、その傍らにいて岩の影のように見える。ウニは、頑丈な五本の歯を使って真下の岩を削り取って穴を掘るのか、ときおりこの海岸を襲う嵐を避けるために、安全な停泊地として自然のくぼみを利用しているだけなのかは、まだはっきりしていない。ただ何らかの不可解な理由によって、岩に穴をあけるウニと世界中の他の場所にいる近縁のウニとは、この独特な干満のある浅い海にすみ、目に見えない糸で正確にしかも神秘的な力で結ばれている。たとえ、他の種類のウニがどんなにたくさんいても、かれらは、サンゴ礁の浅瀬を越えて遠くまでさまよい出ることはしないのである。

岩に穴を掘るウニがいる地域のまわりには、薄茶色の管状の生物が立錐《りっすい》の余地もないほどびっしりとついていて、チョークのような白い堆積物をかき分けながら押しあいへしあいしている。潮が引くと、この生物の組織は収縮し、動物であるという証拠を完全に引っこめてしまう。近くに寄って一見しただけでは、風変わりな海のキノコとしか見えないだろう。潮が満ちてく

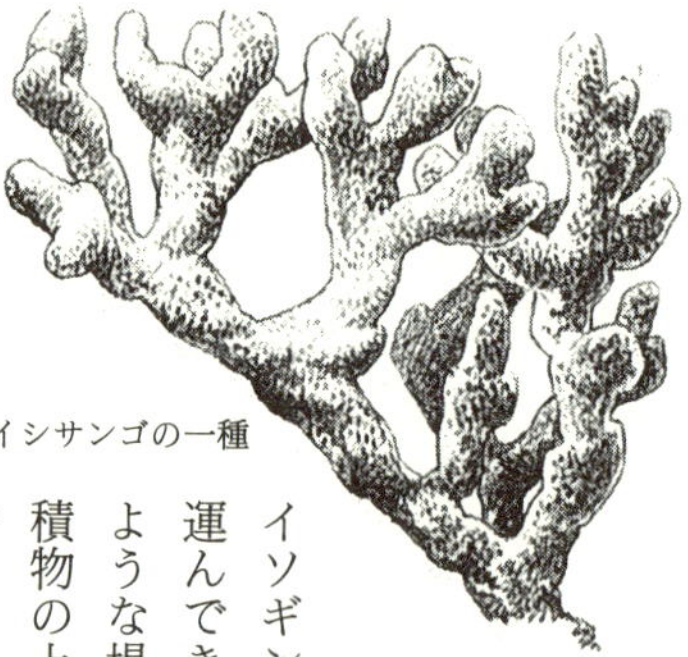

●イシサンゴの一種

ると、動物の性質がよみがえってくる。黄色味を帯びた管からは、純粋なエメラルドグリーンの触手の冠がイソギンチャクのように開き、海が運んできた餌を探しはじめる。このような場所では、緻密に沈積した堆積物の上で触手の繊細な組織を維持できるかどうかということが、生物の存在を左右することになる。したがって、このスナギンチャクについていえば、普通はずんぐりとした体をしているのに、堆積物が深く積もっているようなところでは、糸のように細長い体にもなることができるのである。

　多くのサンゴ礁では、海岸から沖へ向かって、海底はゆるやかに傾斜し、おそらく四〇〇～五〇〇メート

●サンゴ礁の浅瀬にすむハナガタサンゴの一種（左）とビワガライシ一種（右）

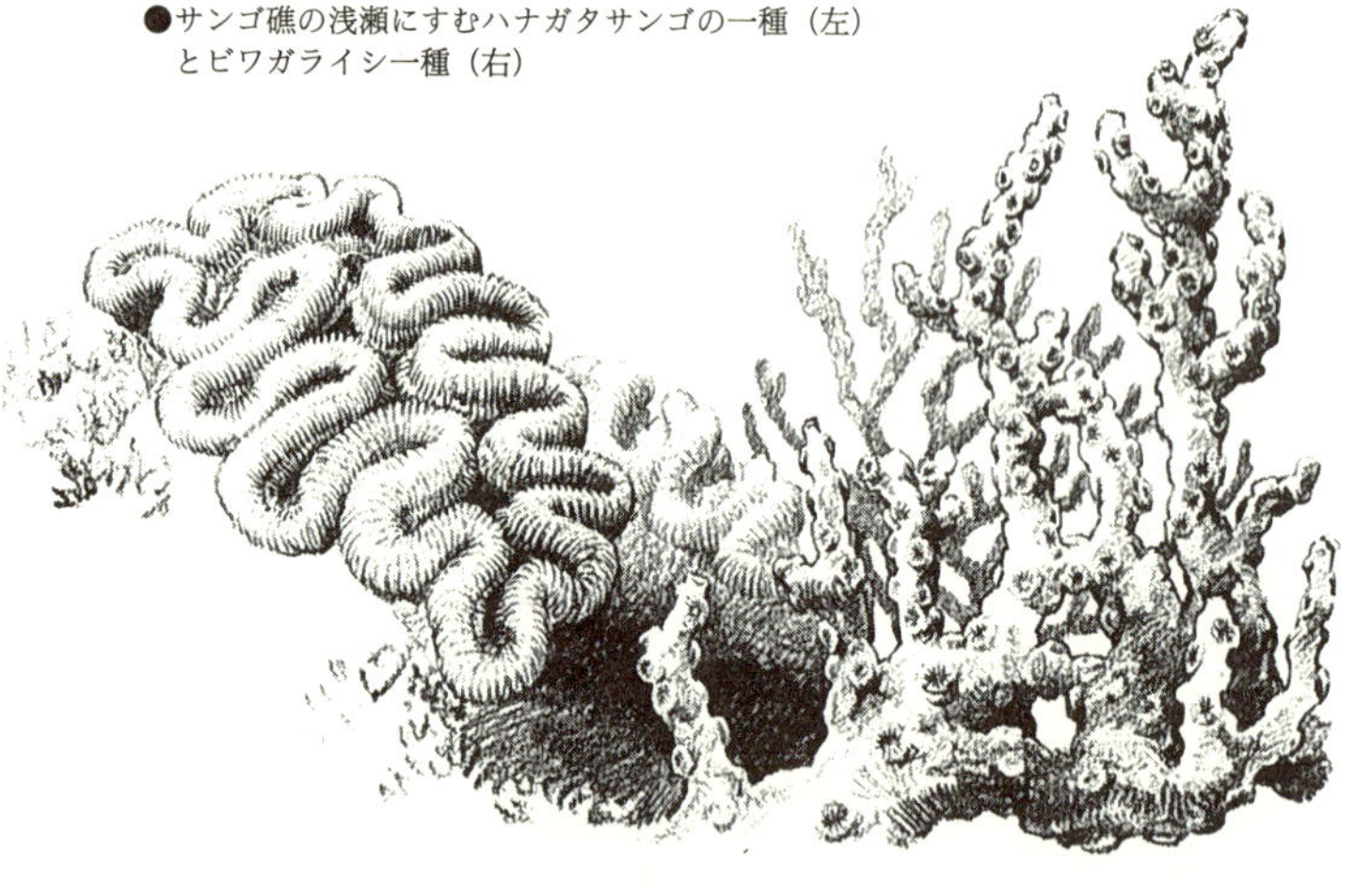

ルまでは歩いていける深さだろう。だが岩を掘るウニや、ホソヘビガイ、緑色や茶色の宝石のようなイソギンチャクのいる場所を通り過ぎると、海底の砂はきめが粗くなりサンゴのかけらも混ざるようになる。そして点々と生えている黒いタートル・グラス（リュウキュウスガモの一種）や、礁原にすむ少し大きな生物が目立つようになってくる。黒くて大きなカイメンは、その大きな形に十分見合うだけの深さのところでしか育たない。浅い礁原にいる小さなサンゴならば、沈殿物が雨のように降り注いでいるにもかかわらず、とにかく生きていける。一方、この沈殿物は、岩の上に丈夫な枝や、ドーム形のしっかりした構造のサンゴ礁を築造するさらに大きな生物にとっては、致命的である。植物のようなヤギは、バラ色、茶色、紫色のデリケートな色調を漂わせた灌木のようだ。この灌木の林は、林全体に熱帯の海岸の無限ともいえるほど変化に富んだ動物相を抱きこんでいる。そこでは、礁原の暖かい海水の中を、数多くの生物が、這い、泳ぎ、音もなく滑るように動きまわったりしている。

じっと動かない大きなロガーヘッドカイメンは、外見からは、その黒い大きな図体の内部で、何かが活動しているというようすはまったく感じられない。たまたま近寄っても、ちょっと見た程度ではそこに生物が

●マスメスナギンチャク（左），シルトにもぐり触手だけを出している（右）

いるということすらわからない。たとえ、じっと長い時間、動きを待ちながら、丸い開口部にそっと触ってみても、また平たい表面にあいている穴が指でさぐりを入れることができるほど大きなものであっても、生きているかどうかわからない。ところどころにある開口部は、この巨大なカイメンの正体を知るための鍵である。この種のグループは最も小さなものでも開口部をもち、体内を海水が循環するかぎり生きているのである。開口部の垂直な壁には、細い水の取り入れ口があいていて、小さな穴が無数にあいている篩《ふるい》板に覆われている。カイメンの内部をほぼ水平に走る水路は枝分かれし、さらに細い管に分かれ、カイメンの巨体の中を通り抜け、最終的には大きな出口へと導かれていく。おそらく出口では、外へ流れ出る圧力で、細かい沈殿物も吐き出せるようになっているのだろう。いずれにしてもこの出口だけは、カイメンの体の中でとくに真っ黒な色をしている。それは煤けた黒いカイメンの表面に降り積もっている小麦粉のような白いサンゴ礁の沈殿物が、出口のところでは見られないからである。

カイメンの中の水路を流れながら、海水は餌になる小さな生物やそのかけらを、水路の壁に貼りつけるように残していく。カイメンの細胞は餌を拾い上げ、消化できるものは細胞から細胞へと吸収し、無駄なものは水路の流れの中に返す。酸素は取りこまれ、二酸化炭素は放出される。ときには、親のカイメンの中で発生の初期段階を終えた小さなカイメンの幼生たちが、親から引き離され暗い水路の流れに乗って、海の中へ出ていくこともある。

複雑に入り組んだカイメンの水路は、微小な生物にとっては隠れ家にもなり、餌もたっぷりとあるので、カイメンの体の中で暮らすことはなかなか魅力的なのである。何度か行ったり来たりして、ひとたびカイメンの中を棲み家にしたものは、決して出ていこうとはしない。こうして、いつまでもカイメンを棲み家にしているものに、小さなエビがいる――これらは、大きなハサミでパチンパチンと音を出すので、テッポウエビという

●ロガーヘッドカイメン，ロブスター，ガンガゼ（ウニ），若いウニの棘には白い横縞がある。

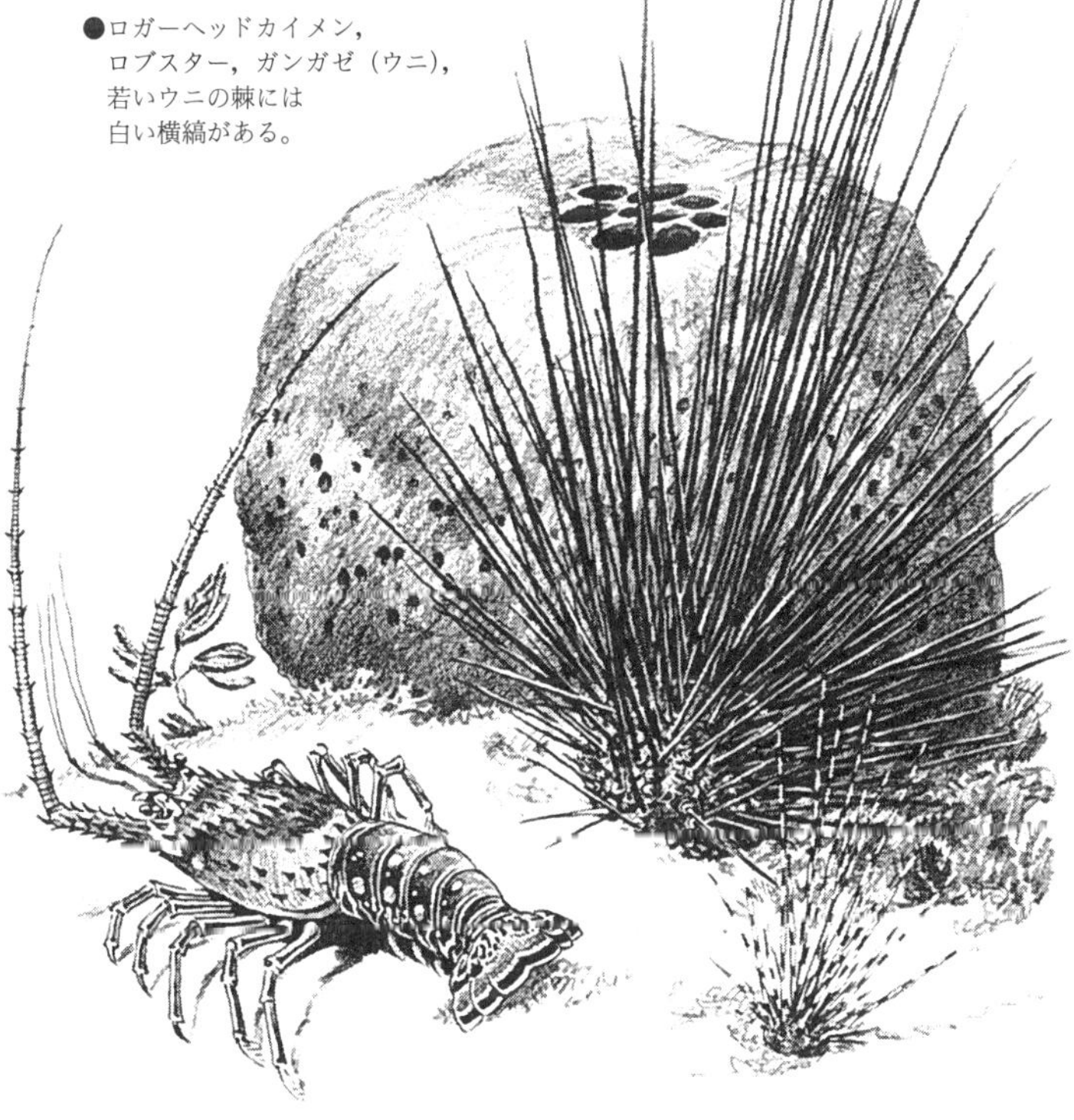

名前で知られている種類である。このエビは、成体になるとカイメンの中に閉じこもってしまうが、母親の付属器官にしっかりと抱きかかえられていた卵から孵ったばかりの若いエビは、水の流れに乗って広い海に出て、しばらくの間は波のまにまに漂ったり泳いだり、はるか遠くまで運ばれていく。ときおり、運悪くカイメンのいない深い海中にもぐってしまうこともある。しかしほとんどの若いエビは、ロガーヘッドカイメンの黒い大きな塊を見つけて入りこみ、親と同じような奇妙な生活を送るのである。そして、カイメンの暗い部屋を歩きまわりながら、壁についている餌をこすり取る。円筒形をした通路を這っていくときは、あたかも、自分より大きな、そして危険な動物に近寄っていくのを知っているかのように、触角とハサミを前に突き出して進んでいく。たしかに、カイメンの中には、たくさんの生物――エビの他の種類やヨコエビのような端脚類、ゴカイ類、等脚類――がすみ、カイメンが非常に大きい場合は、その生物の数も数千に達する。

あるとき、私はサンゴ礁の浅瀬で、小さなロガーヘッドカイメンを開いてみたことがある。中にすんでいた琥珀色のエビが慌ててもっと奥の通路に逃げこんでいった。そのとき警告するように、ハサミをパチンパチンと鳴らす音を聞いた。かつて私は、それと同じ音を、夕暮れの引き潮の海辺で、あちこちで聞いたことがある。また、サンゴ礁のあらわな岩からは、戸を叩くような、鎚で叩くような奇妙な音がかすかに聞こえてきた。夢中になって探しても、その音

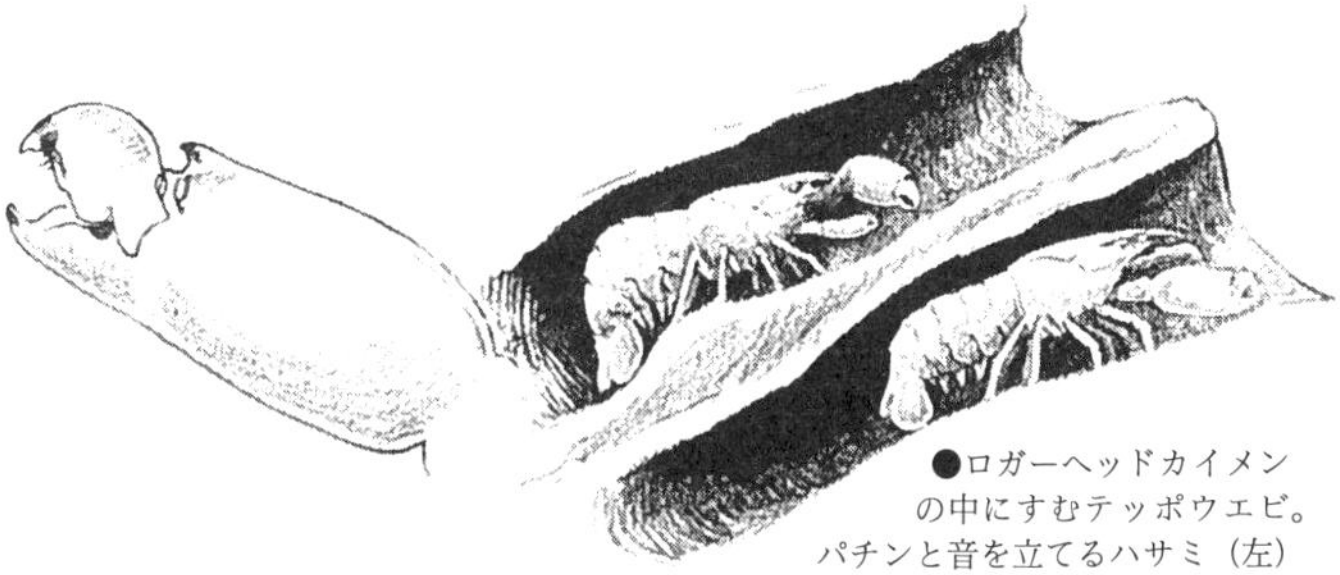

●ロガーヘッドカイメンの中にすむテッポウエビ。パチンと音を立てるハサミ（左）

の正体はわからなかった。たしかに、すぐ近くの特定の岩から、鎚で岩を叩くような音は聞こえてきた。だが膝をかがめてもっと近くからよく調べようとすると音はやんでしまう。しばらくすると、この岩のまわりのいたるところから、妖精が鎚を振るっているような音がまた聞こえてきた。私は岩の間に小さなエビを見つけることは、とうとうできなかったが、この音が以前にロガーヘッドカイメンの中で見たエビと関係があることを知っていた。その大きな鎚のようなハサミは、体の部分と同じぐらいの長さがあった。ハサミの動くほうの指には突起がついていて、動かないほうの頑強な指にあいているくぼみにぴったり合うようになっている。動くほうの指を持ち上げるときは、明らかに吸引力で開いているようである。それを下げるには、特別に強い筋力を使わなりればならないが、その力が吸引力に打ち勝ったとき、パチンという音とともに、ハサミは閉じ、同時にハサミの受け口のくぼみから水が噴き出すことになる。おそらく水の噴射は外敵を追い払ったり、餌を捕らえるのに役立つだろう。どんなものも、強い力のハサミの一撃を受ければ気絶してしまう。こういう仕組みに、どのような価値があるのかはさておき、テッポウエビは熱帯、亜熱帯の浅い海にたくさん生息し、絶え間なくハサミを鳴らしている。水の世界ではつねにシューシューと噴き出すような音や、パチパチとはじけるようなさまざまな音がしているものだが、私たちの聴覚器官に入ってくる雑音のかなりの部分は、このテッポウエビの出す音だといってもよいだろう。

五月初旬のある日、オハイオ・キーの礁原の浅い海で、私は熱帯のアメフラシにはじめて出くわしてびっくりしてしまった。私は浅瀬の中を歩きながら、少し丈は高いけれども、異常なほど重い海藻を持ち上げてみた。すると突然、海藻の中から、三〇センチほどの丸々とした生きものが数匹出てきた。かれらの体は薄い黄褐色で、黒いリング模様がついていた。足もとにいる一匹におそるおそるそっと触れてみると、たちまちツルコケモモの汁のような紫色をした液体を煙草のけむりのように噴射した。

私がはじめてアメフラシを見たのは、ノースカロライナ州の海岸で数年前のことだった。それは私の小指ぐらいの長さしかない小さなもので、石の防波堤の近くでのどかに海藻を食べていた。私は、アメフラシの下へ手を滑りこませ、そっと近寄せて正体を確かめると、この小さな生きものを注意深く元のところへ戻してやった。海藻の食事が続けられるように……。こうした私の心に描かれているアメフラシのイメージを思いきって変えなければ、熱帯のアメフラシを受け入れることはできなかっただろう。私の中のアメフラシは、神話に登場する最初の小さな妖精の一族のようだったのだ。
西インド諸島の大きなアメフラシは、バハマ諸島、バーミューダ諸島、ケープ・ヴェルデ諸島などと同じようにフロリダ・キーズにもすんでいる。普通は沖のほうに生息しているが、産卵期になると浅いところにやってきて、私が見つけたように干潮線近くの海藻に、もつれた糸のような卵を産みつける。種としては海の巻貝に属するが、外側の殻は失い、軟らかい外套膜の組織の中にその痕跡を隠し持っているだけである。耳を思わせる二つの突き出た触手とウサギのような体形のために、「シー・ヘア（海の野ウサギ）」という英語の一般名がつけられたのである。（三〇八頁参照）
奇妙な外形のためか、あるいは防御用の液体の噴出のためかどうか、アメフラシはしばしば有毒な生物だと思われていた。またアメフラシは、旧世界の民間伝承、迷信、魔法の中で長い間、確固とした地位を占めていた。プリニウスは触ると毒であると断言し、解毒剤としてロバの乳と粉にしたロバの骨を一緒に煮たものがよい、とさえいっている。また、『黄金のロバ』の著者として有名なアプレイウスは、アメフラシの体の中の構造に興味をもち、二人の漁師を説き伏せて標本を一つ持ってきてもらった。その結果として、かれは魔術使いで毒殺者であるという罪をきせられてしまった。それから約一五世紀の間、誰一人としてアメフラシの解剖図を発表するという危険を冒すものはいなかった。やがて一六八四年、レディが解剖図を描いた。

かれは、それまで一般に、あるときはゴカイ類、またあるときはナマコとも魚とも思われていたアメフラシの正体をつきとめ、ついに海のナメクジという分類をしたのだった。こうして過去一世紀の間に、アメフラシは無害な動物だということが世界中のほとんどのところで認められるようになった。しかし、ヨーロッパ大陸やイギリスでは、アメフラシの仲間はかなり知られているが、アメリカでは主に熱帯の海にしかいないので、まだそれほど馴染みがない。

おそらくアメフラシが有名になれない原因の一つに、潮間帯に、産卵のためにやってくるのが稀であることもあるだろう。アメフラシは、雌雄同体で、つまり一匹のアメフラシに雌か雄かの一方の機能のものもあれば、両方の機能を備えているものもある。かれらの産卵は、一度に二、三センチずつの長さで少しずつ細長い糸のような卵を出していく。ときには一〇万個もの卵の入った二〇メートルもの糸を、ゆっくりと出しつづける〔日本ではこれをウミソーメンという〕。ピンクや橙色のこの糸は、出てくると周囲の海藻に巻きつき、やがて絡みあって卵の入った塊になる。卵と、そこから生まれる幼生には、海の生物ならば誰もが出合う運命が待ち受けている。多くの卵は壊されたり、甲殻類やその他の捕食動物（自分と同じ仲間によってさえ）に食べられてしまう。孵ったばかりの幼生の多くは、プランクトンとしての危険な生活から生き残ることは難しい。潮に乗って沖に出た幼生は、変態して一人前になり、これからすむ深い海の底をめざして沈んでいく。アメフラシは沖から海岸へ移住するときは、餌も変わり色も変わる。まず濃いバラ色から茶色になり、ついでオリーブ色に変わって一人前になる。少なくともヨーロッパのアメフラシの一種は、その生活史が知られているが、奇妙なことに太平洋のサケの生活史と一致している。成熟してくると、アメフラシは産卵のため海岸に向かう。この旅は、帰らざる旅である。沖の餌場では、二度とかれらを見ることはできないのだ。たった一匹で孤独な産卵をしたあと、確実に死を迎える。

サンゴ礁の世界には、あらゆる種類の棘皮《きょくひ》動物がすんでいる。ヒトデ、クモヒトデ、ウニ、カシパン、ナマコなどはすべてサンゴ礁の岩、微細な砂の中、ヤギの生えている海の庭、海藻の絨毯が敷きつめられている海底を棲み家にしている。どれも、海の世界の経済機構の上では、重要なものばかりである。それは、海から得た物質が生物を鎖のように結びつけ、その中を流通して海に戻り、また海から借金をするという流通形態である。またあるものは、地形をつくったり破壊したりする地質学的過程でむしろ重要な役割を演ずる——岩を削り、すりあわせて砂にし、さらに沈殿物は底に敷きつめられ、蓄積し、流動し、区分され、拡散されるという過程である。死んでしまうとその硬い骨格は、他の動物にとっても不可欠であり、サンゴ礁の形成にも必要なカルシウムとなって寄与するのだ。

サンゴ礁の外洋に面したところ、保礁の土台に棘の黒いガンガゼが空洞を掘っている。このウニは、掘ったくぼみに入ると棘を外に向けるので、サンゴ礁の海を泳ぐものには、黒い棘の林のように見える。また、このウニは浅瀬を動きまわりロガーヘッドカイメンのそばに、腰を落ち着けることもあるが、身をかくす必要がないときは、無防備に砂の上に転がってじっとしている。

ガンガゼは十分成長すると、体ともいえる殻の直径は約一〇センチ、刺の長さは三〇センチから四〇センチにもなる。触ると毒を出す海岸動物は比較的少ないのだが、ガンガゼはその数少ないもののうちの一つである。中が空洞になっている細長い棘に触れることは、スズメバチに刺されるのと同じだといわれているほどである。子供やとくに過敏症の人は、そのためにかなり危険な状態になることがある。明らかに、棘を覆っている粘液には、刺激性の物質か毒性物質が含まれているのだ。

ガンガゼは、周囲のものを感じとる能力が異常なほど鋭い。手を近づけるとすべての棘が根元から旋回するように動き、威嚇するように侵入者のほうへ向けられる。手を左右に動かすと、棘もその方向についてまわる。西インド諸島大学のノーマン・ミロット教授によれば、ガンガゼには、光の強さの変化を感じるセンサーが体中に点在していて、急に光がかげったとき、それをかすかな危険の前兆として反応するということである。したがって一定の範囲であれば、ガンガゼは近くを通り過ぎるものを、「見る」ことができる。

神秘的な自然の偉大なリズムの一つに、満月の夜のウニの産卵がある。夏の間、卵と精子は、月の光が最も強いときに、つまり二九日と一二時間四五分おきに海の中へ放出される。個々のウニがどのような刺激によって反応するのかはともかくとして、一度にたくさんの生殖細胞があふれ出ることによって、確実に種は維持される。そして、自然は、この方法をしばしば種の存続のために使っている。

サンゴ礁から少し離れた浅瀬に、太くて短い棘にちなんで名づけられたフトザオウニがすんでいる。このウニは単独で生活する習性があって、干潮線近くの岩の下などにひっそりとかくれている。フトザオウニの知覚作用はきわめて鈍く、外敵が近づいても気がつかず、取り上げられても管足を伸ばしてまとわりつくようなこともしない。また、このウニは古生代から現代までを生きつづけてきた棘皮動物の唯一の科に属している。現在、このウニの仲間は、何億年も前に生息していた祖先と形もほとんど変わっていない。

細く短い棘をもつある種のウニは、濃いスミレ色や緑色、バラ色、さらに白い色まであって色彩豊かで、ときにはタートル・グ

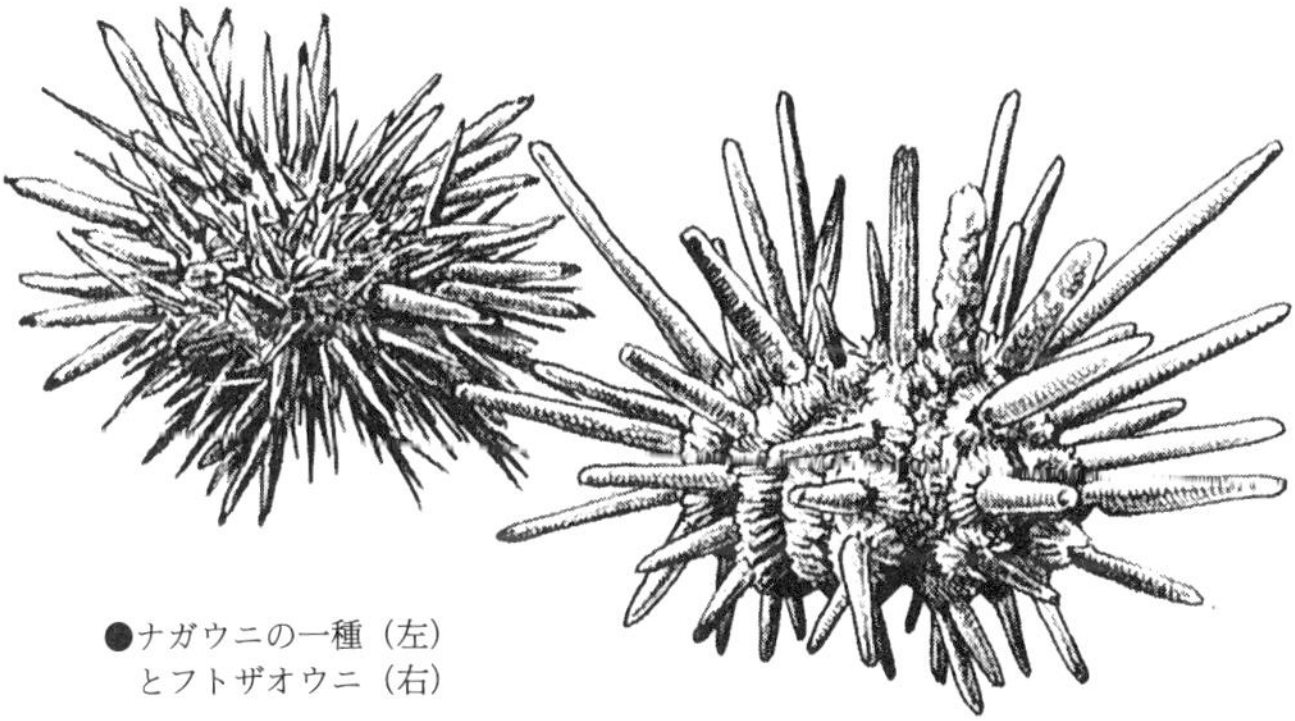

●ナガウニの一種（左）
とフトザオウニ（右）

ラスの生える海底の砂の上に敷きつめたようにたくさん集まり、海藻や貝殻やサンゴのかけらを管足で拾っては偽装している。このウニも他のウニと同様に地質学的な働きがある。すなわち、その白い歯で貝殻やサンゴをかじり取り、砕かれたかけらは、粉ひき機のような消化管の中を通過していく。そして、これらの有機的なかけらはウニの内部で粉々にされ、形を整えられ、さらに磨きをかけられて熱帯の海岸の砂になっていくのである。

ヒトデやクモヒトデの仲間は、サンゴ礁の浅い海なら、どこにでも見られる代表的な生物である。大きくて力のありそうな体をしているコブヒトデは、少し沖のほうへいくと、海底の白い砂の上に群がっているのが見られる。だが群れをなさないヒトデは、海岸の近くにいて、とくに海藻の多いところを求めて動きまわっている。

赤味をおびた茶色の小さなアオヒトデは、腕を切り離すという奇妙な習性がある。切り離された腕からはふたたび四本の新しい腕が生えてくるのだが、そのときは「ほうき星」のような形になる。またときには、中央の星形が裂けてしまうこともあって、その形のまま再生すると、腕が六、七本もあるヒトデができ上がる。しかし、このような分裂が見られるのは、

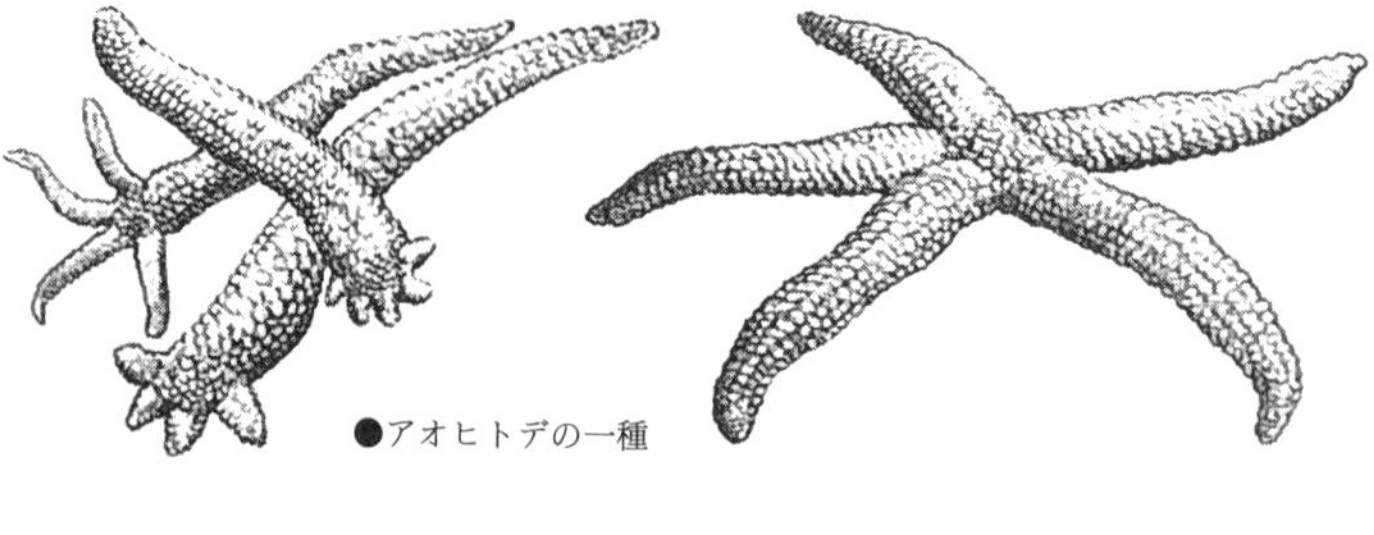

●アオヒトデの一種

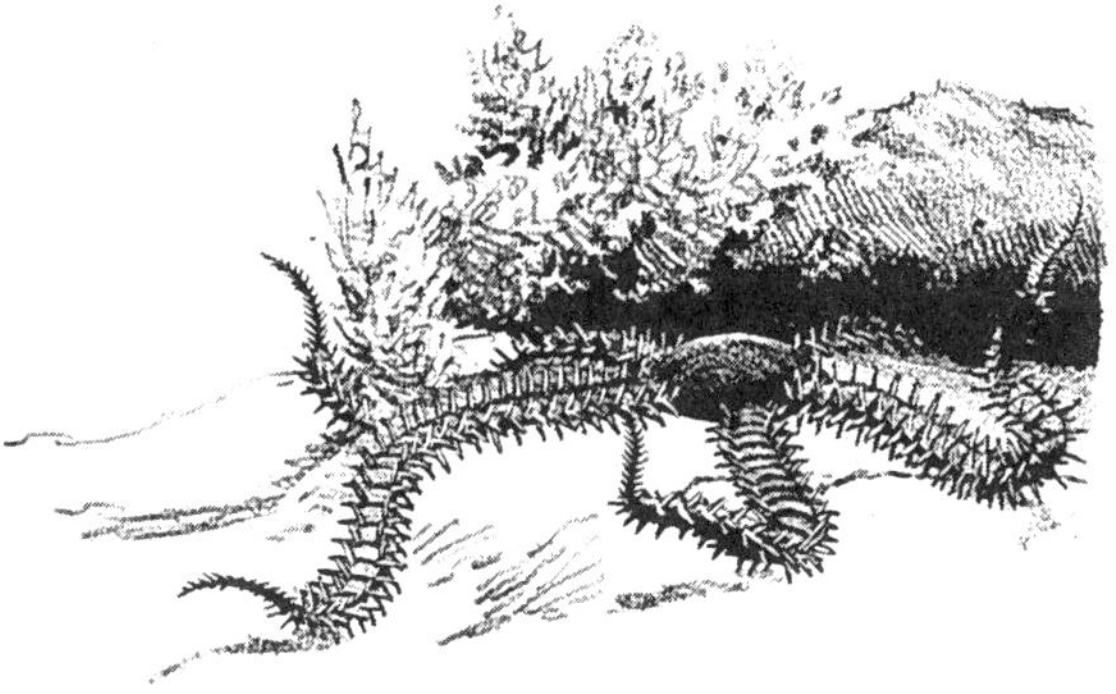

●クモヒトデの一種。クリーム色のまだらがあり，暗色で熱帯産。中央部は直径2,3センチ，腕の長さは15センチ。

再生ができる若い間だけで、人前になったヒトデは、腕を切り離すこともなく、きちんと産卵して次の世代をつくる。

ヤギの根元、カイメンの中やその下、動かすことができるほどの岩の下やその近く、サンゴ礁の洞穴の中には、クモヒトデがすんでいる。長くてよく動く腕には、砂時計の形をした「脊椎」がつながって入っている。そのためにクモヒトデは、優雅に波打つような動きができるのである。ときどき、クモヒトデは二本の腕で爪先立ち、潮の流れに身を任せてゆらゆらしながら、バレリーナのようにほかの腕をしなやかに動かしていることがある。海底を這うクモヒトデの方法は、まず二本の腕を前に投げ出し、それから中央部の体や残りの腕を引き寄せる。かれらは、小さな軟体動物、ゴカイ、さらに微小な生物を餌にしている。ついで、クモヒトデ自身も、多くの魚や他の捕食動物の餌になるが、ときには自分に寄生している生物の犠牲になってしまうこともある。ある緑藻類は、クモヒトデの皮に寄生しているが、かれらは石灰を溶かす物質を分泌するので、クモヒトデの腕が切れてしまうこともある。また、奇妙な小さい橈脚《じょうきゃく》類のあるものは、クモヒトデの生殖腺の中に寄生し、生殖腺を破壊して子孫のできない体にしてしまったりする。

私は、西インド諸島に生息するオキノテヅルモヅルをはじめて見たときのことを決して忘れない。私がオハイオ・キーで、膝までの深さの浅い海を歩いていたときのことである。潮の上を静かに漂う海藻の中にそれを見つけたのだった。表面は淡い黄色味がかった色をしており、下に明るい影を落としていた。かれらは腕の先端で小さな

枝を調べたり探ったりしながら、繊細な蔓《つる》状の手を伸ばしては、体を落ち着ける場所を探していた。その光景は今でもはっきりと思い浮かべることができる。私は長い間、オキノテヅルモズルを見ていた。この動物には、風変わりな、なんと表現してよいのか、はかない美しさとでもいうような風情があった。私はこれを「採集」しようとは思わなかった。このような生きものに手を出すことは、神聖さを冒瀆するように思われたからだ。やがて潮がさしてきて、私は水に覆われる前に見ておかなければならない場所があることを思い出した。そこを離れ、また戻ってきたが、すでにオキノテヅルモズルは姿を消していた。

オキノテヅルモズルはクモヒトデと近縁の種類だが、構造にははっきりとした違いがある。オキノテヅルモズルの五本の腕は、各々がＶ字型

●ヤギの一種，テヅルモズル，フトヤギの一種，ブラックエンゼルフィッシュ，ヤギの一種。

に枝分かれして、さらにその一本一本がV字型に分かれ、またそれらが分かれるというように、ついには本体の周囲にくるくると巻いた蔓状の枝が迷路のようになってしまう。ドラマチックな趣きを与えようとして、過去の博物学者たちは、かれらにギリシア神話に登場する怪物ゴルゴンにちなんだ名前をつけることにした。ゴルゴンは髪の毛の代わりに蛇が生え、恐ろしい顔かたちの怪物で、その姿を見た人は石になると言い伝えられていた。この奇怪な棘皮動物の属する科は、こうしてゴルゴノセファリダエ *Gorgonocephalidae* と名づけられたのだ。その外見から「蛇のような髪の毛」を想像するかもしれないが、一方で、美しさ、優雅さ、高貴さを見出す人もいるのである。

はるばる北極から西インド諸島にかけての沿岸には、オキノテヅルモズルはほんの一、二種類しか生息していないが、多くのものは海面から一五〇〇メートルも下の光の届かない海底にいる。そこでオキノテヅルモズルは、腕の先端をデリケートに動かしながら海底を這いずりまわるのである。かなり以前に、アレクサンダー・アガシーは、オキノテヅルモズルについてこの動物が「いわば爪先で立っているような形で、枝分かれした腕を海底につけ、四つ目垣のような囲いをつくり、中心部は屋根のようになる」と記している。また、ヤギやその他のしっかりした海の生物に絡みついては、海中に腕を伸ばしていく。枝分かれした腕は、目の細かい網のようになっており、海の小さな生物を罠にかけて捕らえる。オキノテヅルモズルは、単に数

●西インド諸島のナマコ

が多いというだけでなく、ある理由から各々が共通の目的へ向かっているように群れをつくり共同生活をしている。かれらは、隣にいるものと互いに絡みあい、長い生きた網をつくる。そして百万もの蔓状の腕が張りめぐらされている縄張りの中に、無謀にもやってきたり、知らず知らずのうちに流されてきてしまった小魚は、みんな捕らえられてしまうのである。

海岸の近くでオキノテヅルモズルを見たのは数回で、私はすべてを思い出すことができる。しかし、同じ棘皮動物でも別のもの――ナマコ――では、事情はさらに違ってくる。浅瀬を遠くまで歩きまわると、かならずナマコを見ることができた。その大きくて黒い体は、英語で「シー・キューカンバー（海のキュウリ）」と呼ばれているように、キュウリそっくりの形をしている。動きの鈍そうなかれらは、ときには体の一部を砂に埋め、白い砂の上ではいっそうよく目立って横たわっていた。ナマコの海での役割は、陸地のミミズとほぼ同じようなもので、たくさんの砂や泥を取りこんでは体の中を通している。ほとんどのナマコは、海底の沈殿物をすくい取って口の中へ入れるために、強い筋力で動く短くて太い触手をもっている。そして、砂や泥が体の中を通っていくうちに、餌になるものを選り分けていく。ナマコは体内で、おそらく石灰質の物質さえ化学作用で溶かしているようだ。

ナマコは数が多いうえに、このようにして餌を取るために、サンゴ礁やその島の周囲の海底の沈殿物の分布状態に大きな影響を与えている。わずか一年の間に、三キロ四方のところにいるナマコは、一〇〇〇トンもの沈殿物を海底に再分布させるともいわれている。さらに、ナマコが深海の沈殿物にも影響を与えている証拠まである。海底の沈殿物は、ゆっくりと、しかしやむことなくたまっていく。こうして整然と積もった層から、地質学者たちは、地球の過去のさまざまな出来事を知ることができる。だが、ときにはこの沈殿物の層が、ひどく乱されることがある。たとえば、その昔、ベスビオ火山の噴火で生じた火山灰は、噴火の状態や年代を知ることができる薄い層とはならずに、広い範囲にわたって、他の沈殿物の層の中に雑然と混ざりあっている。地質学者たちは、これを深海のナマコの仕業だと考えている。さらに、深海を浚渫《しゅんせつ》したり、海底の土のサンプルを採取したりして得た他の証拠から、深海の海底にもナマコがかなりいるらしいこともわかってきた。このナマコは、光の射さない深海では餌が少ないために、季節の変化とは無関係に大移動をするように運命づけられている。

ナマコには人間の食用（東洋の市場で「干しナマコ」とか、キンコといわれている）にされるような地域を除いて、敵らしい敵はいない。しかし、ひどく脅威を与えられたときに使う強力な防御手段をもっている。つまり、ぎりぎりまで収縮してちぢんだナマコは、内臓の大部分を体壁から切り離して外へ放り出すのである。ときとして、これは自殺行為となることもあるが、ほとんどの場合、ナマコは生きのびて内臓も再生する。

ニューヨーク動物学会のロス・ニグレリ博士と共同研究者は、大きな西インド諸島ナマコ（このナマコはフロリダ・キーズ付近でも見つかる）が、現在までわかっている動物の毒の中でも最も強力な毒を体内でつくっていることを発見したが、おそらくこれは化学的防御手段なのだろう。実験室内では、この毒をほんの少し与えただけで、原生動物から哺乳動物まであらゆる動物に影響が現われた。このナマコと一緒に水槽に入れられた魚は、ナマコの内臓が外へ放り出されるとかならず死んでしまった。これらの天然毒素の研究から、他の生物と共生している多くの小さな生きものにとっても、この毒が危険であることがわかってきた。多くの共同生活を送る動物や共生動物にとって、ナマコは魅力的な相手である。特殊なナマコには、小さなカクレウオがついているが、この魚は、ナマコの呼吸作用の結果、酸素を十分に含んだ水がつねにたくさんある排出腔を隠れ家にしている。だが、たとえ幸福な生活を送っているとしても、小さなカクレウオの生活自体は絶えず危険にさらされている。それは、いつ破裂するかわからない致死性の毒が入ったタンクの傍らで暮らしているからである。明らかにこの魚には、ナマコの毒に対して免疫機能がない。なぜならナマコを刺激して、内臓を放り出すようなこと

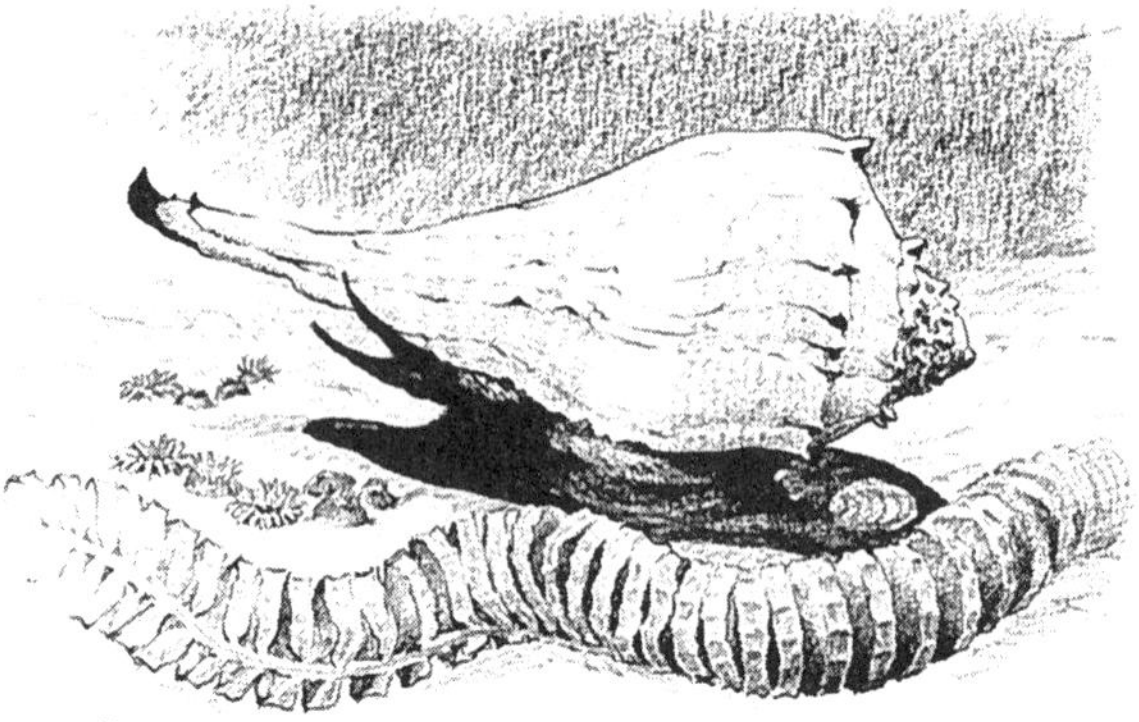

●バイガイの一種

をさせると、共生しているカクレウオが死にかかった状態になって体腔から出てきたのを、ニグレリ博士は観察している。

海岸近くのサンゴ礁の浅瀬には、雲が影を落としているような黒いところが点々と見える。そこは、砂地に海草が密集して葉を広げているところで、多くの動物にとって、隠れ家ともなり安全地帯にもなる海中の島なのである。フロリダのサンゴ礁についていえば、このような場所には主として、タートル・グラスが生えているが、マナティ・グラスやショール・グラスも混ざって生えている。このような海草はみな高等植物——種子植物——で、いわゆる海藻とは異なるものである。藻類は、地球上で最も古い植物で、海水にも淡水にも生えている。しかし種子植物は、わずか六億年ほど前に地上に現われたもので、現在、海で生活しているものの祖先は、陸地から海へ帰っていったのである。もっとも、なぜどのようにしてそうなったのかは、よくわかっていない。現在、このような海草は、海水にすっかり浸ってしまうところに生えており、水中で花を咲かせ、花粉も水中でつくられる。種子が熟して落ちると、潮によって運ばれていく。根は、砂や移動しやすいサンゴの破片の下に張りめぐらされ、根のない藻類よりもしっかりと固定されている。海草が密集すると沖の砂州の砂は潮に流されなくなる。それは陸上で砂丘に生えている草が、砂を風に連れ去られないようにしているのと似ている。

タートル・グラスの島で、餌や隠れ家を見つける動物はたくさんいて、巨大なヒトデであるコブヒトデもここにすんでいる。そのほかに、大きなピンクガイ、フロリダソデボラや、チューリップボラ、ダイオウトウカムリガイ、オオミヤシロガイもいる。鎧をつけたような奇妙なハコフグが海底を泳ぎ、少し離れたところでは、ヨウジウオやタツノオトシゴが海草に絡みついている。海草の根元にかくれていたタコの子供は、敵に追いかけられると軟らかい砂の中へ飛びこむようにして姿を消す。芝生のような海草の根元の陰になっているひんやりしているところには、たくさんの種類の小さい生きものが息を殺してじっとしている。夜が訪れ、闇がかれらの姿を包んでしまうと出てくるものたちである。

しかし、昼間でも見られる大胆な生物も結構たくさんいる。私が海草

●チューリップボラ

のある砂州を歩いたり、箱メガネできれいな水の中をのぞきこんだりするときや、また水中メガネをかけてもっと深いところを泳いだときに海底を見ると、そういう生物に出合うことがある。そこでは、誰もが知っている大きな貝がすぐに見つけられる。この貝が有名なのは、生物自体は死んで空になった貝殻が海岸や、貝殻コレクションの中にしばしば見られるからである。

ここの海草の中には、ピンクガイの仲間もいる。この巻貝は、一時代前にはほとんどの家庭でビクトリア朝風のマントルピースの上や、炉辺に置かれていた。今日でも、フロリダの道端の観光客相手の土産物店では、どの店にもたくさん並べられている。だが乱獲がたたって、フロリダ・キーズでも滅多に見られなくなってしまった。いまではバハマ諸島からカメオ細工用に輸入しているほどである。この殻のどっしりした形、鋭い先端、重々しい鎧のような渦巻きの部分は、何代もの世代を重ねた、生物と環境とのゆっくりとした相互作用を通じて、自分を守るために獲得されたものであることをはっきりと語っている。扱いがたい殻と大きな体をもっていて、不格好に跳ねたり転がったりしながら、海底を動きまわっているにもかかわらず、ピンクガイは鋭敏な感覚をもっているようだ。おそらく二本の長い管状の触手の先端にある眼によって、感覚がより鋭くなっているのだろう。周囲に他の動物の気配を感じると、この眼が動いてまわりを見まわし、それを脳の働きをしている神経中枢へ伝えていることは、ほぼ確実である。

ピンクガイの力や刺激に対する反応は、獲物を狩るのには適しているが、日常的にはおそらく屍肉を漁っており、生きた獲物はごく稀にしかとらないのだろう。この巻貝に、外敵は比較的少ないが、もしいたとしても歯が立たないにちがいない。しかし一方で、きわめて変わった共同生活者もいて、一匹の小さな魚が外套膜の空洞につねにすんでいるのである。貝の体と足が全部殻の中へ入ってしまうとほとんどすき間はなくなるが、それでも二、三センチの長さしかないテンジクダイには、まだ広すぎるぐらいだ。危険が迫るたびに、この魚は殻の中にある貝の体でできた洞窟の中へ逃げこんでしまう。そして、この貝が殻の中に引っこんで鎌のような形をした蓋を閉めてしまうと、魚も一時的に閉じこめられることになる。

●大型のピンクガイ

殻の中へ入りこむもっと小さなものに対しては、この巻貝はそれほど寛大ではない。いろいろな海の生物の卵、ゴカイ類の幼生、小さなエビや魚、そしてまた生きものではない砂粒などが、殻や外套膜の内部へ入りこんだときには、はっきりと不快感を示す。そのような場合、この貝は古風防御方法をとって、傷つきやすい組織がこれ以上刺激されないように、侵入物を封じこめてしまう。つまり外套膜の腺は、殻の内側にある真珠層と同じような光沢のある物質を分泌して、侵入物を塗りこめてしまうのである。ときには、こうして巻貝がつくるピンクの真珠が殻の中に見つかることもある。

タートル・グラスの上をゆっくり泳ぎまわってみるだけで――十分な忍耐力と観察力があればの話だが――サンゴの砂の上にもう一つ別の生物を見ることができるだろう。砂地からは薄くて平たい海草の葉が上に向かって伸び、満潮のときは海岸のほうへ、引き潮のときは沖のほうへと向かう潮の流れに身をまかせている。たとえば、これをよく注意して観察すると海草の一部のように見えたものが（形、色、動き方まで完全に海草に似ている）、

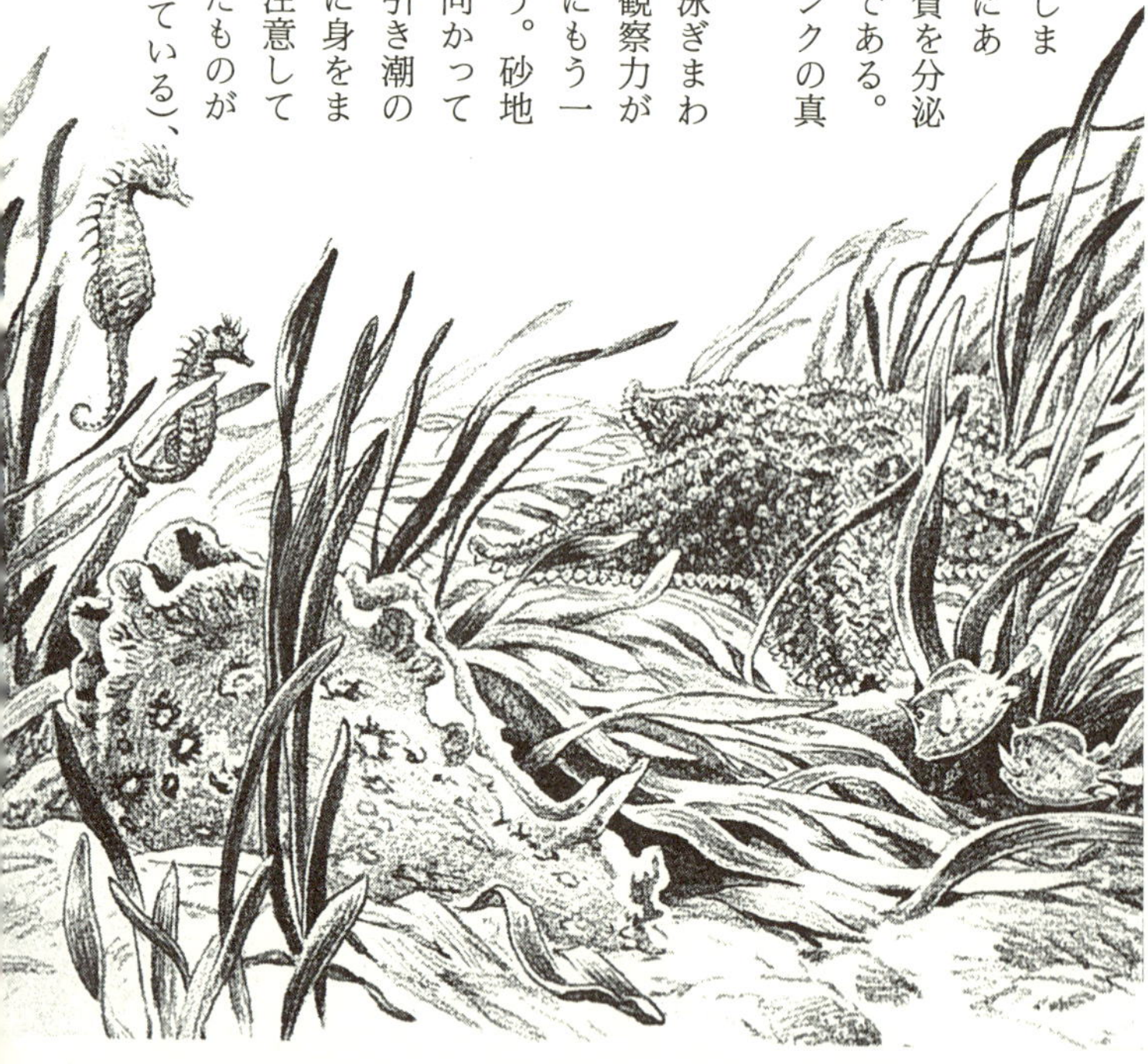

海草から離れて泳ぎ出すのがわかるだろう。ヨウジウオ――信じられないほど細長い、骨質で小枝のような生物で、とても魚とは思えない――が、ゆっくりと慎重に体を立てたり寝かせたりしながら泳ぎまわっている。長い骨ばった鼻のある細い頭を突き出して、何かを調べるような格好で、密生したタートル・グラスの茎の上を上下に動いている。その動作は、魚が餌を探しているときによくやる動きである。そして、突然すばやく頬をふくらませると、人間がストローでソーダ水を吸いこむように、管状の口先から小さな甲殻類を吸いこんでしまう。

ヨウジウオは、奇妙な方法で一生を開始する。発生し、成長し、抵抗力のない稚魚の期間が終わるまで、父親が育児嚢

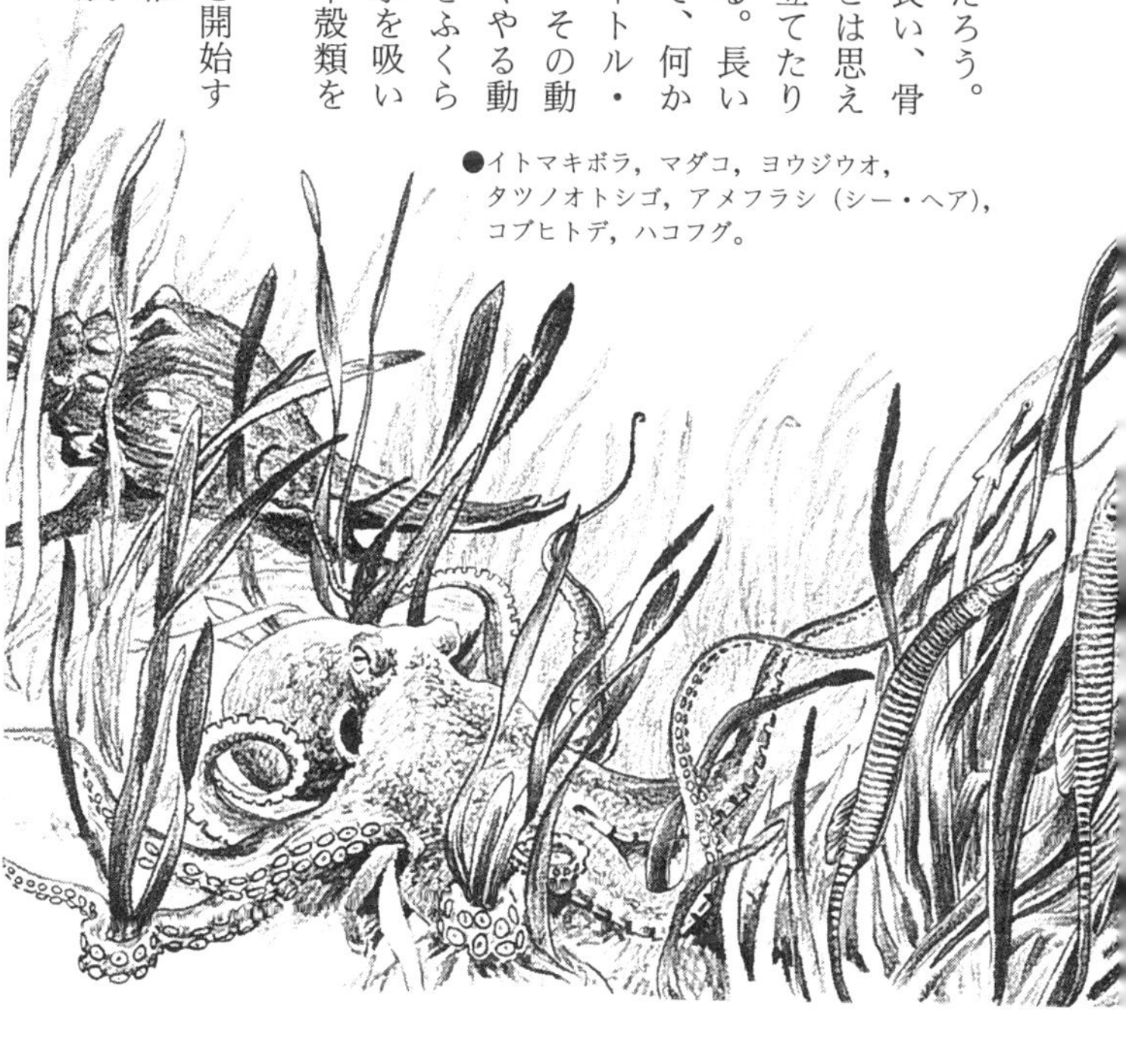

●イトマキボラ，マダコ，ヨウジウオ，タツノオトシゴ，アメフラシ（シー・ヘア），コブヒトデ，ハコフグ。

の中で世話をするのである。卵の受精が行なわれると、雌がその卵を育児嚢の中へ入れる。やがて卵が孵化すると、生まれた子供たちは、危険が迫るたびに育児嚢の中へ隠れ、自由に海中を泳げるようになってもそこへ戻ってくる。

海草の密生地にいるもう一つの動物――タツノオトシゴ――のカモフラージュも非常に巧みで、よほど目を凝らしていないと、よく曲がる尾を海草に絡ませ、海草の一部のように潮の流れの中に上体を突き出してじっとしている姿を見つけ出すことは難しい。タツノオトシゴの体は、骨質の小さな板をつないでできた鎧ですき間なく包まれている。この表面は、普通の魚では鱗のあるところであり、かつて魚が重い鎧で外敵から守られていた時代へ逆もどりしたようにも見える。鎧の板は縁のところで結合していて、隆起した線やこぶ、棘状の突起のついたあの特徴のある外観をつくっている。

タツノオトシゴは、海草が根づいている場所よりも、海藻が浮遊しているところでよく見かける。そして浮遊している海藻はそこにすむさまざまな動物および無数の幼生たちとともに、北へ向かう海流に乗って、大西洋の真ん中へ、東のヨーロッパ大陸へ、あるいはサルガッソー海へと運ばれていくのである。メキシコ湾流に乗ったものの中には、海流や風のまにまに、ホンダワラのような海藻にくっついて南大西洋の海岸に沿って漂っていくものもある。

タートル・グラスのジャングルには、そこにすむ小動物がすべて、周囲と同じ保護色になってしまっているところがある。そのような場所を少しさらってみたとき、絡みあったひとつかみの海草の中にさまざまな種類の小さな生きものがすんでいて、それらはみな驚くほど明るい緑色をしていた。長い脚を折り曲げているクモガニは緑色で、小さなエビも萌黄色であった。そして、最も素晴らしい絵筆さばきは、数匹のハコフグの赤ん坊が見せてくれる。波打ち際にしばしば打ち上げられている大人のハコフグと同じように、小さなハコフグも頭と体が骨ばった箱の中にしっかりと包まれており、鰭と尾だけが突き出していて動かせるようになっている。そしてかれらは、尾の先から頭上に牛の角のように突き出した小さな突起に至るまで、棲み家の海草と同じ緑色に色づけられていた。

とくに、フロリダ・キーズの海峡のはずれにある浅い海には、海草がびっしりと生えていて、サンゴ礁の外にすんでいるウミガメがよくやってくる。タイマイは外洋を放浪していて、滅多に陸のほうへは泳いでこない。しかし、アオウミガメやアカウ

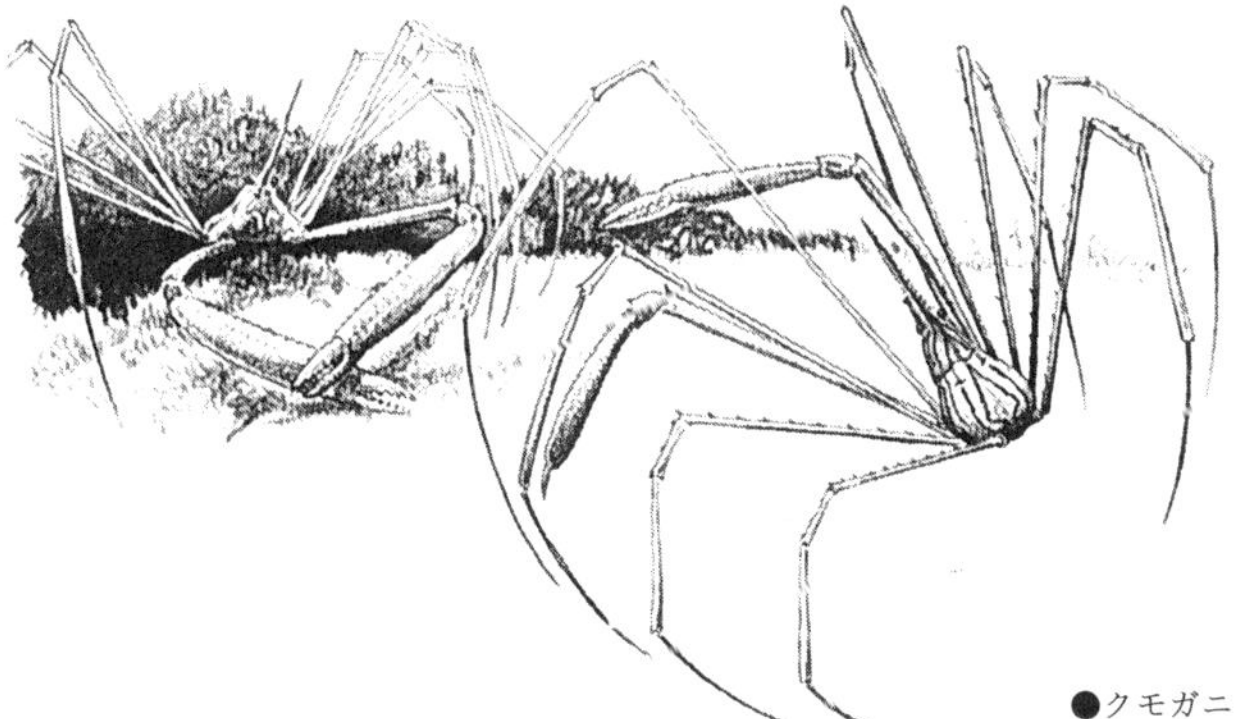

●クモガニ

●アカウミガメ（右）とタイマイ（左）

ミガメは、しばしばホーク水路の浅瀬に近づき、潮の流れの速いキーズのあたりで通り道を探しまわったりしている。これらのカメは、海草の生えた浅瀬にくると、海草の間を棲み家にしている「シー・ビスケット（海のビスケット）」と呼ばれている丸くふくらんだカシパン（ウニの一種）を探したり、マクラガイのような巻貝を捕まえたりする。この種の巻貝にとって、さらに大きな肉食の同類を別にすれば、大きなカメほど危険な敵はいないのである。

しかし、どんなに遠い外洋を放浪していても、アカウミガメもアオウミガメもタイマイも、産卵期には陸へ帰ってこなくてはならない。だが、サンゴの岩や、石灰岩のキーズには、産卵できるような場所はない。しかしトルチュガ諸島の砂州では、アカウミガメやアオウミガメが外洋から現われて、有史以前の怪獣のように砂の上をのっしのっしと歩きまわり、穴を掘って卵を埋める。カメの主な産卵地は、セーブル岬の浜辺やフロリダの砂浜、ジョージア州や南、北カロライナ州のずっと北のほうである。

海草の牧場に、大きなカメが餌を捕まえにやってくるとしても、それは散発的なものだ。そこで日常的にくりひろげられているのは、さまざまな肉食性の巻貝が共食いをしたり、あるいはイガイ、カキ、ウニ、カシパンなどを捕まえて餌にしている光景なのだ。肉食性の巻貝の仲間のうちでいちばんの大食漢は、黒ずんだ赤い色をした紡錘形のイトマキボラである。この巻貝が餌を捕まえる光景をひと目見ただけで、いかに力が強いかよくわかる。殻と同じような赤レンガ色をした大きな体（外套膜）を拡げて獲物を包みこみ、抵抗できないようにしてしまう。そのありさまは、広がった体をどうやってふたたび殻の中へしまいこめるのか、信じられないほどである。仲間の多くを餌にしているカンムリボラでさえ、まったくかなわないだろう。大きさの点でも、これだけ大きい腹足類はほかにアメリカにいない（普通のものでも三〇センチくらいあり、大きなものになると六〇センチにもなる）。ウニを常食にしている大きなオオミヤシロガイも、イトマキボラにはとうていかなわず食べられてしまう。私は、折にふれてこの巻貝の生息しているところに来ているのに、餌をとる残酷な光景にほとんど気がつかなかった。そのときはちょうど満腹して長い昼寝の時間であって、昼間の海草の世界は平和そのものであった。動くものといえば、サンゴの砂の上を滑るように歩く肉食性のマクラガイの仲間の巻貝、海草の根元でのろのろと穴を掘るナマコ、さっと現われてはすばやく姿を消してしまうアメフラシしか見えなかった。生物は、太陽の輝く昼間は身をひそ

●カンムリボラの一種

めていて、岩や石の割れ目や片隅に体を沈めたりかくれたりしている。かれらは、カイメンやヤギ、サンゴや空っぽの貝殻を隠れ家にして、その中や下にもぐりこんでいる。海辺の浅瀬には、敏感な体の組織を刺激し、またその姿を敵にさらしてしまうような日の光を避けて、かくれているたくさんの生きものがいるのである。

だが静まりかえったように見える世界――この夢の世界の住人は、ゆっくりと動き、あるいはまったく動くことさえしない――も、日が暮れるとたちまち生気をとり戻す。あるとき私は、日がとっぷり暮れるまでサンゴ礁を散歩していた。そこには平穏なけだるい昼間の世界に代わって、緊張と驚異に満ちた不思議な新世界が開けてきた。狩るものも狩られるものもみな外に出歩きはじめた。イセエビは、大きなカイメンの隠れ家からこっそりと出てくると、すばやく海の中へ消えていった。灰色のフエダイやカマスは、キーズの谷間をパトロールし、ときおり、獲物を追って浅瀬のほうへ突進していく。カニは隠れていた洞窟から姿を現わし、さまざまな形や大きさの巻貝は岩の下から這い出してくる。波打ち際に近づくにつれ、突

●イトマキボラと卵のカプセル

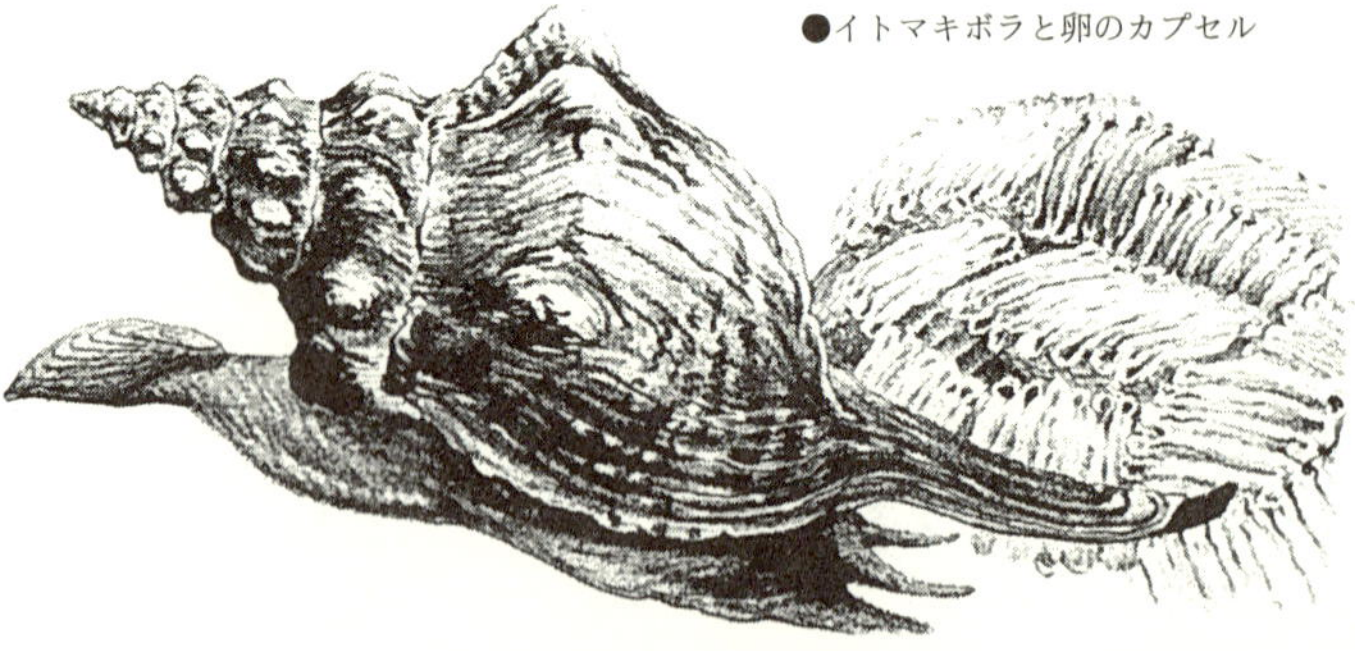

然渦を巻く水や、私の前を横切るおぼろげな影は、そこに太古から続く弱肉強食のドラマが演じられていることを感じさせた。

また、夜のキーズに停泊している船のデッキから耳を澄ましていると、すぐ近くの浅瀬で大きなものが水をはねながら動く音や、平たい体が空中に一瞬跳びはねたかと思うと水を打つピシャッという音が何度も聞こえてきた。夜になると活動しはじめるものの一つに、細長くて強靭な体のダツがいる。この魚は、鳥のような鋭い嘴《くちばし》で武装している。昼間、小さなダツが海岸近くまで来ているとき、波止場や防波堤から見ると、かれらは海面に浮かぶ麦わらのように漂っている。夜になると、はるか沖のほうから大きなダツが餌を捕りに、あるときは一匹でまたあるときは群れをなして浅瀬にやってくる。かれらは跳ね、あるいは水面を切るように進み、夜の静けさをかき乱すその音は、遠くまで聞こえてくる。漁師たちは、ダツは光に向かってジャンプするといっている——ダツが餌を探しているようなところへ夜になって舟を出したりすることは、とても危険である。つまり、ダツは自殺するつもりではないのだが、光を見ると舟べりを越えて勢いよく飛びこんでくるからだというのである。おそらくこの話は真実だろう。静まりかえった夜のキーズのどこかで、水面をサーチライトで照らし出すと、——それまで魚の跳ねる音は何も聞こえなかったのに——一ダースか、いやそれ以上もの数の大きな魚が次々に跳ねる音が聞こえてくる。しかし、その跳ねる方向は、普通、光に対して直角の方向であり、魚は光から逃げようとしているようにも見える。

サンゴ礁海岸は、沖に拡がり大洋に洗われるサンゴ礁と、岩にふちどられた礁原の浅瀬からなる世界である。また、音もなく、神秘的に絶えず変化するマングローブの緑の世界でもある――そして、マングローブの生命力には、この世界の地形を改造するだけの強さがあることを雄弁に物語っている。サンゴ礁の外洋側の縁はサンゴが優勢であるが、入り江の側にはマングローブが生い茂り、散在する小さな礁を完全に包みこんでしまう。マングローブは海に向かって突き出していき、島と島との間にまで入りこみ、さらにかつて砂州だけであったところに島を築き、かつて海であったところに陸をつくり上げていく。

マングローブは、植物の中でも非常に遠くまで移動するものの一つで、絶え間なく種子を送り出し、親木のある場所から何十キロ、何百キロ、何千キロも離れたところにまで新たな開拓地を拡げていく。アメリカの熱帯の海岸にあるマングローブと、アフリカの西海岸のマングローブは同じ種類である。アメリカのマングローブは、おそらく遠い昔、赤道海流によってアフリカからやってきたものだろう――そしておそらく、気づかれることもなく長い間、くり返し運ばれ流れついてきたのだろう。マングローブが、アメリカの熱帯の太平洋側の海岸にどのようにして流れついたのかは興味深い問題である。南米の先のホーン岬をまわってかれらを運んでいくようなひとつづきの海流はなく、そのうえ南のほうの冷たい水はマングローブにとっては障害になるだろう。マングローブが、どのくらい昔に地球上に現われたのか、確かなところはわからない。確実な化石の記録をさかのぼってたどれるのは、せいぜい新生代までだ。ところが太平洋と大西洋とを分けるパノマ地峡ができたのは、おそらくさらに昔、中生代の終わりごろなのである。しかしながら、何らかの方法でマングローブは太平洋の海岸まで長い旅をしてたどりつき、そこに定着したのだった。このようなはるかな移住もまた不可思議なことだ。定着したマングローブは、太平洋の大きな流れの中へ、次々と苗木を送りこんだにちがいない。というのも、アメリカにあるマングローブの少なくとも一種類は、フィジー諸島やトンガに育っているし、同様にそれがココス諸島やクリスマス諸島まで流れていったようである。また、一八八三年の火山の爆発で事実上破壊されてしまったあと、クラカトアの荒廃した島の上に新しい入植者として現われた種類もいくつかあるのだ。

マングローブは、植物の中でも最も高等な種子植物に属し、生長の初期段階は地上で行なわれる。したがって、植物が陸上から海に戻るようすを観察するのにマングローブは最適のもの

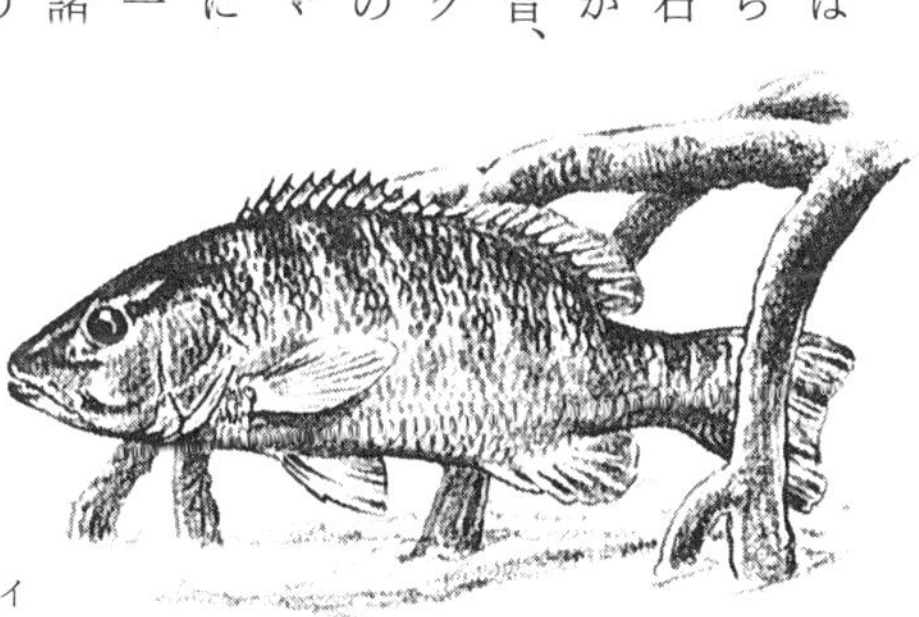

●マングローブフエダイ

として挙げられる。このように祖先のすんでいたところへの回帰は、哺乳類では、アザラシやクジラに見られる現象である。海草はつねに海中にあるので、マングローブよりもっと遠くまで動いていってしまう。しかし、なぜふたたび塩水の中へ戻っていったのだろうか？　マングローブやその祖先は、おそらく他の植物との生存競争から追い出されたのではないだろうか。どのような理由にしろ、マングローブは海岸というまったく難しい世界にやってきて、自分たちの世界を確立した。このことが大変うまくいったので、今ではマングローブの縄張りを脅かすような植物は一つもないのである。

マングローブの武勇伝は、親木がつくった緑色の種子が、長く垂れ下がって湿地に落ちたときから始まる。おそらくこれは、水がすっかり引いてしまった干潮の間に起きるのだろう。種子は、絡みあった根の間に落ち、そこで潮が満ちてくるのを待つ。そして塩を含んだ水がやってくると持ち上げられ、やがて引き潮に乗って海の彼方へ流れていくのである。毎年、フロリダの南の海岸

●マングローブにつくカキ。マングローブタマキビ.
高潮線より上のマングローブの気根,
防波堤，桟橋の杭などにつく。

では、無数の赤いマングローブの種子が発芽するのだが、親木の近くで生長していくものはおそらく半分もないだろう。残ったものは海へ出て、浮力のある構造で海面に浮かび、潮のままに運ばれていく。こうして何カ月も漂流していく旅の間に出合う普通の自然現象——日光や雨、大波などの変化には十分耐えられるようになっている。種子は、はじめは海面に拡がって浮かんでいるが、時の経過とともに生活の次の段階に備えて組織も発達分化し、やがて根になるべき先端は、将来しっかりと生活を支える土地に出合えばいつでも根を張れるように、垂直の方向に向かって少しずつ伸びていく。

おそらく、このような種子は、小さな砂州や島の海岸から少し離れて盛り上がっている砂地にたどりつき、波によって一つ一つ根を下ろすのであろう。潮が満ちてきてマングローブの若木は浅瀬に運ばれると、下に向かって伸びていた根の先端が砂地に触れ、尖った先は土の中へ伸びていき海底に深く埋まるのだ。その後、引き潮や満ち潮の水の動きがいくたびとなくかれらを押さえつけて、マングローブの若木は、その土地へしっかりと根を下ろす。やがて、ほかの種子もその傍らに流れてきてすみつくことだろう。

マングローブの若木は、落ち着くとすぐに生長を始め、何本もの根を弓形に伸ばして、円筒形の支柱を形づくる。こうして根が絡みあいながら急速に伸びていくあいだに、さまざまなもののかけらが集まってくる。朽ちた海草、流木、貝殻、サンゴのかけら、根こそぎになったカ

イメンやその他の海に生きるものなどである。そして、このような単純な起源から、島が誕生するのである。
二〇年か三〇年たつと、苗木は立派な木になる。生長し一人前になったマングローブは、かなり強い波が打ち寄せても耐えることができ、おそらくこれを倒せるのは、激しいハリケーンぐらいだろう。数年に一度は、このようなハリケーンがやってくる。マングローブはしっかりと四方に根を張っているので、強い風に根こそぎ倒されることはまずない。しかし、嵐の高潮は、湿地を越えて遠く内陸にある森の内部にまで塩分を運んでいく。そして、葉や小枝は風にはぎとられ、さらに風が強くなると大木の幹や太い枝までゆすぶられ叩かれる。ついには樹皮まではがされてむき出しになった幹は、塩分をたっぷり含んだ風にさらされてしまう。フロリダ海岸をふちどっている立ち枯れたマングローブのゴースト・フォレスト（幽霊の森）には、こうした歴史があるのかもしれない。しかし、このような破壊的なハリケーンは滅多になく、

●シオマネキの一種

フロリダ南西部の島に生えるマングローブはすべて、大きな障害なしに立派に育っている。

　マングローブの森の外側の木は、まさに海水の中に生え、森は薄暗い湿地のほうへ拡がっている。太くねじれた幹や、絡みあった根、切れ目のない天蓋のようにあたりを覆ってい る深緑色の葉の重なりが、神秘的な美しさをかもし出し、そこにある沼沢地帯とともに不思議な世界をつくり出している。潮が満ちてくると、海水はいちばん奥のほうの木の根まで浸し、沼沢地全体にあふれ、同時に多くの小さな移住者——遠い沖にすむ海の生物の幼生たち——も運んでくる。長い年月のうちに、これらの生きものの中には、生きていくのに都合のよい環境を見つけ、それに適応してしまったものもたくさんある。マングローブの根や幹の間にいるもの、潮間帯の軟らかい泥の中にすむものもあり、また湾の深いところの海底にいるものもある。マングローブは、このような場所に育つ唯一の樹木であり、また唯一の種子植物だろう。そして、そこにいる動植物はすべてマングローブとの生物学的な絆によって結ばれているのだ。

潮の満ち干をくり返すうちに、マングローブを支える根は幾本も密に生え、そこにカキがつくようになる。カキの殻には根にしっかりとしがみつくための指状の突起があって、そのおかげで泥の上へ落ちないでいる。潮の引いた夜、アライグマが何匹も海水の引いたところへ下りてきて、泥の上を根から根へ伝い歩き、カキを見つけて食べてしまう。肉食性の巻貝、カンムリボラもまた、マングローブについたカキが大好物である。シオマネキは泥の中に穴を掘り、満潮の間はその奥にかくれている。シオマネキの雄には大きなハサミ——バイオリンの形をした——があるのですぐわかる。このカニはハサミを、明らかに身を守るのと同じぐらい情報伝達のために使い、絶えず振りまわしている。シオマネキは、砂地や泥の上に落ちている植物のかけらをすくって食べる。そのために雌には二つのスプーン状のハサミがついているが、雄には、彼の「バイオリン」があるので、スプーン状のハサミは一つしかない。シオマネキの動きは、ねばつく泥の中へ空気を送りこむ働きをしている。泥の中には有機物の残骸がたくさん混ざっており酸素は不十分で、マングローブの地中の根も、酸素の不足分を気根で補わなければならない。クモヒトデや穴を掘る奇妙な甲殻類はマングローブの根の間にすみつき、はるか頭上の高い枝には、ペリカンやサギ類の群れが、ねぐらや巣づくりの場所を求めて飛びかかっている。

　マングローブの緑の海岸には、海の外で暮らそうとしている開拓精神にあふれた軟体動物や甲殻類がいる。かれらは最近やってきたものだ。マングローブの間や湿地帯に潮がやってきて海草の根を浸すと、小さな巻貝たちは陸のほうへ動きはじめる。それはコーヒー豆のような巻貝で、短い幅広の卵形の貝殻は、周囲と同じような緑と茶に色づけられている。満潮になると、かれらはマングローブの根や、草の茎に這い上がり、なるべく海水に触れないようにする。カニの仲間にも、陸で生活するようになってきたものがいる。オオヤドカリは、高潮線よりも高いところにすみ、そこは陸の植物が海辺をふちどっている。しかし繁殖期になると、このヤドカリは海に向かって移動していく。何百という数のヤドカリは、杭や流木の下にひそんで、雌が体の下にかかえていた卵が孵化するときをじっと待っている。そして時が来ると、ヤドカリたちは先祖代々かれらを育んできた海水の中に一気に幼生を解き放すのである。この進化の過程のほぼ最終段階と思われるものは、バハマ諸島やフロリダ南部にいる白い大きなカニである。このカニは陸上で生活し空気を呼吸し、海との絆を断ち切ったように見え

●オオヤドカリの一種

る。しかし、すべての絆を断ち切ったのだろうか、一つだけ残っている。なぜならば、春になると白いカニはレミング〔タビネズミ。数が多くなるといっせいに海に向かって行進し、溺れて死ぬものが出ることによってふえすぎを調節するといわれている〕のように海に向かって行進し、子供を海水の中に放つのである。やがて、海で幼生期を終えた次の世代のカニは水から上がり、親たちの陸の家を探しにいく。

マングローブがつくり出した湿地や森林は、北のほうへ何百キロものびている。つまり、フロリダ本土の南端を囲むキーズ一帯からセーブル岬の北、メキシコ湾に沿って、テン・サウザンド諸島まで拡がっているのである。そこは、世界でも有数の大きなマングローブ湿地帯の一つで、ほとんど人の手が入っておらず、人がやってきたことさえもない茫漠としたところである。その上を飛んでみれば、マングローブの働きがよくわかるだろう。テン・サウザンド諸島は空から見ると、意味ありげな形と構造を見せてくれる。この島について地質学者たちは、南東の方向に向いた魚の群れのように見えると述べている。どの島も魚の形をしていて、幅が広くなっている端のほうには水溜りでできた「目」があり、この小さい「魚」の頭はみな南東の方角を向いているからだ。これらの島ができる前には、浅瀬でさざ波によって海底に砂の小さな丘がつくられていったのだろう。そのあとでマングローブが根を下ろすと、さざ波の跡は島に変わり、青々とした生きた森林になって、永久に形を残していくのである。

今日、私たちは人間の一世代の間に、いくつかの小さな島が一つになったり、陸地がのびてきて島をのみこんでしまったりというように、海が陸へと変わっていくようすを目のあたりにすることができる。

このマングローブの海岸の未来はどのようになるのだろうか。もしそれがもっと昔に書かれていたならば、現在は島が点在する海に、広大な陸地がつくられていくところだと予言することもできただろう。しかし、今日に生きている私たちはただ首をかしげるだけだ。海面が上昇すれば、また違った歴史が書かれていくだろうから。

いずれにしろ、マングローブは勢力を伸ばし、熱帯の空の下で何キロもその静かな森を拡げ、しっかりと根を張り、次々に種子を落とし、はるか遠くへ流れていく潮に乗せて送り出す。

そして、月の光が銀色に砕け散るはるかな沖合から海辺へと潮は流れ、生命の鼓動をサンゴ礁に伝えてくる。何十億という数のサンゴ礁の動物は、生きるために必要なものを海からすくいとり、橈脚類や巻貝の幼生、小さなゴカイなどをすばやく代謝して自分の体の組織に変えていく。こうしてサンゴは生長し、繁殖（有性生殖）し、出芽（無性生殖）し、その一つ一つが石灰質の小部屋をこしらえてサンゴ礁の骨格を築き上げていくのである。

気も遠くなるような月日が過ぎ、何世紀もの年月が絶えることのない時の流れに溶けこんでしまっても、サンゴ礁やマングローブの湿原は、誰も知らない未来に向かってつくられていくだろう。しかし、それらが陸になるか、また海に戻っていくのかを決めるものは、サンゴでもマングローブでもなく、海それ自身なのである。

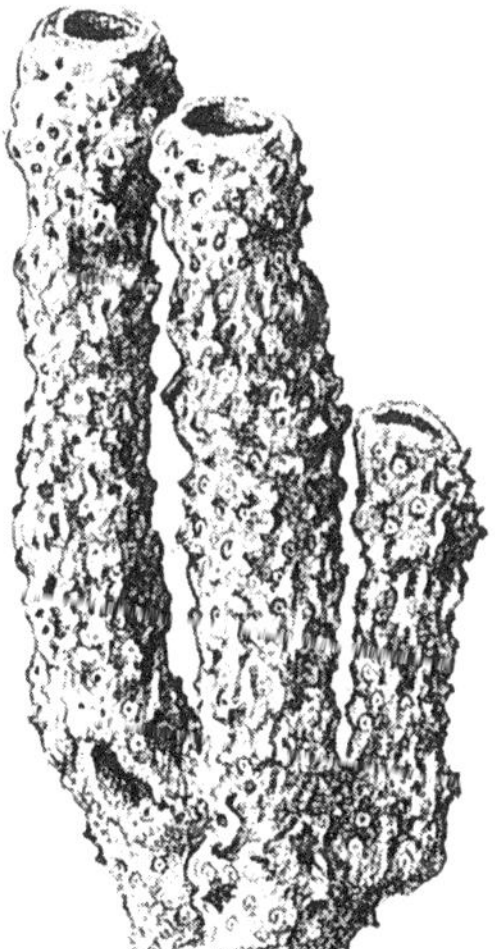

●ザラカイメン

終章——永遠なる海

いま、私は、海の声を聞いている。夜の潮が満ちてきているのだ。書斎の窓の下では、海水が渦を巻きながら岩に向かって突き進んでいる。霧が外海から湾の中に流れこんできた。それは水面を覆い、陸地の縁《へり》を覆い、やがて針葉樹の林の中に忍びこみ、ついにはトドマツやヤマモモの間に柔らかく拡がっていく。御しがたい水と、冷たく濡れた霧の息づかいは、人間が容易に入りこめない世界である。霧笛の響きは、海の力に脅威を抱く人間がおののき訴える呻き声に似て、夜の静けさを破る。

私は潮が満ちてくる音を聞きながら、かつて訪れた遠くの海岸に、いま、潮がどのように押し寄せているだろうかと考えていた——霧のない南の海岸では、月の光に波は銀色にふちどられ、濡れた砂は柔らかく光っているだろう。さらに、はるか彼方の海辺では、サンゴ礁の岩や暗い洞穴に、潮がさしてきているだろう。

それらの海辺は、姿かたちといい、そこにすむ生物といい、互いに著しい違いがあるにもかかわらず、海によって一体化されているのだということが、私の胸に浮かんでくる。なぜならば、この瞬間に私が感じるさまざまな違いは、時の流れの中で、そしてまたその長いリズムの中で決められたつかのまの違いにすぎないからである。私の足もとの岩だらけの海岸線は隆起によって新しくつくられたものだ。やがてうかがい知ることのできない遠い未来に、これらの岩を粉々に打ち砕き、海岸はまた元の砂浜に戻るかもしれない。私の心の眼に映がこの海岸は、万華鏡のように絶えずその姿を変え、終局もなくそしてまた固定された形であともない。大地は海そのものと同じく流動的なのである。

すべての海岸で、過去と未来がくり返されている。時の流れの中で、あるものは消え失せ、過ぎ去ったものが姿を変えて現われてくる。海の永遠のリズム――それは潮の干満であり、打ち寄せる波であり、潮の流れである――の中で、生命は形づくられ、変えられ、支配されつつ、過去から未来へと無情に流れていく。なぜならば、時の流れの中で海辺の形が変わると、それにつれて生命の様相も変化するからである。それは決して静的なものでなく、年ごとに変わっていく。海が新しい岸辺をつくり出すたびに、生物が波のように押し寄せ、足がかりを探し、ついにかれらの社会をつくり上げる。そして、私たちは生物が海にあるすべての有形な存在として、一つの確実な力であると感じとるのだ。その力は、満ちてくる潮によって、決して押し潰されたり、迂回させられたりすることがないほど強靭で、しかも目的をもっているのである。

渚に満ちあふれる生命をじっと見つめていると、私たちの視野の背後にある普遍的な真理をつかむことが並大抵な業ではないことをひしひしと感じさせられる。夜の海で大量のケイ藻が発するかすかな光は、何を伝えようとしているのだろうか？　無数のフジツボがついている岩は真っ白になっているが、小さな生命が波に洗われながら、そこに存在する必然性はどこにあるのだろうか？　そして、透明な原形質の切れはしであるアミメコケムシのような微小な生物が無数に存在する意味は、いったい何なのだろうか？　かれらは、岸辺の岩や海藻の間に一兆という数ですんでいるが、その理由はとうていうかがい知ることはできない。これらの意味は、いつまでも私たちにつきまとい、しかも私たちは決してそれをつかまえることはできないのだ。しかしながら、それを追究していく過程で、私たちは生命そのものの究極的な神秘に近づいていくだろう。

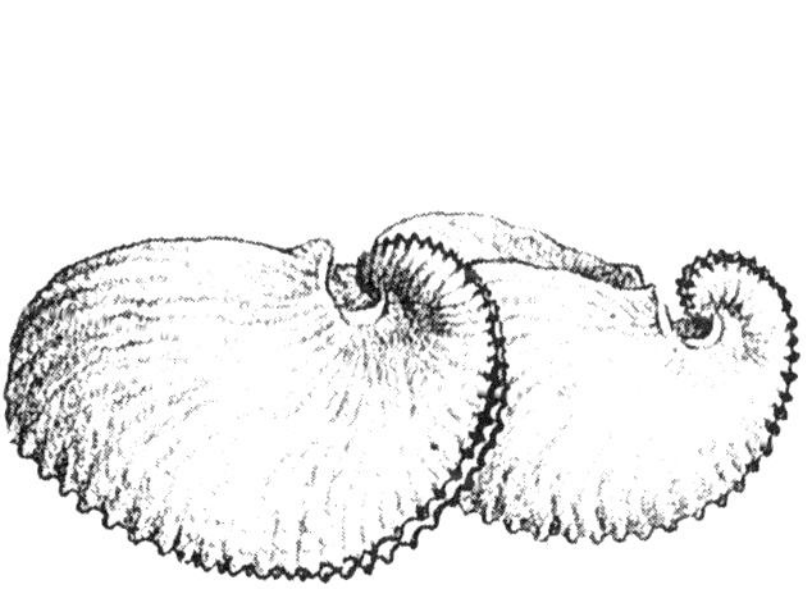

●タコブネの卵嚢

付——海辺の生物の分類

1 原生生物——単細胞植物と単細胞動物

細胞からなる生物の中で最も単純なものは、単細胞植物（原生植物）と単細胞動物（原生動物）である。しかしながら、どちらの分類群にも、各々の枠の中にしっかりと位置づけように も位置づけられない数多くの生物が存在する。つまり、明らかに植物だと考えられている特徴と同時に、動物とみなされる特徴をもちあわせている生物たちである。ウズベンモウソウ（渦鞭毛藻）類は、こうした漠然とした姿をしていて、動物学者も植物学者も、これは自分の分類群に入るべきものだと主張した。肉眼で見えるほど大きいものはわずかで、ほとんどはもっと小さい。渦巻状の精巧な貝殻を被っているものもある。また、めだたない目のような器官をもっているものもある。ウズベンモウソウ類はすべて、海中の食物連鎖において、多くの魚類や他の動物にとっては餌として非常に重要だ。夜光虫は、海岸では比較的大きなウズベンモウソウ類である。夜、海岸に光り輝く燐光のきらめきを散らし、また、日中はその豊富な色素細胞によって海水を赤く染める。他の種も含めていわゆる「赤潮」として知られる現象の原因となるものである。赤潮は海が変色し、魚や他の動物が微小細胞から発散される毒素によって死んでしまう現象だ。「赤い雨」とか「赤い雪」と呼ばれている潮溜りの水面に浮いた赤や緑色の泡は、こうした生物、あるいは緑藻植物（たとえばスファエレラ属）が繁殖したものだ。海が燐光を発したり「燃え」ているように見えるのは、ほとんどウズベンモウソウによるもので、大きな照明装置もなしに、一様な光を発散する。シャーレにとり詳しく調べると、水中で光は小さな火花を散らしているように見える。

放散虫類は、単細胞動物で、その原形質部は驚くほど美しい石英質の殻に入っている。この小さな殻は、海底に沈むと積もり積もって独特の軟泥や、堆積物を形成する。

有孔虫類は、また別の単細胞動物のグループだ。多くは石灰質の殻をもっているが、砂粒やカイメンの骨片をつけて体を保護する構造のものもある。殻は最終的に海底に沈み、海底を広範囲にわたって石灰質の沈殿物で覆う。地質学的な変遷を通して、その沈殿物は堆積して石灰石やチョークとなる。そして、いずれ隆起すると、英国の海岸に見られるチョーク崖のような、現在の光景となる。ほとんどの有孔虫類は、とても微小なので、五万個の殻が積み重なっても、一グラムの砂にしかならない。一方で、今は化石となった種である貨幣石類（有孔虫類の一科）は、ときには一五〜一八センチの大きさのものがいて、北アフリカ、ヨーロッパ、アジアに石灰岩の岩床を形成した。この石灰岩は、スフィンクスの建築や、巨大なピラミッドの建造にも使われた。有孔虫類の化石を含む岩層は、油田の開発に関連して地質学者の大切な目安として利用されている。

ケイ藻（学名の *diatomos* というのは、ギリシア語では「二つに切る」の意）は、微小な植物で、黄色の色素の粒を含んでいるために、通常は緑藻と褐藻の中間に分類される。単細胞か、あるいは細胞が鎖状になった形をしている。ケイ藻の生体組織はケイ酸の殻に包まれており、蓋をした弁当箱のような形をしている。殻の表面には凝った美しい模様が刻まれ、それが多くの種の特徴になっている。ほとんどのケイ藻は外洋に分布し、想像も及ばないほど数が豊富なために、海では非常に重要な第一次生産者となっている。プランクトンのような動物に食べられるばかりではなく、イガイやカキのように、より大きな生物の餌にもなる。組織が死んだあとは、硬い殻は海底に沈み、堆積して広く海底を覆うケイ藻の軟泥を形成する。

ラン（藍）藻植物は、生命のうちで最も単純で最も古い形をしている生命体で現存する最古の植物といえる。かれらの分布は広く、熱い温泉の湧くところや、条件が非常に悪いために他の植物が生きられないような場所にも存在する。ときにはとてつもない速さで繁殖することがあり、池や湧水池の表面に、「水の華」といわれる色のついた膜をつくってしまう。ほとんどはゼラチン状の鞘に包まれており、それが特別な暑さや寒さから保護している。ラン藻類は岩礁海岸の、高潮線の上の「黒い帯」として象徴されるものである。

2 葉状植物——高等な海藻

緑藻類は、強い光線に耐えることができ、潮間帯で高い丈に繁茂する。このなかまには、葉状のアオサのような形のものから、岩場や潮溜りの高潮線帯に見られる海藻で、アオノリ属（腸管のような形）と呼ばれる糸のような管状のものまである。熱帯地方では、最も普通に見られる緑藻類の数種は、ブラシの形をしたイワヅタ科ペニキラス属の仲間で、サンゴ礁原の上に小さな森を形成している。また、美しい小さなカサノリは、真緑色をしたマッシュルームを逆さにしたようだ。熱帯地方の緑藻類の中には、カルシウムの凝縮者として海の食物連鎖において重要な位置を占めるものもある。緑藻類は、暖かい熱帯の海では最も典型的な海藻で、強い太陽光線のあたる海岸線で見られ、またある種類では淡水にも生活している。

褐藻植物は、葉緑素以外にさまざまな色素を含んでいる。そのため、褐藻類は茶色、黄色、萌黄色になる。褐藻植物は、熱や強い太陽光線に耐えられないために、深い水中を除くと、温帯域にはほとんど存在しない。例外は、熱帯海域のホンダワラ属で、メキシコ湾流によって北方に漂流する。北方の海岸では褐藻類が潮間帯で生活し、ケルプやコンブ属は低潮線から深さ一二〜一五メートルまでのところに生育している。海藻はみな、海水中に存在するさまざまな異なる化学物質を体内で選択し凝縮しているものだが、褐藻類、特にケルプは、ヨウ素の蓄積量が非常に多い。褐藻類は、広くヨウ素の工業生産に利用されている。今日、防火布、ゼリー、アイスクリーム、化粧品などさまざまな工業生産過程において使われるアルギン炭水化物の生産においても、褐藻類が重要な役割を果たしている。アルギン酸の存在はこれらの海藻に、強い波に耐えられるだけの大きな弾力性を与えている。

紅藻類は、海藻の中でも最も光線に敏感で、潮間帯にはほんの数種の耐寒性のもの（ツノマタとダルスを含む）しか見られない。多くが、デリケートで優美な海藻で、低潮線よりも下の海中に分布している。あるものは他のどんな海藻よりも深いところに分布し、水面下一二〇〇メートルか、それ以上も深い、薄暗い地域にも見ることができる。石灰藻類の数種は岩や貝殻の上に硬い外皮をかぶせたようになっている。炭酸マグネシウムの含有量が、炭酸カルシウムと同じぐらい多く、これらの海藻は地球の歴史において重要な地質化学的役割を演じてきたように見える。おそらく、豊富なマグネシウムを含んだ大理石のようなドロマイト（白雲岩）の形成を助けているのだろう。

3　海綿動物――カイメン類

カイメン（海綿）類は、最も単純な動物群の中にあって、ほとんどが多くの細胞の集合体にすぎない。しかし、かれらは原生動物より一歩進んだ動物であり、細胞には内層と外層があり、機能の分化を暗示しているような面をもっている。たとえば水の循環、捕食また生殖に関する機能分化があげられよう。こうした機能を果たす細胞は互いに結合し、カイメン類の一つの目的を達成するために一緒に作用する。その目的とは、海水を自分の体で濾過することだ。一個のカイメンは精巧な水路システムであり、繊維質あるいは無機質の母体からなっている。全体におびただしい数の小さな入水口、少し大きめの出水口が開いている。最も深い中央の穴は、べん毛のある細胞でふちどられているが、その細胞はまるでベン毛虫類の一種を思い出させる。鞭のような毛を振り動かすことによって、水を引きこむ流れができる。海水はカイメンを通過しながら、食物や無機質、酸素を与え、そして老廃物を流し去る。

ある程度の範囲まで、海綿動物門の中の、より小さなグループの一つずつが、独特の外観と生活習慣をもっている。しかし、カイメン類は、おそらく他のどの動物よりも柔軟に、その環境へ適応する。波がくるところでは、ほとんどの種も平らなパンの皮のような姿になる。また、深くて水の動きが静かなところでは、上向きに伸びた管状の形になったり、灌木のように枝分かれする。その形は、ほとんどあるいはまったく種を同定するための助けにならないので、カイメン類の分類は、主に骨格の形に基づいて行なわれる。骨格は骨片と呼ばれる小さな硬い構造物が互いにゆるく結びついている。骨片のあるものには石灰質のものがある。他のものではケイ酸だが、海水はほんのわずかなケイ素しか含まないので、カイメンはその骨片に十分含ませるだけのケイ素を多量の海水から濾過して取りこまなければならない。海水からケイ素を取り出す機能が、主な生活形態を制限しているので、カイメン類の上に他の動物がすんでいることはない。商品としてのスポンジは、硬い繊維質の骨格をもっているので、第三番目のグループとして分類される。それらは熱帯の海にしか分布しない。

このような特化の方向性の始まりは、自然界では元に戻ったり他の物質とともに再起するように見える。腔腸動物と、他のもっと複雑な動物への分岐への発端となるすべての証拠から、カイメン類は進化の袋小路の中に置き去りにされているといえる。

4 腔腸動物――イソギンチャク・サンゴ・クラゲ・ヒドロ虫類

腔腸動物は、単純であるにもかかわらず、基本的な構造においては、すべてもっと高度に発達した動物たちにある精巧さをもちあわせている。腔腸動物は、二層の明確な細胞層を有する。つまり外側の外胚葉と、内側の内胚葉だが、ときにははっきりしない中央の層もある。それは細胞状ではないが、より進化したグループでは中胚葉に相当する三番目の細胞層の起源である。各々の腔腸動物は、基本的には中空で壁が二重になった管状で、一方の端は閉じて、他方が開いている。この構造の変異が、イソギンチャクやサンゴ、クラゲ、ヒドラのような種々の形状をもたらしている。

あらゆる腔腸動物は、刺胞と呼ばれる刺細胞をもっている。それぞれはコイルのような尖った糸状で、液体でふくらんだ鞘に入っており、いつでも飛び出して通過する餌を突き刺したり、からめとったりできるようになっている。このような刺胞は、より高等な動物では発達していない。同じような刺胞はウミウシ類とヒラムシ類には報告例があるが、それは腔腸動物に食べられることによって二次的に獲得したものである。

ヒドロ虫類は、このグループの特徴を表わす世代交代でよく知られている。定着性で植物のような世代がクラゲ世代を生み出すのだ。その姿はまるで小さなクラゲである。これらは次にまた別に植物のような世代を生み出す。ヒドロ虫類においては、より人目につくような世代が定着し、枝分かれした群体が、触手のある個虫やヒドロ花をその「幹」の上につくる。これらのほとんどは、小さなイソギンチャクのような形をしており、餌を取りこんでいる。他の個虫は新しい世代を出芽する。やがてそこから小さなクラゲ（形はさまざまだが）が泳ぎ出て成熟し、卵か精子細胞を海中に放出する。一個の受精卵はこのようなクラゲによって生み出され、やがて受精したときに別の植物のような段階に発展する。

ハチクラゲ類や、真正クラゲ類などのグループでは、植物のような世代はめだたずに、クラゲ世代がかなり高度に発達している。クラゲ類の範囲は、非常に小さなものから巨大な極海のクラゲまであり、たとえばユウレイクラゲは直径が二・四メートルにもなり、通常は三〇センチ〜一メートルの触手が二〇メートルにも伸びることがある。

サンゴ虫類（花虫綱）では、クラゲ世代が完全に失われている。このグループは、イソギンチャク、サンゴ、ヤギ類を含む。そして、イソギンチャクに基本的な構造が示されている。つまりこのグループのすべての動物は、個々が集まって群体を形成する。イソギンチャクに似たポリプはおそらく造礁サンゴのような岩を基盤としている。またヤギ類のポリプは脊椎動物の髪の毛、爪、鱗のケラチンと同様に自然のタンパク質でできている硬い物質が基盤になっている。

5 有櫛動物――クシクラゲ類

英国の作家バーベリオンはかつて、太陽光線の中のクシクラゲが世界中で最も美しいものだといった。体は水晶のように透明で、小さな卵形の生物が水中をくるくる回転すると虹色にきらきら光る。有櫛動物であるクシクラゲ類は、その透明さのためにクラゲと間違えられることもあるが、さまざまな構造上の違いがある。この動物門の特徴は、櫛板《しつばん》をもっていることだ。櫛板は体の外側に八列ある。各々の板には蝶番状の付属品がついており、もう一方の側縁には髪の毛のような細毛がある。櫛板が水中で回転しながらきらきら光るにつれて、細毛は太陽光線を遮り、独特の輝きをつくり出す。

多くのクシクラゲ類は、数種のクラゲに見られるように長い触手をもっている。これらは刺細胞を備えていないが、粘着性の吸盤で獲物に絡みつく。クシクラゲ類は、莫大な数の稚魚や他の微小な動物を食べ、主に水面付近で生活する。クシクラゲ類は小さな動物門で、中に含まれる動物は一〇〇種にも満たない。なかには平らな体形で泳がずに海底を這う種もいる。こうした種類がヒラムシ類に進化したのだと信じている専門家もいる。

6 扁形動物——ヒラムシ類

ヒラムシ類には、自由生活型のものと寄生生活型のものがほぼ同じくらい含まれる。葉のように薄く、自由生活のヒラムシ類は、生きているフィルムのように岩の上を覆い、ときにはエイのように体の縁辺を波打たせて泳ぐ。彼らは進化論的な意味において明らかに特化してきた。より高等な動物の特徴である三列の基本的な細胞層をもつ最初の動物だ。また、体は左右対称形であるつねに頭となる一端から進行する。単純な初期の神経系と、簡単な色素斑である目がある。なかにはよく発達したレンズをもっている種もいる。循環系がないのは、おそらくヒラムシ類の体がどれもとても薄いためだろう。この体の中では、すべての部分が外側と簡単に通ずることができ、酸素や二酸化炭素が容易に表面の薄膜を通過して内側の組織に届く。

ヒラムシ類は海藻の間、岩の上、潮溜り、あるいは死んだ軟体動物の殻の中に見られる。通常は肉食で、ゴカイ類、甲殻類、小さな軟体動物を餌にしている。

7 紐形動物――ヒモムシ類

ヒモムシ（紐虫）類は、特別にしなやかな体をもち、あるときは丸く、またあるときは扁平になる。なかにはイギリスの海にすむヒモムシ類（*Lineus longissimus*）と呼ばれる種類のように、長さが二七メートルにも達し、あらゆる無脊椎動物の中で最も長い種類もいる。アメリカの海岸の浅瀬にすむセレブラトウラス属は、幅が二・五センチで長さが六メートルにもなる。しかしほとんどのものはほんの数センチで、二センチにもみたないものが多い。通常はきっちりぐるぐる巻きになっているが、驚くと絡みあう。ヒモムシ類はどれも大変筋肉が発達しているが、より進化した動物のような神経と筋肉の相互の連絡はない。単純な神経節からなる脳がある。なかには原始的な聴覚の機能をもつ種類もあり、特徴のあるすき間が頭の側面に沿って開いており（口を想像させる）、重要な感覚器官を内蔵しているらしい。ほとんどのヒモムシ類が両性であるにもかかわらず、雌雄同体の種類もいる。触られるとばらばらになる習性と結びついて、無性生殖への強い傾向が示唆される。ばらばらになった破片は、そこから再生して完全なヒモムシになる。エール大学のウェスリー教授は、ある種のヒモムシ類を、もともとの体積の一〇万分の一にまで切り刻んで小さくすることができることを発見した。教授によると、一頭の成体は食物なしで一年間生きのびることができ、体の大きさを小さくすることによって栄養の欠乏を補うという。

ヒモムシ類は、口吻と呼ばれる伸張性の武器をもっている。鞘の中に納まっているこの武器は、即座に飛び出して投げつけられ、獲物の周囲に巻きつくことができる。それから、獲物を口に引き戻す。多くの種類では、口吻は、鋭い槍状の吻針と呼ばれる針を装備しており、もし失われてもすぐに予備と交換するようになっている。ヒモムシ類はすべて肉食で、多毛類を多く餌にする。

8 環形動物——多毛類

体節構造をもつ環形動物には、いくつかの動物綱が含まれる。そのうちの一つである多毛類（多くの剛毛をもつ）は、ほとんどが海洋性環形動物である。多毛類の多くは、活発に泳ぎ、捕食者として生きている。その他はある程度定住性で、さまざまな種類の管をつくり、その中で生活し、砂や、泥の上に堆積するデトリタスや水中から濾しとるプランクトンなどを食べる。こうした多毛類の中には、海で最も美しい生物といわれる種類もいる。その体は虹色に輝き、柔らかく、美しい色をした羽のような触手の冠で飾られている。

より下等な形状でありながら体の構造は非常に進化している。ほとんどけ循環系統（赤い血液をもつ環形動物のチロリは、餌虫として使われるが、血管をもっているのではなく、表皮と消化管の間の体腔が血液で満たされているにすぎない）をもっており、その点で扁平な体をもつヒラムシ類と分離することができる。つまり、血液は管の中を流れながら食物や酸素を体のすみずみに運んでいるからだ。血液の色はある種類では赤く、その他は緑色だ。体は体節の連続から成り立っており、前方にあるいくつかの体節は、融合して頭部を形成している。各々の体節には、一対の枝分かれしない、体節のない櫂《かい》（ボートのパドルに似た）のような付属器官をもっており、這ったり泳いだりする。

多毛類には、多くの分化した形がある。ゴカイ類は、餌虫に使われることが多いが、その生活のほとんどを、海底の岩の間の簡単な穴の中で過ごし、餌をとるときや、生殖のときには群れで相手を求めて姿を現わす。ウロコムシ類は、岩の下で生活し、泥の多い穴の中や海藻の付着根のすき間にいる。カンザシゴカイ類は、変化に富む石灰質の管をつくり、そこから頭だけを出す。他のゴカイ類では、きれいな羽根かざりをもつクダゴカイのなかまのアンフィトリテ（ギリシア神話に登場する海の女神）のように、粘液を分泌する管を、岩の下やサンゴ藻の外殻の下、泥の多い海底などにつくるものがある。集団を形成するケヤリムシ類は、目の粗い砂を使って精巧な構造物を組み立てるが、それは数メートルにも及ぶ。ゴカイ類の巣穴でハチの巣状になっている場合でも、こうした塊状の居住空間は人間の体重を支えるほど強い。

9 節足動物――ロブスター類・フジツボ類・端脚類

節足動物門は大きなグループで、残りの全部の動物門に含まれる種類数の五倍の種を含んでいる。節足動物は、甲殻類（カニ、エビ、ロブスター）、昆虫類、多足類（ムカデ、ヤスデ）、クモ類（クモ、ダニ、カブトガニ）、それに熱帯に分布するゴカイのようなカギムシ類（軟脚類）に分けられる。あらゆる海洋性の節足動物は、ほんのわずかな昆虫類、数種のダニ、ウミグモ、それにカブトガニを除くと全部甲殻綱に属する。

環形動物の一対の付属器官は簡単な垂下物だが、節足動物では多様な節をもっていて、泳ぐ、歩く、餌をとる、それに周囲からの刺激を感知するといったさまざまな機能を実行するために特化している。ゴカイ類が、かれらの内部器官と周囲の環境との間にごく簡単な表皮しかもっていないのに対して、節足動物はその体をカルシウム塩に満ちた硬いキチン質の外骨格で保護している。これは保護するだけでなく、中の筋肉をしっかり支えるのに都合がいい。しかし、不便なことは、成長に伴って、硬い外殻をときどき脱皮しなければならないことだ。

甲殻類は、カニ、ロブスター、エビ、それにフジツボのような動物群を含むが、あまりよく知られていないウミボタル類、等脚類、端脚類、橈脚《じょうきゃく》類も含まれており、どれも重要でいろいろな意味で興味深い。

ウミボタル類は変わった節足動物で、体節をもたず、二つに分かれた殻の中に入っている。殻は端から端まで平滑で、軟体動物の貝殻のように筋肉で開閉する。触手はオールとしての機能をなし、水中で小動物を漕ぎよせるようにして開かれた殻の中に運ぶ。ウミボタル類は、海底の海藻の中や、砂の中にすんでいることが多く、通常は日中動かずに、夜になると餌を食べるために外に出てくる。多くの海洋性のウミボタル類は発光性で、泳ぎながら小さな青白い光を発する。海が光を発する主な原因の一つがウミボタル類だ。死んで乾燥してしまっても、光を発する物質は、驚くほどの単位で残っている。プリンストン大学のE・ニュートン・ハーベイ教授によれば、彼の権威ある著作『生物発光』の中で、第二次世界大戦中、日本軍司令部は前線において、懐中電灯が禁止されている場所で乾燥したウミボタル類の粉を使っていた、と述べている。その際、手のひらのわずかな粉に数滴の真水を加えることによって、通信文を読むのに十分な光を得ることができたという。

橈脚類はとても小さな節足動物で、丸い体に尻尾がついていて、橈《かい》のような脚でこきざみに自分の体を推進する。その体の小ささ（顕微鏡的大きさから一センチまで）にもかかわらず、海の基本的な個体群の一つを形成する。また、さまざまな他の動物にとっては餌になり、食物連鎖においては不可欠な鎖である。それらの鎖によって海の栄養塩類は植物プランクトン、動物プランクトン、肉食動物を通ってより大型な動物、たとえば魚やクジラなどに結局は利用され、より有益なものになることができる。橈脚類のカラヌス属は、海水面を広範囲にわたって赤くする「赤餌」として知られ、ニシンやサバ、ある種のクジラにも莫大な量が食べられる。ミズナギドリやアホウドリのような外洋性の鳥はプランクトンを食べるが、ときには多くを橈脚類に頼ることもある。橈脚類自身はケイ藻類を食べるが、一日に自分の体重と同じくらい食べることもある。

端脚類は、小さな甲殻類で、表面の体節は左右に扁平だが、一方、等脚類のほうはたてに扁平である。この名前は、これらの動物がもつ付属器官の科学的論拠になっている。端脚類は、泳ぎにも歩くことにも両方に使える脚をもっている。等脚つまり「脚が等しい」動物には、体の端から端まで、大きさも形もあまり変化のない付属脚がついている。

海岸の端脚類には、ハマトビムシが含まれるが、かれらは驚くと海藻の密生した中から、大群で飛び出す（実際は跳ねて）。その他の種類は沖の海藻の下や、岩の下にすむ。有機物の破片を食べるが、ハマトビムシ自身はあらゆる魚、鳥、そして他のより大きな生物に大量に食べられる。多くの端脚類は水から出ると体の側面を使ってのたくるようにして進む。ハマトビムシはその尾部と後方の脚をスプリングのように使って跳ねて前進するが、他に泳ぐ種類もある。

フナムシ類を含む海岸の等脚類（庭にいるワラジムシの仲間と近い）は、岩の上や波止場の杭の上などを走っているのをよく見かける。フナムシは、水界から離れて生活し、めったに水には戻らない。水中に長い間いると溺れてしまうからである。その他の種類は沖にすみ、擬態で色や形を似せながら海藻の中にいることが多い。まだ他にも潮溜りに大群ですんでいるものもいれば、水中を歩く人間の皮膚に嚙みついてひりひりする痛みを与えるものもいる。ほとんどが腐食動物で、なかには寄生生活をするものもいるし、分類上関係のない動物と共生(片利共生)生活を形成する種もある。

端脚類と等脚類は、両方とも、卵を海中に放出するかわりに、その子供を保育囊に入れて運び歩く。この習性は、各々のグループに海岸線の高いところで生活することを助け、陸上への進出には必要な予備手段である。

フジツボは蔓脚目(学名の *cirrus* とは、ラテン語で巻き毛の意)に属し、おそらくその名前は、かれらのたおやかに曲がった羽毛のような付属器官に由来してつけられたのだろう。幼生時代は自由生活をし、他の多くの甲殻類の幼生と似ている。しかし成体は、石灰質の殻の中で生活しながら岩や他の硬い基盤に定着する。エボシガイ類は皮状の茎部でついているが、イワフジツボや、他のフジツボ類は直接付着する。エボシガイ類は海洋生活をすることが多く、船やさまざまな浮遊物に付着する。フジツボ類の中には、クジラの外皮やウミガメの甲羅の上で成長するものもいる。

大きな甲殻類であるエビ、カニ、ロブスターは、最も親しみやすいだけでなく、典型的な節足動物の体形をはっきりと表現している。通常は頭部と胸部が融合し、硬い殻あるいは甲羅で覆われている。したがって付属肢だけが体節の分かれ目を示す。一方では、曲がりやすい腹部または「尾部」は体節に分かれ、泳ぐのに重要な助けになっている。しかしカニの場合は、尾部の体節を体の下に折りたたんでしまっている。

節足動物の硬い殻は、動物の成長に伴って定期的に脱皮しなければならない。生物は古い殻から、普通は背中を切るように開いたすき間を通って抜け出る。下側には新しい殻ができているが、かなり折りたたまれ、巻きこんであり、軟らかく壊れやすい。甲殻類は脱皮の後は数日間物かげにかくれて過ごす。その鎧が硬くなるまで敵からかくれているのだ。

蜘形綱は、カブトガニのグループと、海にはわずかしかいないクモ類とダニ類のグループに分けられる。カブトガニの分布は偏っていて、アメリカの大西洋岸にはかなり多いが、ヨーロッパにはいない。また、インドから日本にかけてのアジアの海岸には三種いることが知られている。カブトガニの幼生期は、古代カンブリア紀の三葉虫に非常に似ている。そのため、そうした過去の時代を思い起こさせるものとして、しばしば生きている化石と呼ばれる。カブトガニは、湾岸付近や、他の比較的おだやかな水域に多い。そこで二枚貝類やゴカイ類などの小動物を食べる。初夏になると、砂を掘ったくぼみの中で産卵するために浜辺まで出てくる。

10 触手動物——コケムシ

触手動物は、分類学上の位置づけも類縁関係もはっきりしないグループで、むしろさまざまな形態のものが含まれる。ふわふわした植物のように成長するので、とくに海岸で乾燥しているのを見ると海藻と間違えることが多い。他には、海藻や岩の上を広い硬い布でつぎをあてたように成長し、なかにはレース飾りをつけるものもある。また、ある種類は枝分かれや直立してゼラチン状の組成をもつものもある。これらはすべて群体を形成するか、多くの個々のポリプが共同生活している。そして、すべては細胞同士隣接しながら単一化された構造の中に埋まって生きている。

被覆性のコケムシ類は、密集した小部屋が美しいモザイク状になっていて、各々に小さな触手をもつコケムシがすんでいる。表面上はヒドロ虫類のポリプに似ているが、完全な消化系統をもち、体腔や、簡単な神経系統、その他にも高等動物の特徴をたくさんもっている。コケムシ類の群体の個虫は、互いに大まかには独立しており、ヒドロ虫類のようにつながってはいない。

触手動物は、カンブリア紀にさかのぼる古いグループだ。昔の動物学者たちには海藻だと思われていたが、のちにはヒドラに分類された。海洋性の種類は約三〇〇〇種いるが、これに比べて淡水産のものは約三五種しかいない。

11 棘皮動物——ヒトデ・ウニ・クモヒトデ・ナマコ

あらゆる無脊椎動物の中で、棘皮動物ほど純粋に海産である動物はいない。その五〇〇〇種近いグループの中で、淡水産や陸上産のものは一種類もいない。かれらは古い生物のグループで、カンブリア紀に起源を発しているが、それから何百万年もの間、一種類も陸上生活への移住を試みなかった。

最も古い時代の棘皮動物は、ウミユリで、葉柄があり、古生代の海底に定着して生活していた。二一〇〇種類近いウミユリの化石が知られているが、これとは対照的に、現存している種は約八〇〇種だ。今日、ほとんどのウミユリが東インド洋に分布しているが、稀に西インド洋からハッテラス岬ぐらいの北にまで見られる。ニューイングランドの浅瀬にはまったく存在しない。

海岸で一般的な棘皮動物は、現存する四つの綱に分けられる。つまりヒトデ類、クモヒトデ類、ウニとカシパン類、それにナマコ類の四グループである。棘皮動物に分類される種類はすべて五という数を主張している。体の部分の多くが五個か五の倍数なので、これがグループの特徴となっている。

ヒトデ類は平らな体をしていて、多くが型にはまった五角形をしているが、腕の数はまちまちだ。表皮はざらざらとした硬い石灰質の板状で、短い針が出ている。ほとんどの種類の表皮は、曲がりやすい茎状部、その上に「はさみとげ」と呼ばれる小さなピンセットのような器官をもっている。これをもっている動物たちは砂粒やゴミを除き、表皮をきれいに保ち、そこに定着しようとする定住性の他の幼生をつまみ出すことができる。デリケートで柔らかいバラの花飾りのような呼吸器官も表皮を通して働いているので、そのためにも表皮の手入れが必要だ。

他のあらゆる棘皮動物と同じく、ヒトデ類は水管系と呼ばれるシステムをもっており、その機能は移動が主で、副次的には他の機能もあわせて行なう。このシステムは、体の各部分に縦走している一連の水管の連続からなっている。海水の取り入れ口は完成されており、ヒトデにおいては上部の表面にあるめだつ穴の開いた板――多孔板（母孔）――から取りこまれる。流れは水管を通って、最終的には多くの柔軟な短い管（管足）の中を通る。管足は腕の下面にある細長い溝に多数生えている。各々の管足はその先端に吸盤をもっており、水圧の変化によって伸びたり縮んだりする。伸びるときは、吸盤が下の岩や他の硬いものの表面に付着して自分の体を引っ張るようにする。管足はイガイをはじめとして、餌となる二枚貝の殻をつかむときにも使われる。ヒトデが動くときには、この腕のどれかが真っ先に進み、一時的に「頭」として役立つ。

細く優美なクモヒトデ類は、腕に細い溝がなく、管足も退化している。しかし、腕のねじ曲げ運動によってすばやく動く。かれらは積極的な捕食者で、さまざまな小動物を餌にする。ときには沖の海底に何百というクモヒトデが「ベッド」のように横たわっているが、このクモヒトデの生きている網を通過して無事海底にたどり着く小動物はまずいない。

ウニ類においては、管足は体の上端から下端まで続く五本の筋のような列に沿って配列されている。それはちょうど地球上の北極から南極へと走る子午線のようだ。ウニの骨格ともいえる殻板は、球形の貝殻状に固く縫合されている。動く部分は管足だけで、管足は外殻上にある穴から突き出ている。「はさみとげ」と棘は、外殻上の突起物としてはめこまれている。管足は、体が水から出ると引っこむが、水に浸っているときには海底をつかんだり餌を捕まえたりするために棘より長く伸びる。また、何らかの感覚器としての役割も演じている。棘は種類によって長さも太さもかなり違う。

口は下面にあり、五個の白く輝く歯に囲まれている。その歯で岩から海藻をこそぎとり、移動の助けもする（他の無脊椎動物では、たとえば環形動物も鋭い顎をもっているが、すりつぶしたり嚙み砕く組織をもつのはウニだけだ）。歯は、内部に突き出している石灰質の小枝のような器官によって動くが、それは動物学者によって「アリストテレスの提灯」と名づけられた筋肉だ。体の上面には中央に位置する肛門を通って消化管が外に開いている。肛門の周囲には五枚の花びらのような板があり、各々の板には卵または精子を放出する生殖口がある。生殖巣は、背側上部つまり上面のすぐ下に房状に五つ並んでいる。それらは実際にはこの動物にある唯一の軟らかい部分で、ウニにおいてはここが、とくに地中海沿岸諸国では人間の食物として珍重されている。カモメも同じ目的でウニを捕らえるが、岩の上にウニを落として外殻を壊し、軟らかい部分を取り出して食べることが多い。

ウニの卵は、細胞の生物学的研究に広く使われてきた。ジェイケス・ローブは、一八九九年に人工的単為生殖の歴史的論証においてウニを用いた。未受精の卵に化学的あるいは機械的刺激を与えて処理するだけで、ウニを発生させたのである。

ナマコ類は奇妙な棘皮動物で、軟らかく細長い体をもつ。口端を先にして物体の表面を這うが、同じ動物門では放射状に対称的な特徴があるナマコ類は左右対称な機能をもつ。管足は、機能的に体の下面に三列についている。数種類のナマコの中には、穴を掘り、体の表面に埋まっている小さな骨片を使って周囲の泥や砂をつかむことによって前進するものもいるが、この骨片の形は種類によってさまざまで、分類するときには顕微鏡で調べなければならないこともある。ナマコ類は、熱帯の海においては大きく(管鋸《くだのこ》とか海のシャベルとかいわれている)、数も多い。北方の海ではより小さい種がとってかわり、沖の海底か潮間帯の岩や海藻の間で生活している。

12 軟体動物――二枚貝・巻貝・イカ・ヒザラガイ

さまざまな形の貝殻が複雑な造りで美しく飾られているために、おそらく軟体動物のいくつかは海岸の他のどんな動物よりもよく知られているだろう。グループとしては他の無脊椎動物とは違う特質をもっている。しかしながら最も原始的な種類であり、その幼生の姿は、遠い祖先がヒラムシ類に近いことを示している。体は軟らかく体節がなく、硬い殻に保護されているのが典型的な形だ。最も顕著で特徴のある軟体動物の構造は、外套膜と呼ばれる器官でマントのような組織が体を包み、貝殻をつくる物質を分泌し、それが複雑な構造と装飾の基本になっている。

最も身近な軟体動物は、巻貝のような腹足類と二枚貝だ。いちばん原始的な軟体動物は、這って歩くのろまなヒザラガイと、あまり知られていない掘足綱のなかまだ。そして最も進化した段階にあるのはイカに代表される頭足綱である。

腹足類の殻は、単殻あるいは一片からできていて、コイル状に巻いているか、螺旋状である。ほぼすべての巻貝は「右巻き」、つまり観察者に向かって右側に開口している。例外の一つは「左巻きのスイショウガイ」で、フロリダ海岸においては最も一般的な腹足類の一種だ。通常は右巻きの種類の中にも、左巻きの個体が出現することもある。腹足類の中には、アメフラシのように殻がなく、体内にその名残を残すだけになっているものもある。あるいはまた、ウミウシやミノウミウシ類のように完全に殻を失っているものもある（もっとも、ミノウミウシ類では、幼生の時代に渦巻き状の貝殻が見られる）。

巻貝は、岩から植物性の餌をこすり取りながら移動する菜食主義者から、動物性の餌を捕らえて食べる肉食主義者まで、多くの場合、行動的な動物といえる。固着性のフネガイは例外で、貝殻や海底に自分の体を定着し、カキやハマグリや他の二枚貝と同じ方法で水中からケイ藻を取り入れて生活する。多くの巻貝は「足」という平らな筋肉で滑るように動く。あるいはこの同じ器官を用いて砂に穴を掘る。驚いたときや干潮時には殻の中に引っこみ、貝の蓋と呼ばれる石灰質あるいは角質の硬い板で開口部を閉じる。この蓋の形や構造は種類によってかなり変化があり、ときには分類の役に立つ。他の軟体動物（二枚貝を除く）に普通に見られるように、腹足類は、顕著な歯の散在した帯——歯舌——を咽頭の底面にもっている。また、数種においてはそれが長い吻の末端にある。歯舌は植物性の餌をはぎ取ったり、獲物の殻に穴を開けるのに使われる。

二枚貝は、わずかな例外を除いて定住性だ。何種類か（たとえばカキ）は硬い基盤にその体を永久に固着する。イガイとその他数種類は、絹のような足糸を分泌して定着する。ホタテガイとミノガイは、水泳能力をもつ数少ない二枚貝で、マテガイ類は細く尖った足をもち、それによって砂や泥の中に信じられない速さで深い穴を掘る。

二枚貝で、海底に深い穴を掘る種類は、長い呼吸管やサイフォンをもっていて、それを通して水を引きこみ、水中の酸素や餌を取りこむことができる。しかしほとんどは、水中の微生物を餌として濾しとる浮遊捕食性である。ニッコウガイやサクラガイ、ナミノコガイを含む数種類は、海底に堆積しているデトリタスの上にすむ。二枚貝には肉食のものはいない。

腹足類と二枚貝の殻は、外套膜によって分泌される。軟体動物の殻の基本的化学組成は炭酸カルシウムで、外層は方解石、内層はアラゴナイトでできている。同じ化学的組成でありながら、内層のほうがより硬く強い物質である。燐酸カルシウムと炭酸マグネシウムは、どちらも軟体動物の殻に含まれている。石灰質の成分は、コンキオリンと呼ばれるキチン質と近縁の有機基質である。外套膜は、殻を分泌する細胞と同様に色素を形成する細胞ももっている。これら二種類の細胞の活動リズムが、結果的に殻の驚くべき彫刻と色彩をつくり上げている。殻の形成は周囲の多くの因子に影響されるにもかかわらず、動物自体の生理学的な面においては基本的な遺伝形質にかなり強く決定されていて、各々の種類は、分類の決め手となる特徴のある殻をもっている。

軟体動物門の三番目の綱は頭足類である。巻貝や二枚貝とは似ても似つかないので、表面上はこれらを結びつけるのは困難だ。古代の海においては、殻のある頭足類が優勢であったが、今やただ一種類（オウムガイ）を除いて残りの種類は外部の殻を失ってしまった。あるとしても体内にめだたない殻の名残が残っているだけだ。頭足類の中でも大きな分類群の十腕目は、円筒形の体に一〇本の腕がついている。イカや、オウムガイ、コウイカがその仲間である。別の分類群である八腕目は、八本の腕をもつ袋状の体で、たとえばタコやタコブネがその仲間に入る。

イカは強くすばしっこく、短距離においてはおそらく海の動物の中で最も敏捷だ。サイフォンを通して水を噴出することによって泳ぐ。動く方向はサイフォンを前に向けるか後ろに向けるかによって調節する。小型の種類は群れで泳ぐ。イカはどれも肉食で、魚や甲殻類、さまざまな小さい無脊椎動物を餌とする。また、イカ自体はタラやサバなどの大きい魚にねらわれやすい餌である。ダイオウイカは無脊椎動物の中でも最も大きい。記録によると、ニューファンドランドのグランドバンクで採られたものは、腕を含めて約一五メートルもあったという。

タコ類は夜行性の動物で、そのため臆病で内気な性質をもっている。穴か岩の間にすみ、カニ、軟体動物、小魚を食べる。タコの隠れ家の場所は、入り口付近に山になっている貝類の空になった殻によって発見されることもある。

ヒザラガイは、双神経綱の軟体動物では原始的な目に属する。かれらのほとんどはしっかりした八枚の横型の殻板をもっている。岩の上をのろのろと這い、植物性の餌をこすり取る。くぼみの中に身を沈めて休むが、くぼみに上手にはまりこむので簡単には見つけられない。西部インディアンは「海の牛肉」といってこれを食用としていた。

軟体動物門の五番目の綱は、あまり知られていない掘足綱（ツノガイ類）からなり、その殻は象牙の形に似て数センチの長さがあり、両端が開いている。小さな尖った足を用いて砂地の海底に穴を掘る。専門家によっては、その構造があらゆる軟体動物の祖先型であろうと考えている。しかしながらこれは推測の域を出ない。なぜなら、軟体動物の最も重要な綱は、全部カンブリア紀の初期に確立されたのである。そして、古代の姿への手がかりは非常にあいまいだからだ。ツノガイは約二〇〇種類あり、世界中の海に広く分布している。しかし潮間帯では見られない。

13 脊索動物——尾索類

ホヤは初期の脊索動物である尾索類の興味深いグループで、海岸において最も普通に見られるものだ。脊椎動物の先駆者として、あらゆる脊索動物は、ある時期軟骨が硬くなったような棒状のものをもつ。それは、より高等な動物が必ずもっている脊椎骨を進化論的に予測するものだ。矛盾しているようだが、ホヤの成体は下等で単純な機構の生物をも示唆している。その機能は、生理学的にはカキや二枚貝のそれに似ている。脊索動物の特徴が明確に出るのは幼生においてだけである。小さくてカエルのオタマジャクシにかなり似ている。脊索と尻尾があり、活発に泳ぐ。幼生時代の最後には底生に移行し定着するが、その後は、成体よりもかなり単純な形に変形する。そのときには脊索の特徴は失われている。これは進化の奇妙な現象で、幼生のほうが成体よりもより進化した性質を見せているので、進化したというよりはむしろ退化しているように見える。

ホヤの成体は袋状の形をしていて、二本の管状の開口部あるいはサイフォンが、水を出し入れしている。そして咽頭に開いた多くのすき間を通して水が濾過される。「海の噴水」と一般に呼ばれるのは、この動物が刺激を受けるとすぐに萎縮し、サイフォンから勢いよく水を噴出することに起因している。いわゆる単体ホヤでは動物が別々の個体で生活し、各々がしっかりした皮質、つまり化学的にはセルロースと同じ組成の外殻で包まれている。砂や岩石の破片がこの外殻に粘着しマットを形成することが多く、その中では動物の実体はほとんど見えない。このような形態で波止場の杭の上や、ブイの上、岩場の角で大きく成長していることが多い。群体をつくり、多くの個虫が一緒に生活するタイプのホヤは、強いゼラチン状の物質の中に埋まっている。単体ホヤのグループと異なり、群体のさまざまな個虫は、群体の設立者である一個の個虫が無性の発芽をして増えていったものだ。群体ボヤの中で最も一般的で面積の大きい種類は、「シーポーク」と呼ばれるアマロキウム属の仲間で、その群体がネズミ色で軟骨質なのでこの名前がある。この種は岩の下側に薄い膜を形成するか、あるいは沖で棒状に伸びて厚板を形成し、壊れると海岸に運ばれてくる。群体を形成する個虫は容易には見えないが、表面のくぼみをルーペで見ると各々の穴が一つのホヤを外界とつないでいることがわかる。しかし、美しい群体ボヤであるイタボヤの仲間は、個々が花のような房を出していて肉眼で簡単に見ることができる。

訳者あとがき

本書の著者、レイチェル・カーソン女史は、世界にさきがけて化学物質――とくに農薬――による環境汚染についての警告を発した名著『沈黙の春』（Silent Spring）の著者である。この本は、一九六二年に出版されてから二十数カ国語に訳され世界的なベストセラーになり、すでに四半世紀が経っている。カーソン女史は『沈黙の春』が出版された二年後、一九六四年四月一四日にガンのために世を去った。二〇世紀後半において最大ともいえる問題提起を行なったのは、控え目で物静かな自然を愛する女性であった。

こんにち、環境問題を語るとき『沈黙の春』は、かならずといってよいほど引き合いに出されるが、レイチェル・カーソンの名は、日本ではあまり知られていない。まして、彼女が海洋生物学者であり、『われらをめぐる海』（The Sea Around Us, 1951）、『潮風の下に』（Under the Sea Wind, 1942）、そして本書の『海辺』（The Edge of the Sea, 1955）の作者でいずれもベストセラーになっていることを知る人は、それほど多くないのではなかろうか。

自然との深い絆

レイチェル・カーソンは、一九〇七年五月二七日、ペンシルヴァニア州、ピッツバーグ郊外のスプリングデールで生まれた。そこは、インディアンの言葉で「美しい川」を意味するアルゲニー川に沿い、ゆるやかな丘が起伏する農業地帯であった。農場を経営する父はロバート、母はマリアといい、その三番目の子供である。家の周囲には豊かな草原や森がひろがり、レイチェルは自然界の美しさと神秘に心ひかれて成長していった。幼ないころのこうした体験は、彼女の作品に自然との一体感、「生命への畏敬」という形で表われている。そしてこの体験を積極的に共有したのは、母マリアであった。マリアは、どんな小さな生命も無視せず、じっと観察することを教え、すべての生きものが――人間も含めて――互いにかかわりあい、自然に依存して生活していることを最初に教えてくれた人である。また、庭の樹蔭でさまざまな物語を読み聞かせてくれた。やがてレイチェルの胸には、いつのまにか作家になりたいという夢が宿るようになっていった。一〇歳のころ児童むけの雑誌に投稿し銀メダルを受けたこともあった。

レイチェルの育った西ペンシルヴァニアは内陸部で海からは遠く離れているにもかかわらず、少女時代の彼女は、まだ一度も見たことのない海に強く憧れていた。ジョン・メイズフィールドの詩を愛し、「飛び散るしぶきと砕ける波」に想いを馳せ、海に心を奪われながら高校生活を送った。やがて、海洋生物学者になり、海を語る作家になったことを思うと、すでにこのとき海とは不思議な絆で結ばれていたのかもしれない。

文学から科学へ

一九二四年、レイチェルはピッツバーグにあるペンシルヴァニア女子大学（現チャタムカレッジ）に入学した。作家志望の彼女は文学部に籍をおき、作文について簡素にわかりやすく書くという基本的な訓練を受けている。日本の短歌に関心を持ったのもこのころである。大学二年になり、生物学の講義を受けたレイチェルは、その中に、幼いころから馴れ親しみ愛してやまない自然界――森や草原、野生動物など生命あるものすべてのもの――についてその謎を解く鍵が秘められていることを知った。生物学に魅せられてしまった彼女は、自分は作家よりも科学者のほうがむいているのではないかと迷いはじめた。文学と科学、作家と科学者という二つの道が統一できるとは考えられなかったからである。長い迷いののち、ついに専攻を変え、大学生活の後半は顕微鏡と標本の中で過ごすことになった。彼女の文学的才能を認め作家として大成することを望んでいた学長のクーリッジ女史は、何度も思いとどまるようすすめたが、レイチェルの決意は変わらなかった。クーリッジ女史は一九三四年に亡くなり、ベストセラー作家になったレイチェルの成功を見ることはできなかった。

一九二〇年代のアメリカでは、大多数の若者にとって教育は高校までで終わりであった。女性で大学に進むのは、非常にすぐれた頭脳の持ち主か、裕福な家の娘に限られていた。そのなかにあってレイチェルは前者であった。年間八〇〇ドルの学費の支払いのために父は土地を担保に借金をし、母は大切な銀の食器を手放している。

執筆へのつきせぬ情熱

一九二八年、大学を卒業したレイチェルは、ボルチモアのジョンズ・ホプキンス大学大学院に進み、H・S・ジェニングス教授と、レイモンド・ペール教授のもとで動物発生学を専攻することになる。彼女の修士論文は「ナマズ（*Inctalurus Punctalus*）の胚子および仔魚期における前腎の発達」というテーマであった。

研究にあけくれる中で、彼女はいつしか物を書きたがっている自分に気がつく。暇を見つけては、詩や散文を書くようになっていった。そして詩の雑誌や婦人雑誌にいたるまで根気よく投稿していたが、採用されたものはなかった。科学者の真実への情熱と、作家の空想力と洞察力を結びつけ、科学と文学という流れを合流させていることが、彼女の著作の特徴であるが、そこに到達するまでには長い習作期間があったのである。その間、彼女は、自分が学んでいる海洋生物学が、書くための素材を豊かに提供してくれることをはっきりと知ったのであった。

一九三五年まで、レイチェルはジョンズ・ホプキンス大学の夏期学校や、メリーランド大学の講師を務めながら研究生活を送っていた。しかし、故郷をひき払って一家をあげてボルチモアへ出てきていた父親が亡くなり、彼女の肩に、一家の生活を支える責任がかかってきた。世界恐慌の余波はまだ残っており、仕事はなかなか見つからなかった。幸い海洋生物学の知識がありしかも筆が立つ人という条件で、商務省漁業局が、ラジオの広報番組のライターを求めていたのでささやかな仕事につくことができた。そして翌年、正式に公務員試験を受け、年俸二〇〇〇ドルでひきつづき漁業局の仕事を続けることになるのである。

一九四〇年、漁業局は内務省に移管され、魚類・野生生物局に改変された。レイチェルの仕事は、そこで発行する出版物の企画、編集、執筆が主なもので、一九五一年退職するときには編集長であった。その間、第二次世界大戦を経験し、蛋白質源としての海産物の利用法などについても執筆している。概して政府刊行物は無味乾燥なものであるが、彼女の書いたものは、いきいきとして面白く主婦たちに好評であった。戦後の数年間は、野生生物保護について調査活動にたずさわり、「自然保護活動」というシリーズの執筆、編集に追われている。

レイチェルは、公務員生活を通じて手許に集まってきている大量の資料をもとにして、作品を書こうとしていた。ゆっくりと、しかも休みなく筆をすすめていき、一九五一年『われらをめぐる海』を出版することができた。この作品は、地球の誕生から海の起源、潮の流れ、生物、海流についてなど、主に海の物理的な面について一四章に分けて書かれている。「島の誕生」という章には、ウェスティングハウス科学賞が与えられた。発行されると同時にベストセラーになり八六週間もその地位を保ち、三三カ国語に訳されている。『ニューヨークタイムス』は「文学上の天才をあわせ持つ科学者は一世紀に一人か二人しか現われない。カーソン女史は、まさにその一人である」と絶賛した。さらに一九五二年には、一〇年前に出版されたが戦争の波に呑まれて一六〇〇部しか売れなかった処女作『潮風の下に』が再版され、これもまたベストセラーになった。

現在のようにテレビジョンなどの映像があふれていなかった時代、レイチェルの作品は読む人々に、海やそこに住む生物について、さまざまな美しいイメージを描かせたのであった。詩の朗読にくつろぎのひとときを過ごす席でも、彼女の作品はしばしば取り上げられたという。

一九五一年、レイチェルは執筆に専心するため公務員を辞職した。ようやく経済的不安から解放されたからであった。

カブトガニから生まれた『海辺』

第三作が、本書の『海辺』である。この本を書くにいたったプロセスは興味深い。あるとき、『海辺』の出版社であるホウトン・ミフリン社の招待で、著名な文学者たちがコッド岬の浜辺に遊んだ。日曜日の朝、かれらが散歩している浜辺にはカブトガニが無数に群がっていた。かれらは、カブトガニが前夜の嵐で浜に打ち上げられて、海に戻れなくなっているのだと判断した。一流の文学者ではあるが、いささか生物学の素養に欠ける人々は、良心的にカブトガニを一匹ずつ海へ帰してやった。しかし、この人たちが慈悲深い行ないと思ってしたことは、じつはカブトガニの正常な配偶行動への妨害であったのだ。

これを知った編集者は——この人はカブトガニの生態をよく知っていた——このような愚をくり返さないために、海辺の生物について入門書を企画したのだった。そして、レイチェルに白羽の矢が立ったのである。それはまだ『われらをめぐる海』の製作が最終段階のころであった。

彼女は、海辺を舞台に選んだ理由についてこう語っている。

海辺を選んだのは、まず第一にそこは誰でもが行ける場所であって、私が書いたことを鵜呑みにする必要がない。興味をもった人は、直接それらを見ることができる。次に海辺は陸地と海との特徴をあわせもつ場所である。潮のリズムに従いあるときは陸に、あるときは海になる。そのため海辺は生物に対して、できる限りの適応性を要求する。海の動物たちは、海辺に順応することによって長足の進歩をとげ、ついに陸に棲むことが可能になったのである。したがって、海辺は、進化の劇的な過程を実際に観察できるところなのである。

本書の随所に入っている挿し絵は、彼女の公務員時代の同僚であり親友でもあった画家のボブ・ハインズの手になるものである。ボブは、標本からでなく、実際に海辺で観察し、採集したばかりの生きものを描いた。砂浜や岩場、サンゴ礁をレイチェルとボブは一緒に観察した。こうしてでき上がったモノトーンの鉛筆画は、生物を見分けるのに必要な知識と、芸術的性格をあわせもつものになった。そして、この本が、海岸生物のガイドブックというだけでなく文学的エッセイとしての性格ももっているので、実物そっくりの彼の絵は、本書にとって欠くべからざるものとなっている。レイチェル・カーソンは、本書に対して多くの賛辞がおくられたとき、同じだけの賛辞がボブ・ハインズに与えられることを希望していた。

この作品は執筆をひきうけてから完成するまでに実に五年近くの年月がかかっている。『われらをめぐる海』がベストセラーになり、もろもろの雑事が執筆を遅らせてしまったのだ。しかし、その成功は、メイン州ブースベイの近くに小さな別荘をもつという夢をかなえさせてくれた。シープスコット湾を見下ろす岩の上に建てた平屋建のこぢんまりとした家からは、満ちてくる潮を間近にのぞみ、海鳥の生態を飽かず眺めることもできた。本書の第2章「岩礁海岸」の中に、森から海へいたる小路の描写があるが、これはまさに彼女の別荘の付近そのままである。

数年前、私はこの別荘を訪れたが、森の木々のたたずまい、針葉樹と海の香り、哀愁をおびたカモメの叫び、すべてレイチェルがそこに住んでいたときと同じであった。主のいない別荘の書斎は、養子ロジャーや友人たちの手で生前のままに保存されてあった。

海は今日も、干満のリズムをくり返している。しかし、海は喘いでいる。愛すべき小さな生きものたちの上に、私たち人間は汚染というかつて経験したことのない苛酷な条件を押しつけているのではないだろうか。長い地球の歴史の中を、かれらは生き抜いてきた。いま、人間が行ないつつある地球的規模の汚染は、強靭なかれらの生命力をも、回復不能なまでにいためつけてしまうかもしれない。この本を読まれた方は、海を訪れたとき、足もとにいる目に見えない生きものたちに語りかけていただきたい。「このかけがえのない地球と海辺に、仲好くいつまでもすみつづけていこうね」と。

レイチェル・カーソンが世を去って二三年、『沈黙の春』の出版以後二五年がすぎた。一九八七年九月には、カーソン女史を偲び、改めて環境問題を考えようという集会がアメリカで計画されている。また、レイチェル・カーソン協会という組織もあり、環境汚染、自然保護問題について、さまざまな情報を提供する活動を行なっている。日本でも、カーソン協会を創ろうとする準備がされつつある。

翻訳にあたっては、かなり苦しんだ。私の語学力は貧弱であり、カーソン女史のもつ詩情をどこまで再現できたか心配である。途中で、自分は不適格であると投げ出したくなったが、野生生物保護管理事務所の東玲子さん、淑徳短期大学の渋谷章氏、甥の上遠岳彦の協力を得てようやく終えることができた。この三人の方には深く感謝する。最大の難関である海岸生物の名称については、筑波大学生物科学系研究科の平田徹氏、横須賀市自然博物館の林公義氏のご協力なくしては、この本は完成しなかった。感謝の気持ちでいっぱいである。また、アメリカのレイチェル・カーソン協会のシャーリー・ブリッグス女史——レイチェルの親友であり、海辺の調査、バード・ウォッチングにはつねに一緒だった——には、貴重な資料と励ましをいただいた。

私はもとより海洋生物学者ではなく、海岸生物名、専門用語などについて、いろいろと誤りもあることと思う。読者の方のご指摘を乞いたい。

また遅れつづける進行を励まし助言を与えてくれた平河出版社の舟岡郁子さんに心から感謝

する。最後に、日常生活のすべてを蔭で支えてくれた、八三歳になる母に感謝を捧げる。

一九八七年九月七日　大潮の日に

上遠恵子

平凡社ライブラリー版 訳者あとがき

本書をはじめて訳出してから十三年の時が過ぎ、今般、平凡社からも出版する運びになったのを機に、原書を読み直してみました。レイチェルの観察の正確さと美しい詩的な表現に新たな感動を覚えたことでした。本書の舞台になった海辺は元のままでしょうか、そこに登場した生き物たちは相変わらず一生懸命に生きているでしょうか。

レイチェル・カーソンの最後のメッセージとなった作品に『センス・オブ・ワンダー』という小編があります。この本は、一九六五年に出版されたもので、メイン州の海岸や森のなかで姪の息子であるロジャーとの自然体験をもとに書かれています。幼いこども時代け自然の美しさ、不思議さに眼をみはり感動するこころの土壌を耕すときであり、それは知識を鵜呑みにさせることよりどんなに大切であるかを、美しい言葉と写真で語りかけています。私は、一九九一年にこの作品を訳す機会に恵まれ、以来多くの方に読まれてきました。そして現在、『センス・オブ・ワンダー』の映像化が企画されています。

レイチェルの別荘は、海を真下にのぞむ小高い森のなかにあります。木造の質素な平屋建ての家で、最近、私たちはここを借りて滞在し、『海辺』や『センス・オブ・ワンダー』の世界を追体験しました。メイン州の豊かな自然を通してレイチェルの思いを自分のなかに感じ取り、それをどのように伝えるかを考えながら映画の撮影も行いました。

夜、レイチェルが『海辺』を書き、『沈黙の春』の執筆のために膨大な資料を読んだ書斎の机の前に座っていると、本書の終章「永遠なる海」が思い出されてきました。

いま、私は、海の声を聞いている。夜の潮が満ちてきているのだ。書斎の窓の下では、海水が渦を巻きながら岩に向かって突き進んでいる。霧が外海から湾の中に流れこんできた。それは水面を覆い、陸地の縁《へり》を覆い、やがて針葉樹の林の中に忍びこみ、ついにはトドマツやヤマモモの間に柔らかく拡がっていく。御しがたい水と、冷たく濡れた霧の息づかいは、人間が容易に入りこめない世界である。霧笛の響きは、海の力に脅威を抱く人間がおののき訴える呻き声に似て、夜の静けさを破る。

その夜もこの文章と同じでした。窓をあけると針葉樹の森の香りが部屋いっぱいに流れ込んできます。昼間、森のなかで見たヤマモモにも、林床を彩るツバメオモト、ツマトリソウ、マイヅルソウの上にも柔らかい霧が流れていることでしょう。海辺の岩かげに潜んでいるスナガニ、可愛いタマキビガイ、岩礁の間の狭い砂浜の色とりどりの貝殻、それらがつい先刻見たままで眼に浮かびます。引き潮の海岸では、濡れた海藻がいちめんに岩を覆い、その下にいる無数の生き物たちを観察することができました。十数年前、文章の字面の上で読んでいたときと何という違いでしょうか。『海辺』のどの場面も生き生きとした臨場感をもって理解できるのです。特に、第2章の「岩礁海岸」の記述の舞台はここではないかというポイントーまで分かるような気持ちでした。こんにち、インターネットで検索することによってかなりの情報は得られるかも知れませんが、やはり実物を見たり触ったりして体験するということは、特に自然を表現するうえで欠くべからざるものであると思わされたのでした。

次の夜、星空の撮影のために長い時間を海辺で過ごしました。引いていた潮がいつの間にか変わり、岩の間にひそやかに海が戻ってきました。それはやがて大きな波になるのですが、はじめはまことに優しく柔らかな音です。海藻の間をプチプチと弾けるような音を立てて引いていくときとは微妙に違うことに気がついたとき、私は大発見をしたような気持ちになって嬉しくなりました。しかし、レイチェルはこの情景をさらに詳細に詩的に記しています。

海原のうねりから遠ざかった海岸では、さしてくる潮の音がはっきりと聞きとれる。夜のしじまの中で、波も立てず力強く寄せてくる満ち潮は、複雑な水のさざめきをつくり出す――ほとばしり、逆巻き、そして岩場の陸地の縁――では、ひたひたと絶えず岩を叩く。ときには、呟きや囁きに似た低い音も聞こえるが、それらは突如として湧き上がる怒濤によってかき消されてしまう。

こうして私は、あたかもレイチェルが『海辺』の世界を案内してくれているような思いを抱きながら数日を過ごしたのでした。

けれども、昔と変わらないように見える海岸も、よく見ると貝殻やウニのとげなどのなかにガラスのペレットがたくさん混ざっていました。風が吹いた後の岩には大きなビニールシートが引っ掛かっていました。日本の海でもいわゆる環境ホルモン（内分泌撹乱物質）が、強靭な生命力をもっているイボニシの生殖器官に異常をもたらしているという報告があります。三十五億年前に生命が生まれた海は、長い長い時の流れのなかで生命を育み続けています。この永遠の営みを自然の一員にすぎない人間が損ねているのではないでしょうか。

新しい千年紀はレイチェルの言う〝別の道〟を選ぶ叡知が求められていると思います。

私たちはいま、分かれ道に立っている。長いあいだ旅をして来た道は、すばらしい高速道路で、すごいスピードに酔うこともできるが私たちはだまされているのだ。そのゆきつく先は禍いであり破滅だ。もうひとつの道は、あまり人も行かないが、この分かれ道を行くときにこそ、この地球の安全を守る事の出来る最後の、唯一のチャンスがあると言えよう。とにかく、どちらの道をとるか、決めなければならないのは私たちなのだ。(『沈黙の春』新潮文庫より)

出版にあたって、文章や生物学的記述について再検討が足りなかったことを反省しています。この本が読者の方の海への興味を深めることができれば幸いです。

とどこおりがちな私を支えてくれた家族、特に平凡社の二宮善宏さん、工藤茂さん、校正者に感謝を捧げます。

二〇〇〇年三月

上遠恵子

著作一覧

1——"Under the Sea Wind" Simon and Schuster, New York, 1941. Oxford University Press, New York, 1952

『潮風の下で』上遠恵子訳　宝島社　一九九三年

2——"The Sea Around Us" Oxford University Press, New York, 1951

『海——その科学とロマンス』日高孝次訳　文藝春秋新社　一九五二年（絶版）

『われらをめぐる海』日下実男訳　早川書房　一九七七年

『海とわたくしたち』日下実男訳　学習研究社（絶版）

3——"The Edge of the Sea" Houghton Mifflin Company, Boston, 1955

『海辺』上遠恵子訳　平凡社ライブラリー　二〇〇〇年、平河出版社　一九八七年

4——"The Rocky Coast" Mccall Comany, New York, 1971

5——"The Sea" McGibbon and Kee, London, 1964

6——"Silent Spring" Houghton Mifflin Company, Boston, 1962

『沈黙の春』青樹簗一訳　新潮社　一九七四年

7——"The Sense of Wonder" Harper and Row, New York, 1965

『センス・オブ・ワンダー』上遠恵子訳　佑学社　一九九一年（絶版）、新潮社　一九九六年

8——"Lost Woods : The Discovered Writing of Rachel Carson" Edited by Linda Lear, 1988

『失われた森——レイチェル・カーソン遺稿集』リンダ・リア編　古草秀子訳　集英社　二〇〇〇年

参考文献

1——『サイレント・スプリングの行くえ』フランク・グレアム・Jr著　田村三郎・上遠恵子訳　同文書院　一九七一年
2——『レイチェル・カーソン』（『生命の棲家』を改題）ポール・ブルックス著　上遠恵子訳　新潮社　一九七四年、新装版　二〇〇四年
3——『アメリカを変えた本』R・B・ダウンズ著　本間長世他訳　研究社出版　一九七二年（品切）
4——『自然と人間をまもる発明発見物語』鈴木善次編　国土社　一九八四年
5——『レイチェル・カーソン——その生涯』上遠恵子著　かもがわ出版　一九九三年
6——『レイチェル・カーソン——地球の悲鳴を聴いた詩人』利光早苗著　メディアファクトリー　一九九二年
7——『運命の海に出会って——レイチェル・カーソン』マーティ・ジェザー著　山口和代訳　ほるぷ出版　一九九四年
8——『科学者レイチェル・カーソン』小手鞠るい著　理論社　一九九七年

9――『レイチェル・カーソン――沈黙の春で地球の叫びを伝えた科学者』ジンジャー・ワズワース著　上遠恵子訳　偕成社　一九九九年
10――"Rachel Carson : Witness for Nature" Linda Lear, Henry Holt and Company, 1997
『レイチェル――レイチェル・カーソン沈黙の春の生涯』上遠恵子訳　東京書籍　二〇〇二年
11――『レイチェル・カーソンの世界へ』上遠恵子著　かもがわ出版　二〇〇四年

シマメノウフネガイ ……………236
ジャイアントケルプ ……………115
シャコ *Squilla empusa*…………47, 272
ショール・グラス ……………304
ジンガサガイ……………………40
スカシカシパン *Mellita testudinata* ……………190, 191
スギノリ *Gigartina stellata* ………134
スゴカイ *Diopatra cupraea* …183, 203
スゴカイイソメ ……………203, 205
スナガニ ……………21, 40, 212-217
スナギンチャク ……………284
スナホリガニ *Emerita talpoida* ……………41, 186, 207-211
スナモグリ *Callianassa stimpsoni* ……………183, 193, 194
スパイラル・ラック *Fucus spiralis* ……………116, 117
スムーズ・ペリウィンクル *Littorina obtusata* …………82, 83, 124, 125
セグロカモメ……………………66

タ

タートル・グラス *Thallassia testudinum* ……………50, 285, 295, 304, 305, 308-310
ダイオウイカ ……………358
ダイオウトウカムリガイ …………305
タイマイ *Erectmochelys imbricata* ……………311, 312
タイラギ *Atrina serrata* ……………237, 238, 239
タケノコガイ *Terebra* ……………211
タコ（マダコ） *Octopus vulgaris* ……………305, 309
タコブネ ……………222, 223, 358
タコノマクラ *Clypeaster subdepressus* ……………183, 187, 190
ダツ *Tylosura raphidoma* …………315
タツノオトシゴ *Hippocam*. sp. *hudsonius* ……………305, 309, 310
タビネズミ ……………324
タマキビ ……………58, 79, 81, 82, 83, 89, 92, 109, 113, 124, 125, 140, 274
タマキビ *Tectarius muricatus* ……274
タマシキゴカイ *Arenicola marina* ……………183, 187, 199
タマツメタガイ ……218, 219, 240, 241
タラ *Merluccuius bilinaaris* ………48
ダルス *Rhodymenia palmata* ………91
タブ ……………129
チガイソ *Alaria esculenta* …106, 108
チューリップボラ ……………305
ツノガイ……………………50, 359
ツノサンゴ ……………264, 268
ツノマタ ……………18, 69, 91, 105, 109, 119, 146, 147, 336
ツノマタ *Chondrus crispus* ……………56, 57, 137-142
ツバサゴカイ *Chaetopterus variopedatus* ……………202-204
ツメタガイ（の一種） *Lunatia heros* ……………183, 185, 241
テッポウエビ *Synalpheus brooksi* ……………287-290
テヅルモヅル ……………299
テンジクダイ ……………307
テンシノツバサガイ *Barnea costata* ……………38, 239
トグロコウイカ *Spirula spirula* ……………221, 222, 224
トドマツ ……………328
トウヒ……………………69, 75, 76
トナカイゴケ……………………70
トビムシ *Amphithoe rubicata* ……………135-138

ナ

ナガウニ ……………295
ナマコ（キンコナマコ） *Cucumaria*

サ

ヴァロニア（の一種） *Valonia macrophysa*……280
ウグイスガイ *Pteria colymbus*……233
ウスイタボヤ *Botryllus schosseri*……38, 103-105
ウスコケムシ *Microporella ciltata*……138
ウズベンチウソウ……332, 333
ウズマキゴカイ *Spirorbis borealis*……92, 121-123
ウナギ……146
ウニ……37, 40, 61, 68, 100, 120, 138, 146, 268, 287, 353, 354
ウニ（ナガウニの一種） *Echinometra lucunter*……282, 283
ウニ（ミドリウニの一種） *Strongy locentrotus droebachiensis*……153-156
ウミイサゴムシ……195-197
ウミイチゴ……150
ウミウシ……138, 356
ウミウチワ *Gorgonia flabellum*……264, 268
ウミエラ……189
ウミシイタケ *Renilla reniformis*……188-190
ウミシバ（類） *Sertularia pumila*……162, 163
ウミトサカ *Alcyonium digitatum*……69, 150, 151
ウミボタル……161, 345, 346
ウミユリ……351
ウロコムシ……101, 344
エゾイシゲ……115, 116
エゾバイガイ……206
エビ……49, 81, 84, 114
エボシガイ *Lepas fascicularis*……242-244, 348
エボシダイ *Nomeus gronovii*……229
オールウィード……99
オウムガイ……222, 223, 258
オオノガイ……124
オオバフンウニ……155
オオミヤシロガイ *Tonna galea*……305
オオヤドカリ *Coenobita clypeatus*……323
オキノテヅルモズル *Astrophyton muricatum*……298-301
オナモミ……140

カ

カイムシ……86
カイメン……18, 28, 29, 38, 100, 104, 336-338
カイメン *Cliona celata*……264, 281
カイメン（アミカイメン） *Leucosolenia botryoides*……170-173
カキ……59, 60, 318, 334
カキ（イタボガキの一種） *Ostrea frons*……322
カクレウオ（の一種） *Fierasfer bermudaensis*……303, 304
カクレエビ……152
カクレガニ（の一種） *Pinnixa chaetopterana*……194, 203, 238
カサノリ……335
カシパン……190, 191, 219, 293, 312, 313
カタツムリ……121, 276
カツオノエボシ *Physalia pelagica*……218, 226-230
カツオノカンムリ *Vella mutica*……226, 227
カニ……68, 69, 76, 84, 110, 112, 120, 121, 143, 144
カニ（オカガニの一種） *Cardisoma guanhumi*……322-324
カフスボタンガイ *Cyphoma gibbosum*……268, 269
カブトガニ *Limulus polyphemus*

索引［動・植物名］

＊――学名は原本の索引による

ア

アオイガイ（タコブネの一種）*Argonauta argo* ……223
アオウミガメ *Chelonia mydas* ……311, 312
アオサ……62, 139
アオヒトデ *Linckia guildingii* ……296
アカウミガメ *Caretta caretta* ……311, 312
アカガイ *Anadara ovalis* ……238
アカガイ *Anadara transversa* ……238
アゴナガヨコエビ……85
アサガオガイ *Janthina janthina* ……224, 225
アナメ *Agarum turneri* ……105, 107
アホウドリ ……347
アマガイ *Nerita peloronta* (*Nerita versicolor*) ……274
アマノリ *Porphyra umbilicaris* ……97, 99
アミメコケムシ *Membranipora pilosa* ……135, 138, 139
アメフラシ *Aplysia dactylomela* ……290-293, 309, 313
アライグマ ……322
アンフィトリテ ……344
イカ ……355, 358
イガイ *Mytilus edulis* ……36, 41, 56, 75, 76, 78, 84, 89-91, 99, 102, 112-114, 121, 130-134, 145-147, 159, 170, 276, 279, 281, 313, 334
イカナゴ（のような魚）*Ammodytes americanus* ……187
イシサンゴ ……284
イシマテガイ *Lithophaga bisulcata* ……38, 231
イセエビ *Panulirus argus* ……314
イソアワモチ *Onchidium floridanum* ……276-279
イソオウギガニ ……204, 205
イソカイメン *Halichondria panicea* ……147
イソガワラ *Ralfsia verrucosa* ……160, 161
イソギンチャク（ヒダベリイソギンチャクの一種）*Metridium dianthus* ……68, 148-150, 167, 201
イソギンチャク（ハナギンチャクの一種）*Cerianthus americanus* …201
イソギンチャク（マスメスナギンチャクの一種）*Zoanthus sociatus* ……285
イソギンポ *Pholis gunnellus* ……146
イソメ ……270
イチョウガニ ……142, 144
イトグサ *Polysiphonia lanosa* ……119
イトマキボラ ……309, 314
イボニシ *Thais lapillus* ……89-93
イラクサ ……129
イワタマキビ *Littorina neritaides*…58
イワタマキビ *Littorina saxatilis* ……79-83, 124
イワフジツボ ……86, 88

平凡社ライブラリー　339

海辺《うみべ》

生命のふるさと

発行日…………2000年5月15日　初版第1刷
2019年5月30日　初版第4刷

著者……………レイチェル・カーソン

訳者……………上遠恵子

発行者…………下中美都

発行所…………株式会社平凡社
〒101-0051　東京都千代田区神田神保町3-29
電話　東京(03)3230-6579[編集]
東京(03)3230-6573[営業]
振替　00180-0-29639

印刷・製本………図書印刷株式会社

装幀……………中垣信夫

ISBN978-4-582-76339-3
NDC分類番号 468
B6変型判(16.0cm)　総ページ392

平凡社ホームページ http://www.heibonsha.co.jp/
落丁・乱丁本のお取り替えは小社読者サービス係まで
直接お送りください(送料，小社負担).

平凡社ライブラリー　既刊より

【自然誌・博物誌】

【エッセイ・ノンフィクション】

リリアン・ヘルマン……未完の女――リリアン・ヘルマン自伝
A・シュヴァルツァー……ボーヴォワールは語る――『第二の性』その後
R・グレーヴズ……アラビアのロレンス
カレル・チャペック……いろいろな人たち――チャペック・エッセイ集
カレル・チャペック……未来からの手紙――チャペック・エッセイ集
G・オーウェル……象を撃つ――オーウェル評論集1
G・オーウェル……水晶の精神――オーウェル評論集2
G・オーウェル……鯨の腹のなかで――オーウェル評論集3
G・オーウェル……ライオンと一角獣――オーウェル評論集4
星川　淳……地球生活
A・ハクスリー……知覚の扉
竹田津　実……北海道野鳥記
竹田津　実……北海道動物記
伊藤比呂美＋上野千鶴子……のろとさにわ
J・コンラッド……海の想い出
陳　建民……さすらいの麻婆豆腐――陳さんの四川料理人生
加島祥造……ハートで読む英語の名言　上・下